“十二五”职业教育国家规划教材
经全国职业教育教材审定委员会审定
普通高等教育“十一五”国家级规划教材

办公自动化技术

第2版

主　编　王海萍　刘克铜
副主编　李新良　禹　云
参　编　肖子蕾　赵　杰

机械工业出版社

本书为“十二五”职业教育国家规划教材，经全国职业教育教材审定委员会审定。本书依据高职高专办公自动化技术教育的特点，结合日常办公需要及作者多年从事计算机教育的教学经验编写而成。全书共分 7 章，以办公软件 Office 2010 为例，介绍了办公自动化的基本概念，常用办公软件 Word 2010、Excel 2010 和 PowerPoint 2010 的基本信息及操作技巧，常用办公设备的使用与维护，网络与办公自动化，办公过程中的常用图像处理技术及常用图像处理软件的使用。各个章节以项目为导向，以任务为驱动，能力培养由浅入深，更符合教学的规律。

本书适用于开设“办公自动化技术”课程的所有专业，也可作为办公文员的参考用书。

凡选用本书作为教材的教师，均可登录机械工业出版社教育服务网 www.cmpedu.com 下载本教材配套电子课件，或发送电子邮件至 cmpgaozhi@sina.com 索取。咨询电话：010-88379375。

图书在版编目（CIP）数据

办公自动化技术/王海萍，刘克铜主编．—2 版．—北京：机械工业出版社，2016.10（2022.1 重印）
“十二五”职业教育国家规划教材　经全国职业教育教材审定委员会审定
普通高等教育“十一五”国家级规划教材
ISBN 978-7-111-54988-8

Ⅰ．①办…　Ⅱ．①王…②刘…　Ⅲ．①办公自动化—应用软件—高等职业教育—教材　Ⅳ．①TP317.1

中国版本图书馆 CIP 数据核字（2016）第 235900 号

机械工业出版社（北京市百万庄大街 22 号　邮政编码 100037）
策划编辑：赵志鹏　　责任编辑：赵志鹏
责任校对：张　征　　封面设计：鞠　杨
责任印制：郜　敏
北京盛通商印快线网络科技有限公司印刷
2022 年 1 月第 2 版第 4 次印刷
184mm×260mm · 11 印张 · 262 千字
5 501—6 500 册
标准书号：ISBN 978-7-111-54988-8
定价：34.00 元

电话服务
客服电话：010-88361066
010-88379833
010-68326294

网络服务
机　工　官　网：www.cmpbook.com
机　工　官　博：weibo.com/cmp1952
金　　书　　网：www.golden-book.com
机工教育服务网：www.cmpedu.com

前　言

本书为“十二五”职业教育国家规划教材，经全国职业教育教材审定委员会审定。本书是普通高等教育“十一五”国家级规划教材《办公自动化技术》的修订版。

本书适用于高等职业技术教育各专业，是在“计算机应用基础”之后，为进一步强化办公自动化技术而开设的一门课程。相比前一版，本书主要做了以下改进。

（1）对相关 Office 软件版本进行了更新，由原来的2000版更新为2010版。

（2）结合现代办公需要，新增章节“多媒体处理工具——Photoshop 的应用”，以增强学生的图像处理能力。

（3）各个章节以项目为导向，以任务为驱动，在基本知识和项目之间增加了模仿性的实例和练习作为过渡，使得能力培养由浅入深，更符合教学规律。

（4）创新练习形式，本书抛弃以往单独的课后练习形式，书中的“任务”案例即为学生课后练习的项目，使学生可按相应的步骤完成任务内容。

（5）包含人力资源和社会保障部全国计算机及信息高新技术考试“办公软件”中级考证所需的知识点。

本书由河北机电职业技术学院王海萍和刘克铜任主编，娄底职业技术学院李新良和禹云任副主编，娄底职业技术学院肖子蕾和河北机电职业技术学院赵杰参加了本书的编写。编写分工为：第 1 章由王海萍编写，第 2 章和第 6 章由李新良编写，第 3 章由刘克铜编写，第 4 章由禹云编写，第 5 章由肖子蕾编写，第 7 章由赵杰编写。全书由王海萍和刘克铜统稿。

由于时间仓促，书中不当和疏漏之处在所难免，敬请读者批评指正。

编　者

目 录

第1章 绪 论

1.1 什么是办公自动化

办公自动化（Office Automation，OA）是随着计算机技术、网络技术、通信技术和现代办公自动化设备的发展而发展起来的一门综合性技术。它的基本任务是利用先进的科学技术，借助各种办公软件、硬件设备和计算机网络，把人们从烦琐、复杂的办公事务中解脱出来，从而提高处理办公业务的工作效率和工作质量，提高管理水平和决策水平，从而达到资源共享。办公自动化的发展方向是集成化、多媒体化、无纸化和智能化。计算机是办公自动化的主要支柱，特别是微型计算机的普及，使得办公自动化技术渗透到了社会生活的方方面面。

1.1.1 办公自动化技术的应用范围

（1）文字处理 文字处理是指使用文字处理软件完成文字的输入、编辑排版和存储等工作，如日常办公中的信函、传真、报告、报表、通知及公文等，还要使用打印机完成这些文件的打印工作。

（2）数据处理 数据处理是指通过应用软件完成对办公中所需信息的存储、计算、查询、汇总、制表和编排等工作，如档案管理、工资管理、物品管理、会议管理、图书管理和质量管理等。

（3）图形图像和语音处理 图形图像处理是指利用计算机对图形图像进行绘制、编辑、修改、图文混排和输出等操作，如汉字识别、广告喷绘和艺术摄影等。语音处理是指计算机对人的语言声音的处理，主要包括语音合成和语音识别技术。

（4）网络技术应用 网络技术的应用可以实现资源共享，利用局域网和因特网（Internet）使得信息的传递方便、快捷、准确。

1.1.2 办公自动化的发展

办公自动化在美国和日本等发达国家已经得到迅速的发展，并达到成熟阶段。在 20 世纪 80 年代，美国的政府机构就设置了文字处理系统和电子报表系统，有约 90%以上的政府机构用上了电子邮件系统，而后又增加了各种管理支持软件、文件查询和报表生成软件、数据库管理软件等。我国办公自动化起步较晚，但发展速度很快。目前国家投资建设的经济、银行、科技、铁路、邮电、交通、电子、能源、气象、军事、公安和国家高层领导机关 12 个大型信息管理系统，具有规模大、体系完整、高技术和现代化的管理效能，是国家最高水平的办公自动化系统。以微型计算机和网络技术为主的日常办公自动化已在基层的企事业单位得到了非常广泛的应用。

办公自动化的发展经历了以下3个阶段。

1. 实现个体工作自动化

由于微处理器的速度和性能不断提高，个人计算机走向辉煌，为办公自动化创造了有利的硬件环境。操作系统的更新换代和办公软件的不断升级，为办公自动化提供了越来越多的功能，包括文字处理、电子表格、数据库、简报和幻灯片制作等功能，创造了非常有利的软件环境。这一时期的办公自动化系统划分为第一代办公自动化系统，它以个人计算机和办公软件为主要特征，应用基于文件系统和关系型数据库系统，以结构化数据为存储和处理对象，强调对数据的计算和统计能力，实现了数据统计和文档写作电子化，完成了办公信息载体从原始纸介质向电子的飞跃，实现个体工作的自动化。

2. 实现工作流程自动化

随着局域网、广域网和因特网的高速发展，办公自动化的内涵也发生了变化。自1982年美国国防部把TCP/IP（Transmission Control Protocol/Internet Protocol，传输控制协议/互联网协议）作为网络标准正式生效以来，全世界越来越多的个人计算机连到了Internet上，扩展了办公自动化的功能和基础通信平台的使用，大大提高了通信和协同工作的能力。1995年，IBM公司提出“以网络为中心的计算”模式，极大地影响了办公自动化的发展趋势，出现了以网络为中心，以信息（或工作流）为主要处理内容的第二代办公自动化系统。

这一时期的办公自动化系统更多地承担了一个信息通道的责任，建立和完善各个职能部门之间的沟通与信息共享机制，建立协同工作的环境，为办公提供一个自动化工具。在办公自动化覆盖的办公机构内，所有员工都可以通过办公自动化系统，根据自己的权限，了解自己需要完成的工作，包括上级交办的事情、需要交给别人做的事情、需要与别人合作的事情、自己需要的信息以及与别人共享的信息。办公自动化有利于在企业内部建立通信基础平台，不仅提高了办公的效率，减少了争吵和内耗，还增强了系统的安全性。

3. 以知识管理为核心

1996年，经济合作与发展组织在“科学技术和产业展望”的报告中首先提出了“以知识为基础的经济”概念，人们把它归纳为知识经济。事实上，知识经济时代的办公已经不再是简单的文件处理和行政事务了，其目的在于达到整个企业的最终目标，这就需要依靠先进的管理思想和方法。从这个意义上说，办公实际上是一个管理的过程，由于电子商务时代的企业事务处理对象瞬息万变，这就要求作为企业与机构日常业务处理基础平台的办公自动化系统，能够提供足够的灵活应变和开放交互能力。在办公管理中，工作人员之间最基本的联系是沟通、协调和控制，这些基本要求在以知识管理为核心的办公自动化系统中都将被更好地满足。第三代办公自动化系统可以这样概括：它仍是以网络为中心，以数据、信息所提炼和组织的知识为主要处理内容的办公自动化系统。

办公自动化系统的发展恰好与数据、信息和知识的演变同步，即由以数据为主要处理内容的第一代办公自动化发展到以信息为主要处理内容的第二代办公自动化，再发展到以知识为主要处理内容的第三代办公自动化。办公自动化的三个发展阶段中完成了两个飞跃，即由数据处理向信息处理的飞跃，由信息处理向知识处理的飞跃。在办公自动化系统的发展中，使用办公自动化系统的人员范围逐步扩大，由企业行政人员扩展到企业的管理层，再扩展到企业的全体员工。另外，在运作机制上，也是从办公室的结构化数据处理到企业内部和外部信息的处理，再到有用知识的处理。

1.2 实现办公自动化的条件

办公自动化可分为日常办公自动化和办公自动化系统两个方面。

办公自动化系统是以办公自动化设备为主要处理手段，依靠先进技术的支持，创造一个良好的自动化办公环境，以提高工作人员的办公效率和信息处理能力。例如银行的储蓄系统，它利用了计算机和局域网技术，使工作人员能方便快捷地完成自己的工作，使储户能享受密码设置、异地存取、电话银行、网上银行、代缴费用和银行卡等多项服务。

日常办公自动化则是以微型计算机和互联网为主要工具，完成文字处理、数据处理、图形图像处理、资料查询、电子邮件和网络会议等工作。本书的内容主要是如何实现日常办公自动化。

实现日常办公自动化，要掌握常用办公软件的使用方法和操作技巧、常用办公自动化设备的使用和维护、常用工具软件的使用以及互联网的基本使用。

常用的办公软件主要有：微软公司的 Office 2010，包括 Word 2010、Excel 2010、Power Point 2010、Outlook 2010 等；金山软件公司的 WPS Office，主要包括 WPS 文字、WPS 表格、WPS 演示以及轻办公等。本书以 Office 2010 为例，介绍常用办公软件的基本使用方法和操作技巧。

常用的办公自动化设备主要有打印机、复印机、传真机、扫描仪和数字照相机等。本书将分别介绍它们的基本工作原理和使用方法。

常用的工具软件有压缩软件和下载软件等。本书主要介绍压缩软件 Winzip、下载软件网际快车的使用方法。网络方面主要介绍 Outlook 2010、IE 浏览器的使用方法和电子邮件管理等内容。

1.3 本课程的培养目标

学完本课程后，学生们应能掌握常用办公软件和硬件设备的基本使用方法及操作技巧，能适应企事业单位不同岗位对操作人员和办公文员的要求。这也是高等职业教育各专业毕业生应具备的基本能力。

学完本课程后，可参加人力资源和社会保障部组织的“全国计算机信息高新技术”考试，取得“办公软件”中级技能证书，为毕业后的求职和择业创造条件。

第 2 章　文稿与排版

2.1　Word 2010 概述

Word 2010 是美国 Microsoft 公司推出的文字编辑处理软件，是 Office 2010 套件中的一个组件。它继承了 Windows 友好的图形界面，可方便地进行文字、图形、图像和数据的处理。用户需要充分了解 Word 2010 的基础知识和基本操作，为深入学习 Word 2010 打下牢固的基础，使办公过程更加轻松、方便。

2.1.1　Word 2010 的安装与运行

使用 Word 2010 进行文档处理，首先需要在计算机上安装这款软件。

1．标准安装 Word 2010

Word 2010 是 Office 软件的主要组件之一，所以安装 Word 2010 只需在安装 Office 软件时选择安装这个组件即可。安装 Word 2010 时，首先需要获取相关的安装程序，以 Office 2010 为例，用户可以通过在网上下载或者购买安装光盘的方法获取安装程序。双击该安装程序，打开“安装向导”对话框，根据提示逐步完成安装操作。

2．启动 Word 2010

使用 Word 2010 之前，需要先启动软件，启动是使用 Word 2010 最基本的操作。下面将介绍启动 Word 2010 的几种常用方法。

方法 1：在 Windows XP 操作系统任务栏中选择“开始”→“所有程序”→“Microsoft Office Microsoft Office Word 2010”命令，即可启动 Word 2010。

方法 2：在 Windows XP 操作系统任务栏中单击“开始”按钮，在弹出“开始”菜单的常用程序列表中选择“Microsoft Word 2010”命令，启动 Word 2010。

方法 3：当 Word 2010 安装完后，用户可手动在桌面上创建 Word 2010 快捷图标。在“开始”菜单中右击“Microsoft Word 2010”，在弹出的快捷菜单中选择“发送到”→“桌面快捷方式”命令。双击桌面上的快捷图标，即可启动 Word 2010。

方法 4：在 Windows XP 桌面或文件夹的空白处右击，从弹出的快捷菜单中选择“新建”→“Microsoft Word 文档”命令，即可创建一个 Word 文档，双击该新建文件，即可启动 Word 2010。

3．退出 Word 2010

退出 Word 2010 有很多方法，常用的主要有以下几种：单击 Word 2010 窗口右上角的

“关闭”按钮；单击“文件”按钮，从弹出的菜单中选择“退出”命令；双击快速访问工具栏左侧的控制菜单图标；单击控制菜单图标，从弹出的快捷菜单中选择“关闭”命令；按<Alt+F4>快捷键。

2.1.2 了解 Word 2010 的工作界面

Word 2010 的工作界面在 Word 2007 版本的基础上，又进行了一些优化，与早期的操作界面有了很大的不同，它将所有的操作命令都集成到功能区中不同的选项卡下，各选项卡又分成若干选项组，用户在功能区中便可方便使用 Word 的各种功能。

1. Word 2010 操作界面

启动 Word 2010 后，该软件的主操作界面如图 2-1 所示。Word 2010 的操作界面主要由快速访问工具栏、标题栏、“文件”按钮、功能区和功能选项卡、标尺、状态栏及文档编辑区等部分组成。

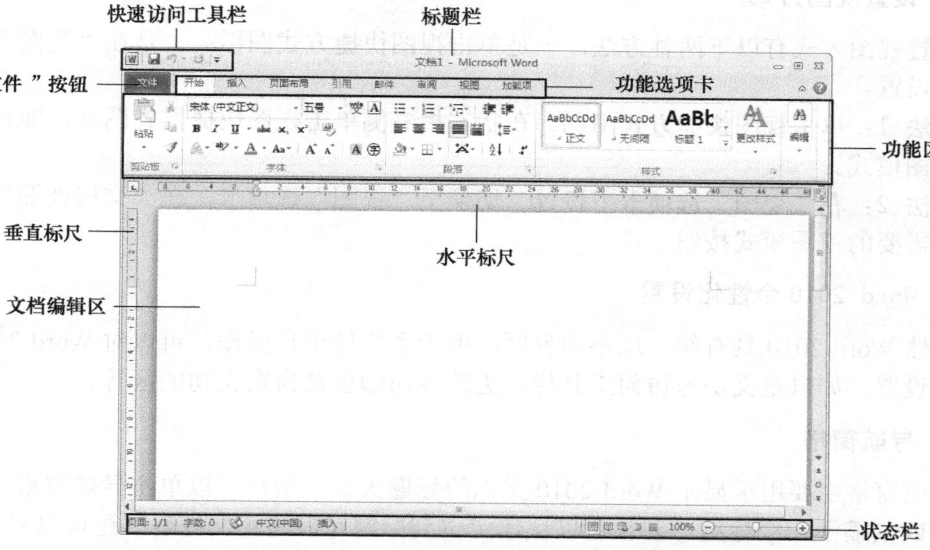

图 2-1 Word 2010 主操作界面

2. Word 2010 视图模式

所谓视图，就是文档的显示方式。在对文档进程编辑时，根据编辑的着重点不同，可以选择不同的视图方式进行编辑，以便更好地完成工作。Word 2010 提供了 5 种文档显示的方式，即页面视图、阅读版式视图、Web 版式视图、大纲视图和草稿视图。

（1）页面视图　页面视图是使文档就像在稿纸上一样，在此方式下所看到的内容和最后打印出来的结果几乎完全一样。对文档对象进行各种操作，要添加页眉页脚等附加内容，都应在页面视图的方式下进行。

（2）阅读版式视图　在该视图模式下，屏幕上分为左右两页显示文档内容，使文档阅读起来清晰、直观。进入“阅读版式”后，单击右上角的“关闭”按钮，即可返回之前的视图。

（3）Web 版式视图　Web 版式视图以网页的形式来显示文档中的内容，文档内容不再是一个页面，而是一个整体的 Web 页面。Web 版式具有专门的 Web 页编辑功能，在 Web 版式下得到的效果就像是在浏览器中显示的一样。如果使用 Word 编辑网页，就要在 Web 版式视图下进行，因为只有在该视图下才能完整显示编辑网页的效果。

（4）大纲视图　大纲视图比较适合较多层次的文档，在大纲视图中用户不仅能查看文档的结构，还可以通过拖动标题来移动、复制和重新组织文本。此时，大纲视图还可通过折叠文档来查看主要标题，或者展开文档以查看所有标题和正文。首先将鼠标指针放在需要折叠的级别前，然后在“大纲”选项卡中单击“折叠”按钮，单击一次折叠一级。若要重新显示文本，可单击“展开”按钮。

（5）草稿视图　草稿视图是 Word 中的一种视图方式。草稿视图取消了页面边距、分栏、页眉页脚和图片等元素，仅显示标题和正文，是最节省计算机系统硬件资源的视图方式。当然现在计算机系统的硬件配置都比较高，基本上不存在由于硬件配置偏低而使 Word 运行遇到障碍的问题。

3. 设置视图方式

设置视图方式有以下两种方法：一是单击视图快捷方式图标；二是在“视图”选项卡下进行设置。

方法 1：单击视图快捷方式图标。在状态栏右侧单击视图快捷方式图标，即可选择相应的视图模式。

方法 2：在“视图”选项卡下设置。切换至“视图”选项卡，在“文档视图”选项组中单击需要的视图模式按钮。

4. Word 2010 个性化设置

虽然 Word 2010 具有统一风格的界面，但为了方便用户操作，可以对 Word 2010 进行个性化设置，如自定义快速访问工具栏、更改界面颜色及自定义功能区等。

5. 导航窗格

导航窗格主要用于显示 Word 2010 文档的标题大纲，用户可以单击导航窗格中的标题来展开或收缩下一级标题，并且可以快速定位到标题对应的正文内容，还可以显示 Word 2010 文档的缩略图。在“视图”选项卡的“显示”选项组中勾选或取消勾选“导航窗格”复选框可以显示或隐藏导航窗格。

2.1.3 Word 文档的基本操作

在使用 Word 2010 创建文档之前，必须掌握文档的一些基本操作，包括新建、保存、打开和关闭文档等。只有熟悉了这些基本操作后，才能更好地操控 Word 2010。

1. 新建文档

Word 文档是文本和图片等对象的载体，要制作出一篇工整、漂亮的文档，首先必须创建一个新文档。在 Word 2010 中，用户可以创建空白文档，也可以根据现有的内容创建文档，甚至可以是一些具有特殊功能的文档，如书法字帖。具体操作是单击“文件”菜单下的“新建”选项，再选择所需要的模板即可。

2．保存文档

对于新建的文档，只有将其保存起来，才可以再次对其进行查看或编辑修改。而且，在编辑文档的过程中，养成随时保存文档的习惯，可以避免因计算机故障而丢失信息。保存文档分为保存新建的文档、保存已保存过的文档、另存 Word 文档和自动保存文档等 4 种方式。

3．打开文档

打开文档是 Word 的一项最基本的操作。如果用户要对保存的文档进行编辑，首先需要将其打开。打开文档的方法有两种，一种是双击文件图标直接打开，另一种是通过“打开”对话框进行打开。

4．关闭文档

当用户不需要再使用文档时，应将其关闭。关闭文档的方法非常简单，常用的关闭文档的方法如下：单击标题栏右侧的“关闭”按钮；按<Alt+F4>快捷键，结束任务；单击“文件”按钮，从弹出的菜单中选择“关闭”命令，关闭当前文档；在“文件”菜单中选择“退出”命令，关闭当前文档并退出 Word 程序；右击标题栏，从弹出的快捷菜单中选择“关闭”命令。

2.1.4　Word 2010 文本输入与编辑操作

在了解文档的基本操作以后，还需要掌握文本的基本编辑方法，这样才能胜任工作和学习的需要。Word 的主要功能就是方便用户输入和编辑文本。通常情况下，文本的操作包括输入、复制、移动、删除、查找和替换、文本的自动更正、拼写与语法检查等操作，这是整个文档编辑过程的基础，只有掌握了这些基础操作，才能更好地处理文档。

1．输入文本

输入文本是制作 Word 文档的一项重要操作。大多数文档的主要组成元素都是文本。当新建一个 Word 文档后，文档的开始位置将出现一个闪烁的光标，称为“插入点”，在 Word 中输入的任何文本（如数字、文字、日期和时间等）都会在插入点处出现。

一般情况下，普通文本分为英文和中文两种。其输入方法类似，新建文档后，将插入点定位到需要输入的文本位置，然后选择一种输入法即可开始文本的输入。

（1）输入英文　在英文状态下通过键盘可以直接输入英文、数字及标点符号。需要注意的是：

① 按<Caps Lock>键可输入英文大写字母，再次按该键输入英文小写字母。

② 按<Shift>键的同时按双字符键将输入上档字符；按<Shift>键的同时按字母键输入英文大写字母。

③ 按<Enter>键，插入点自动移到下一行行首。

④ 按<Space>键，在插入点的左侧插入一个空格符号。

（2）输入中文　一般情况下，系统会自带一些基本的输入法，如微软拼音、智能 ABC 等。这些中文输入法都是比较通用的，用户可以使用默认的输入法切换方式，如打开/关闭输入法控制条快捷键<Ctrl+Space>键、切换输入法<Ctrl+Shift>键等。选择一种中文输入法后，即可在插入点处开始输入中文文本。

（3）输入符号　在输入文本的过程中，有时需要插入一些特殊符号，如希腊字母、商标符号、图形符号和数字符号等，而这些特殊符号通过键盘是无法输入的。这时可以通过Word 2010提供的插入符号功能来实现符号的输入。

（4）输入日期和时间　使用Word 2010编辑文档时，可以使用插入日期和时间功能来输入当前日期和时间。在Word 2010中输入日期类格式的文本时，Word 2010会自动显示默认格式的当前日期，按〈Enter〉键即可完成当前日期的输入。如果要输入其他格式的日期和时间，除了可以手动输入外，还可以通过“日期和时间”对话框进行插入。切换至“插入”选项卡，在“文本”选项组中单击“日期和时间”按钮，打开“日期和时间”对话框，在该对话框中设置日期和时间格式。

2．选择文本

在编辑文本之前，首先必须选取文本。选取文本既可以使用鼠标，也可以使用键盘，还可以结合鼠标和键盘进行选取。

（1）使用鼠标选取文本　使用鼠标选取文本是最基本、最常用的方法。使用鼠标可以轻松地改变插入点的位置，因此使用鼠标选取文本十分方便，具体有如下几种。

1）拖动选取：将鼠标指针定位在起始位置，按住鼠标左键不放，向目的位置拖动鼠标以选择文本。

2）单击选取：将鼠标指针移到要选定行的左侧空白处，当鼠标指针变成箭头形状时，单击鼠标选择该行文本内容。

3）双击选取：将鼠标指针移到文本编辑区左侧，当鼠标指针变成箭头形状时，双击鼠标左键，即可选择该段的文本内容；将鼠标指针定位到词组中间或左侧，双击鼠标选择该单字或词。

4）三击选取：将鼠标指针定位到要选择的段落，三击鼠标选中该段的所有文本；将鼠标指针移到文档左侧空白处，当光标变成箭头形状时，三击鼠标选中整篇文档。

（2）使用键盘选取文本　使用键盘选择文本时，需先将插入点移动到要选择的文本的开始位置，然后按键盘上相应的快捷键即可，见表2-1。

表2-1　选择文本的快捷键

快捷键	功能
Shift+→	选取鼠标指针右侧的一个字符
Shift+←	选取鼠标指针左侧的一个字符
Shift+↑	选取鼠标指针位置至上一行相同位置之间的文本
Shift+↓	选取鼠标指针位置至下一行相同位置之间的文本
Shift+Home	选取鼠标指针位置至行首
Shift+End	选取鼠标指针位置至行尾
Shift+Page Down	选取鼠标指针位置至下一屏之间的文本
Shift+Page Up	选取鼠标指针位置至上一屏之间的文本
Ctrl+Shift+Home	选取鼠标指针位置至文档开始之间的文本
Ctrl+Shift+End	选取鼠标指针位置至文档结尾之间的文本
Ctrl+A	选取整篇文档

（3）使用鼠标和键盘的结合选取文本　除了使用鼠标或键盘选取文本外，还可以结合使用鼠标和键盘来选取文本。该方式不仅可以选取连续的文本，也可以选择不连续的文本。

1）选取连续的较长文本：将插入点定位到要选取区域的开始位置，按住<Shift>键不放，再移动鼠标指针至要选取区域的结尾处，单击左键即可选取该区域之间的所有文本内容。

2）选取不连续的文本：选取任意一段文本，按住<Ctrl>键，再拖动鼠标选取其他文本，即可同时选取多段不连续的文本。

3）选取整篇文档：按住<Ctrl>键不放，将鼠标指针移到文本编辑区左侧空白处，当鼠标指标变成箭头形状时，单击左键即可选取整篇文档。

4）选取矩形文本：将插入点定位到开始位置，按住<Alt>键并拖动鼠标，即可选取矩形文本区域。

3．复制、移动与删除文本

在编辑文档的过程中，经常需要将一些重复的文本进行复制以节省输入时间，或将一些位置不正确的文本从一个位置移到另一个位置，或将多余的文本删除。

（1）复制文本　所谓文本的复制，是指将要复制的文本移动到其他位置，而原文本仍然保留在原来的位置。复制文本的方法如下。

方法 1：选取需要复制的文本，按<Ctrl+C>快捷键，将插入点移动到目标位置，再按<Ctrl+V>快捷键。

方法 2：选择需要复制的文本，在“开始”选项卡的“剪贴板”选项组中，单击“复制”按钮，将插入点移到目标位置处，单击“粘贴”按钮。

方法 3：选取需要复制的文本，按下鼠标右键拖动到目标位置，松开鼠标会弹出一个快捷菜单，在其中选择“复制到此位置”命令。

方法 4：选取需要复制的文本，右击，从弹出的快捷菜单中选择“复制”命令，把插入点移到目标位置并右击，然后在弹出的快捷菜单中选择“粘贴选项”命令。

（2）移动文本　移动文本是指将当前位置的文本移到其他位置，在移动的同时，会删除原来位置上的原文本。移动文本有以下几种方法。

方法 1：选择需要移动的文本，按<Ctrl+X>快捷键；在目标位置处按<Ctrl+V>快捷键来实现。

方法 2：选择需要移动的文本，在“开始”选项卡的“剪贴板”选项组中，单击“剪切”按钮，在目标位置处，单击“粘贴”按钮。

方法 3：选择需要移动的文本，按下鼠标右键并拖动至目标位置，松开鼠标后弹出一个快捷菜单，选择“移动到此位置”命令。

方法 4：选择需要移动的文本后，右击，在弹出的快捷菜单中选择“剪切”命令；在目标位置处右击，在弹出的快捷菜单中选择“粘贴选项”命令。

方法 5：选择需要移动的文本后，按下鼠标左键不放，此时鼠标指针变为箭头形状，并出现一条虚线，移动鼠标指针，当虚线移动到目标位置时，释放鼠标，即可将文本移动到目标位置。

方法 6：选择需要移动的文本，按<F2>键，在目标位置处按<Enter>键移动文本。

（3）删除文本　在编辑文档的过程中，经常需要删除一些不需要的文本。删除文本的操作方法如下。

方法 1：按<Backspace>键，删除鼠标指针左侧的文本；按<Delete>键，删除鼠标指针右侧文本。

方法 2：选择要删除的文本，在“开始”选项卡的“剪贴板”选项组中，单击“剪切”按钮即可。

方法 3：选择文本，按<Backspace>键或<Delete>键均可删除所选文本。

4．查找与替换文本

在篇幅比较长的文档中，使用 Word 2010 提供的查找与替换功能可以快速地找到文档中某个文本或更正文档中多次出现的某个词语，从而无须反复地查看文本，使操作变得较为简单，节约办公时间，提高工作效率。

（1）查找文本　在编辑一篇长文档过程中，要查找一个文本，使用 Word 2010 提供的查找功能，将会达到事半功倍效果。

切换至“开始”选项卡，在“编辑”选项组中单击“查找”按钮，系统将在左边弹出导航栏，在其中输入需要查找的内容并按<Enter>键，系统将自动查找相应的内容，并标记出来。

（2）替换文本　想要在多页文档中找到或找全所需操作的字符，如修改某些错误的文字，若仅依靠用户去逐个寻找并修改，既费事，效率又不高，还可能会发生错漏现象。在遇到这种情况时，就需要使用查找和替换操作来解决。替换和查找操作基本类似，不同之处在于，替换不仅要完成查找，而且要用新的文档覆盖原有内容。准确地说，在查找到文档中特定的内容后，才可以对其进行统一替换。

切换至“开始”选项卡，在“编辑”选项组中单击“替换”按钮，打开“查找与替换”对话框的“替换”选项卡，在“查找内容”文本框中输入要查找的内容；在“替换为”文本框中输入最终内容，单击若干次“替换”按钮，依次替换文档中指定的内容。

5．撤销和恢复操作

在编辑文档时，Word 2010 会自动记录最近执行的操作，因此当操作错误时，可以通过撤销功能将错误操作撤销。如果误撤销了某些操作，还可以使用恢复操作将其恢复。

（1）撤销操作　在编辑文档中，使用 Word 2010 提供的撤销功能，可以轻而易举地将编辑过的文档恢复到原来的状态。常用的撤销操作主要有以下两种。

方法 1：在快速访问工具栏中单击“撤销”按钮，撤销上一次操作。单击按钮右侧的下拉按钮，可以在弹出的列表中选择要撤销的操作，撤销最近执行的多次操作。

方法 2：按<Ctrl+Z>快捷键，可撤销最近的操作。

（2）恢复操作　恢复操作用来还原撤销操作，恢复撤销以前的文档。常用的恢复操作主要有以下两种。

方法 1：在快速访问工具栏中单击“恢复”按钮，恢复最近的撤消操作。

方法 2：按<Ctrl+Y>快捷键，恢复最近的撤销操作，这是<Ctrl+Z>快捷键的逆操作。

6．Word 自动更正功能

在文本的输入过程中，难免会出现一些输入错误，如“其他”写成“其它”等。在 Word 2010 中提供了自动更正功能，可以通过其自带的更正字库对一些常见的拼写错误进行自动更正。

（1）设置自动更正选项　在使用 Word 2010 的自动更正功能时，可根据需要设置自动更正选项，如设置是否对前两个字母连续大写的单词进行自动更正，是否对由于误按<Caps Lock>键产生的大小写错误进行更正等。

单击“文件”按钮，在弹出的菜单中选择“选项”命令，打开“Word 选项”对话框。切换至“校对”选项卡，在右侧的“自动更正选项”选项区域中，单击“自动更正选项”按钮，打开“自动更正”对话框，系统默认打开“自动更正”选项卡。在该对话框中可以设置自动更正选项。

（2）创建自动更正词条 创建或更改自动更正词条后，当输入某种常见的错误词条时，系统会给予更正提示，并用正确的词条加以替代。

7．拼写和语法检查

Word 2010 提供了很强的拼写和语法检查功能，用户使用该功能，可以减少文档中的单词拼写错误以及中文语法错误。

（1）检查拼写和校对语法 在输入长篇英文文档时，难免会在英文拼写与语法方面出错。Word 2010 提供了几种自动检查英文拼写和语法错误的方法，具体如下。

1）自动更改拼写错误。例如，输入“accident”，再输入空格或其他标点符号后，将自动用“accident”替换“accident”。

2）提供更改拼写提示。如果在文档中输入一个错误单词，再输入空格后，该单词将被加上红色的波浪形下画线。将插入点定位在该单词中，右击，在弹出的快捷菜单中可选择更改后的单词、忽略错误、添加到词典等命令。

3）提供更改语法提示。如果在文档中使用了错误的语法，如输入“They is good friends”，单词“is”将被加上绿色的波浪形下画线。将插入点定位在该单词中，右击，在弹出的快捷菜单中将显示语法建议等信息。

4）行首自动大写。在行首无论输入什么单词，再输入空格或其他标点符号后，该单词将自动把第一个字母改为大写。例如，在行首输入单词“address”，再输入空格后，该单词就变为“Address”。

5）自动添加空格。如果在输入单词时，忘记用空格隔开，Word 2010 会自动添加空格。例如，在输入“forthe”后，继续输入，系统自动变成“for the”。

（2）检查中文语法 中文语法检查与英文类似，只是在输入过程中，右击出现的语法错误，在弹出的菜单中不会显示相近的字或词。中文语法检查主要通过“拼写和语法”对话框和标记下画线两种方式来实现。

（3）设置拼写和语法选项 在输入文本时自动进行拼写和语法检查是 Word 2010 默认的操作，但若是文档中包含有较多特殊拼写或特殊语法时，启用键入时自动检查拼写和语法功能，就会对编辑文档产生一些不便。因此在编辑一些专业性较强的文档时，可暂时将输入时自动检查拼写和语法功能关闭。

2.1.5 文档的格式设置

在文档中，当输入完所需的文本内容后，就可以对相应的段落文本进行格式化操作，从而使文档层次分明，便于阅读。本节将主要介绍设置字符格式、段落格式、边框和底纹、项目符号和编号等操作，为以后的深入学习打好基础。

1．设置文本格式

在 Word 文档中输入的文字默认为五号宋体，为了使文档更加美观、条理更加清晰，通常需要对字符进行格式化操作。常用设置字符格式的方法有 3 种：通过“字体”选项组、浮动工具栏和“字体”对话框设置。

（1）使用“字体”选项组设置　打开“开始”选项卡，使用如图 2-2 所示的“字体”选项组中提供的按钮即可设置文本格式，如文本的字体、字号、颜色和字形等。

（2）利用浮动工具栏设置　选中要设置格式的文本，此时该文本区域的右上角将出现浮动工具栏，如图 2-3 所示，使用工具栏提供的命令按钮可以进行文本格式的设置。

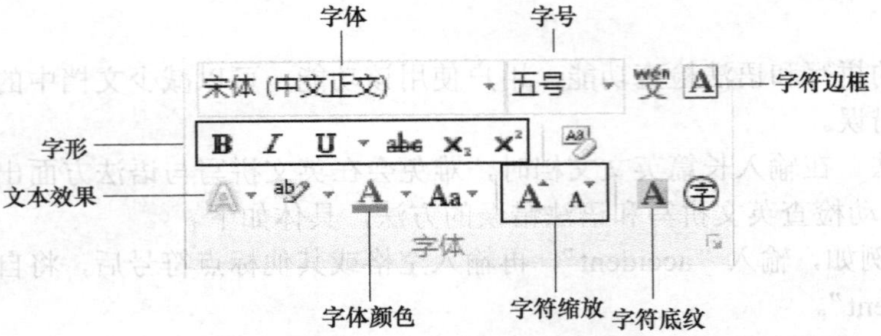

图 2-2 “字体”选项组

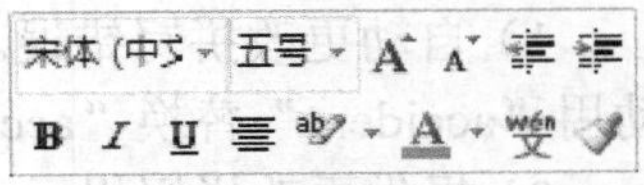

图 2-3 浮动工具栏

（3）利用“字体”对话框设置　用“字体”对话框不仅可以完成“字体”选项组中所有字体设置功能，而且还能为文本添加其他的特殊效果和设置字符间距等。

具体操作：打开“开始”选项卡，单击“字体”对话框启动按钮，打开“字体”对话框的“字体”选项卡，在“中文字体”或“西文字体”下拉列表框中选择文本使用的字体；在“字号”列表框中选择文本使用的字号，或直接在“字号”文本框中输入所需要的字号；在“字体颜色”下拉列表框中选择文本使用的颜色；在“下画线线型”下拉列表框中选择文本要添加的下画线样式；在“效果”选项区域中设置文本的效果，如阴影和空心等。打开“字体”对话框“高级”选项卡，在其中可以设置文字的缩放比例、文字间距和相对位置。

2．设置段落格式

段落是构成整个文档的骨架，由正文、图表和图形等加上一个段落标记构成。为了使文档的结构更清晰、层次更分明，Word 2010 提供了更多的段落格式设置功能，包括段落对齐方式、段落缩进、段落间距等。

（1）设置段落对齐方式　段落对齐是指文档边缘的对齐方式，包括两端对齐、居中对齐、左对齐、右对齐和分散对齐。这 5 种对齐方式的说明如下。

两端对齐：默认设置，两端对齐时文本左右两端均对齐，但是段落最后不满一行的文字右边是不对齐的。

居中对齐：文本居中排列。

左对齐：文本的左边对齐，右边参差不齐。

右对齐：文本的右边对齐，左边参差不齐。

分散对齐：文本左右两边均对齐，而且每个段落的最后一行不满一行时，将拉开字符间距使该行均匀分布。

设置段落对齐方式时，先选定要对齐的段落，然后可以通过单击“开始”选项卡的“段落”选项组（或浮动工具栏）中的相应按钮来实现，也可以通过“段落”对话框来实现。使用“段落”选项组是最快捷方便的，也是最常使用的方法。

（2）设置段落缩进　段落缩进是指设置段落中的文本与页边距之间的距离。Word 2010 提供了以下 4 种段落缩进的方式。

左缩进：设置整个段落左边界的缩进位置。

右缩进：设置整个段落右边界的缩进位置。

悬挂缩进：设置段落中除首行以外的其他行的起始位置。

首行缩进：设置段落中首行的起始位。

（3）设置段落间距　段落间距的设置包括文档行间距与段间距的设置。行间距是指段落中行与行之间的距离；段间距就是指前后相邻的段落之间的距离。

2.1.6　设置项目符号和编号

使用项目符号和编号列表，可以对文档中并列的项目进行组织，或者将顺序的内容进行编号，以使这些项目的层次结构更清晰、更有条理。Word 2010 提供了 7 种标准的项目符号和编号，并且允许用户自定义项目符号和编号。

1．添加项目符号和编号

Word 2010 提供了自动添加项目符号和编号的功能。在以“1.”“(1)”“a”等字符开始的段落中按<Enter>键，下一段开始将会自动出现“2.”“(2)”“b”等字符。

除了使用 Word 2010 的自动添加项目符号和编号功能，还可以在输入文本之后，选中需要添加项目符号或编号的段落，打开“开始”选项卡，在“段落”选项组中单击“项目符号”按钮，将自动在每一段落前面添加项目符号，或者单击“项目符号”下拉按钮，从弹出的列表中选择一种项目符号；单击“编号”按钮，将以“1.”“2.”“3.”的形式为各段进行编号，或者单击“编号”下拉按钮，从弹出的列表中选择一种编号样式。

2．自定义项目符号和编号

在 Word 2010 中，除了可以使用提供的项目符号和编号外，还可以使用图片等自定义项目符号和编号样式。

选取段落，打开“开始”选项卡，在“段落”选项组中单击“项目符号”下拉按钮，从弹出的下拉菜单中选择“定义新项目符号”命令，打开“定义新项目符号”对话框，在其中可以自定义一种新项目符号，如图 2-4 所示。

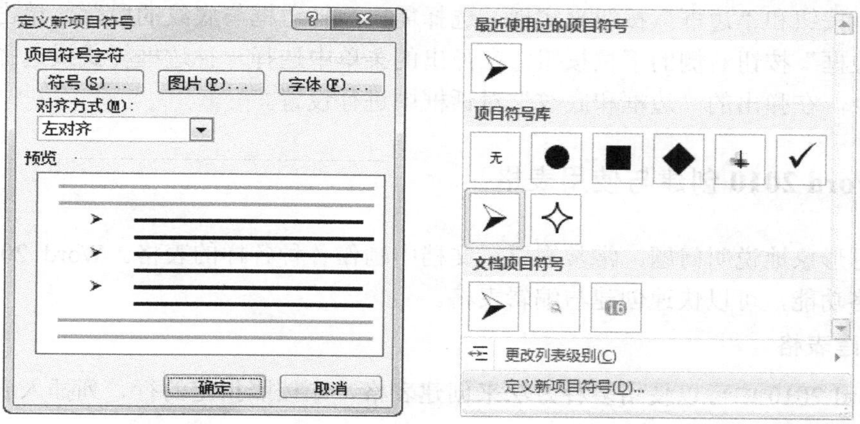

图 2-4　自定义项目符号

在“段落”选项组中单击“编号”下拉按钮，从弹出的下拉菜单中选择“定义新编号格式”命令，打开“定义新编号格式”对话框，在其中设置编号样式。在“编号”下拉菜单中选择“设置编号值”命令，打开“起始编号”对话框，在其中可以自定义编号的起始数值。

3. 删除项目符号和编号

删除项目符号，可以在“开始”选项卡中单击“段落”选项组的“项目符号”下拉按钮，从弹出的“项目符号库”列表框中选择“无”选项即可；删除编号，可以在“开始”选项卡中单击“编号”下拉按钮，从弹出的“编号库”列表框中选择“无”选项即可。

2.1.7 设置边框和底纹

在使用 Word 2010 进行文字处理时，可以在文档中添加各种各样的边框和底纹，以增加文档的生动性和实用性。

1. 设置文本边框和底纹

打开“开始”选项卡，在“字体”选项组中使用“字符边框”按钮、“字符底纹”按钮和“以不同颜色突出显示文本”按钮可为文字添加边框和底纹，使重点内容更为突出，如图 2-5 所示。

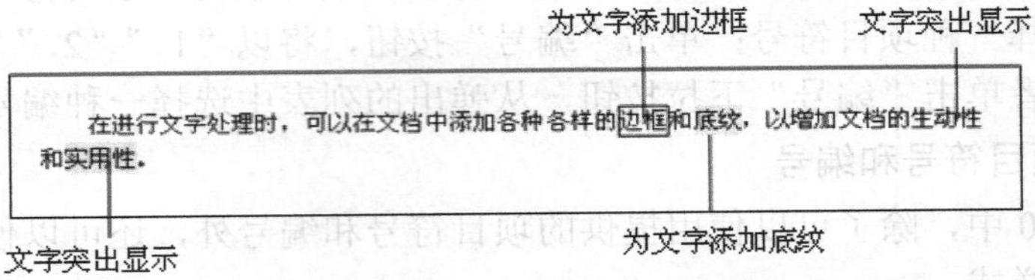

图 2-5 边框与底纹的显示效果图

2. 设置段落边框和底纹

在 Word 2010 中，设置段落边框或底纹，可以通过“开始”选项卡中“段落”选项组的“底纹”按钮和“边框”按钮来实现，选择需要添加边框与底纹的段落，单击“段落”组中的“边框”按钮右侧的下拉按钮，在弹出的菜单中选择一种边框样式或选择“边框和底纹”命令，在弹出的“边框和底纹”对话框中进行设置。

2.1.8 Word 2010 创建与使用表格

为了更形象地说明问题，常常需要在文档中制作各种各样的表格。Word 2010 提供了强大的表格功能，可以快速创建与编辑表格。

1. 创建表格

在 Word 2010 中可以使用多种方法来创建表格，如按照指定的行、列插入表格和绘制不规则表格等。

2．调整表格

创建表格完成后，还需要对其进行编辑操作，如选定行、列和单元格，插入和删除行、列，合并和拆分单元格等，以满足不同的需要。相关的操作如图 2-6 所示。

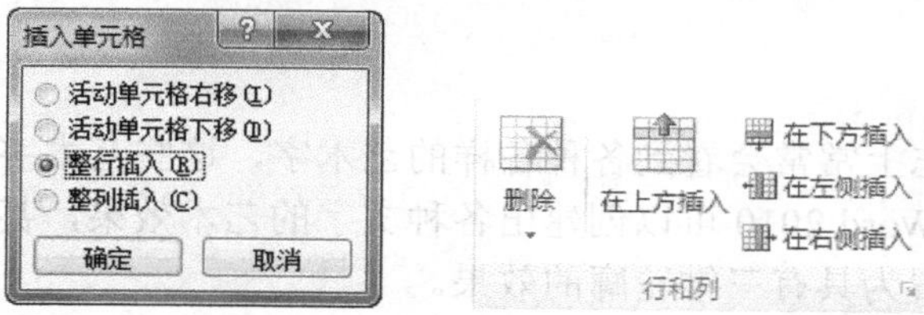

图 2-6　调整表格的方式

3．设置表格外观

在制作表格时，可以通过功能区的操作命令对表格进行设置，如设置表格边框和底纹、表格的对齐方式等，使表格的结构更为合理、外观更为美观，如图 2-7 所示。

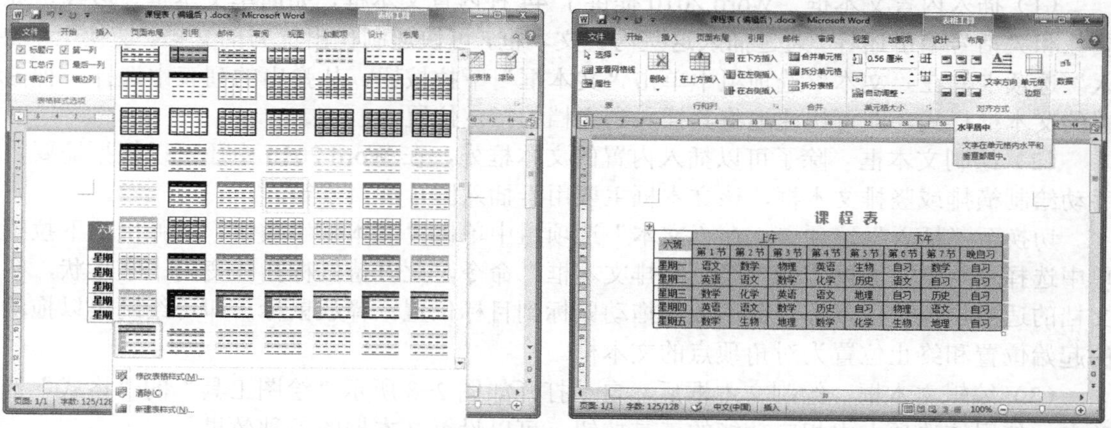

图 2-7　表格的边框与底纹

2.1.9　Word 2010 图文混排

如果整篇文章都是文字，没有任何修饰性的内容，这样的文档在阅读时不仅缺乏吸引力，而且会使读者阅读起来劳累不堪。Word 2010 具有强大的图文混排功能，它不仅提供了大量图形以及多种形式的艺术字，而且支持多种绘图软件创建的图形以及屏幕截图功能，从而轻而易举地实现图片和文字的混合排版。

1．插入计算机中的图片

用户可以直接将保存在计算机中的图片插入 Word 文档，也可以将扫描仪或其他图形软件插入图片到 Word 文档。切换至“插入”选项卡，在“插图”选项组中单击“图片”按钮，弹出“插入图片”对话框，在其中选择要插入的图片，单击“插入”按钮，即可将图片插入到文档中。

2．插入剪贴画

Word 2010 所提供的剪贴画库内容非常丰富，设计精美、构思巧妙，能够表达不同的主题，适用于制作各种文档。要插入剪贴画，可以切换至“插入”选项卡，在“插图”选项组中单击“剪贴画”按钮，打开“剪贴画”任务窗格，在“搜索文字”文本框中输入剪贴画的相关主题或文件名称后，单击“搜索”按钮，来查找计算机中与网络上相关的剪贴画。

3. 使用艺术字

在流行的报纸杂志上常常会看到各种各样的艺术字，这些艺术字给文章增添了强烈的视觉冲击效果。使用 Word 2010 可以创建出各种文字的艺术效果，甚至可以把文本扭曲成各种各样的形状或设置为具有三维轮廓的效果。

4. 使用文本框

文本框是一种图形对象，它作为存放文本或图形的容器，可置于页面中的任何位置，并可随意地调整其大小。在 Word 2010 中，文本框用来建立特殊的文本，并且可以对其进行一些特殊的处理，如设置边框、颜色和版式格式。

（1）插入内置文本框　Word 2010 提供了 44 种内置文本框，如简单文本框、边线型提要栏和大括号型引述等。通过插入这些内置文本框，可快速制作出优秀的文档。切换至“插入”选项卡，在“文本”选项组中单击“文本框”下拉按钮，从弹出的列表中选择一种内置的文本框样式，即可快速地将其插入到文档的指定位置。

（2）绘制文本框　除了可以插入内置的文本框外，在 Word 2010 中还可以根据需要，手动绘制横排或竖排文本框，该文本框主要用于插入图片和文本等。

切换至“插入”选项卡，在“文本”选项组中单击“文本框”按钮，从弹出的下拉菜单中选择“绘制文本框”或“绘制竖排文本框”命令，此时待鼠标指针变为十字形状，在文档的适当位置按住鼠标左键不放并拖动鼠标到目标位置，释放鼠标，即可绘制出以拖动的起始位置和终止位置为对角顶点的文本框。

（3）编辑文本框　绘制文本框后，自动打开如图 2-8 所示“绘图工具”的“格式”选项卡，使用该选项卡中相应功能的工具按钮，可以设置文本框的各种效果。

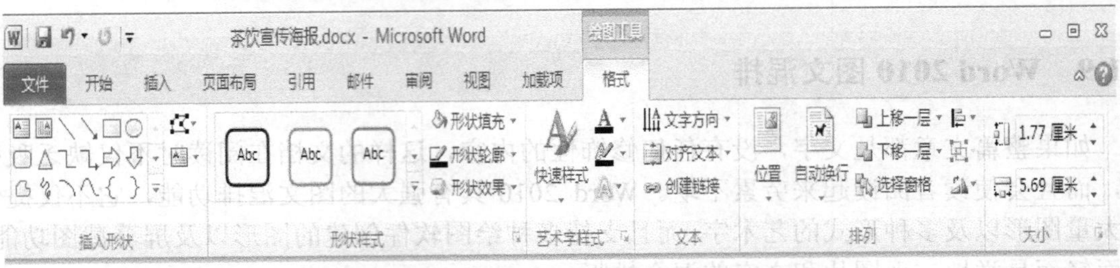

图 2-8　文本框特殊效果的设置

2.1.10 使用图表

Word 2010 提供了建立图表的功能，用来组织和显示信息。与文字数据相比，形象直观的图表更容易使人理解。在文档中适当加入图表可使文本更加直观、生动和形象。

1. 插入图表

Word 2010 为用户提供了大量预设的图表。使用它们，可以快速地创建用户所需的图表。切换至“插入”选项卡，在“插图”选项组中单击“图表”按钮，打开“插入图表”对话框。在该对话框中选择一种图表类型后，单击“确定”按钮，即可在文档中插入图表，同时会启动 Excel 2010 应用程序，用于编辑图表中的数据，该操作和 Excel 类似。

2. 编辑图表

插入图表后，打开“图表工具”的“设计”“布局”和“格式”选项卡，通过功能工具按钮可以设置相应的图表的样式、布局以及格式等，使插入的图表更为直观，如图 2-9 所示。

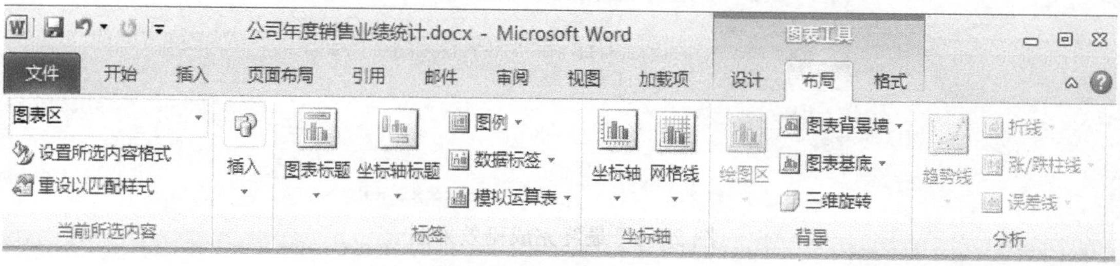

图 2-9　图表工具

2.1.11　在 Word 2010 中获取帮助

在使用 Word 2010 处理文档时，如果遇到难以弄懂的问题，这时可以求助 Office 2010 的帮助系统。它就像 Office 的军师，使用它可以获取帮助，达到排忧解难的目的。

1. 使用 Word 2010 的帮助系统

Office 2010 的帮助功能已经被融入每一个组件中，用户只需单击“文件”菜单下的“帮助”选项，或者按<F1>键，即可打开帮助窗口。

2. 通过 Internet 获得帮助

当计算机确保已经联网的情况下，用户还可以通过强大的网络搜寻到更多的 Word 2010 帮助信息，即通过 Internet 获得更多的技术支持。

2.2　求职简历的制作

想要成功地推荐自己，在激烈的人才竞争中占有一席之地，一份精美的求职简历是必不可少的。求职简历包括自荐书的制作和求职简历表格的制作，可分解成两个任务来实现，先制作自荐书，再制作求职简历。

2.2.1　制作自荐书

1. 任务描述

制作自荐书，如图 2-10 所示，对自荐书进行录入、编辑和格式排版。

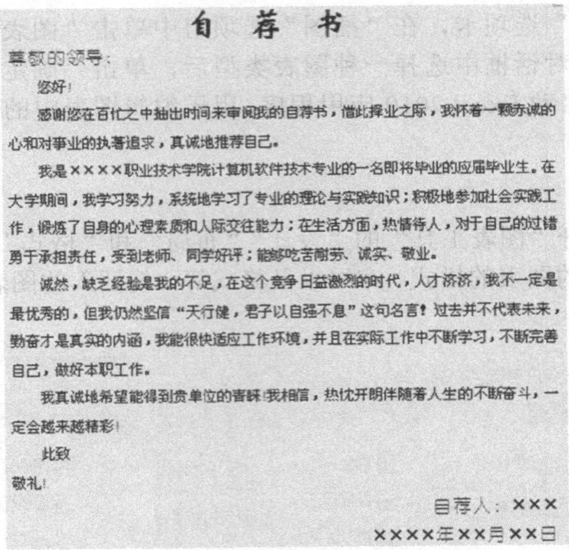
自 荐 书

尊敬的领导：

您好！

感谢您在百忙之中抽出时间来审阅我的自荐书，借此择业之际，我怀着一颗赤诚的心和对事业的执著追求，真诚地推荐自己。

我是××××职业技术学院计算机软件技术专业的一名即将毕业的应届毕业生。在大学期间，我学习努力，系统地学习了专业的理论与实践知识；积极地参加社会实践工作，锻炼了自身的心理素质和人际交往能力；在生活方面，热情待人，对于自己的过错勇于承担责任，受到老师、同学好评；能够吃苦耐劳、诚实、敬业。

诚然，缺乏经验是我的不足，在这个竞争日益激烈的时代，人才济济，我不一定是最优秀的，但我仍然坚信“天行健，君子以自强不息”这句名言！过去并不代表未来，勤奋才是真实的内涵，我能很快适应工作环境，并且在实际工作中不断学习，不断完善自己，做好本职工作。

我真诚地希望能得到贵单位的青睐！我相信，热忱开朗伴随着人生的不断奋斗，一定会越来越精彩！

此致

敬礼！

自荐人：×××

××××年××月××日

图 2-10 最终完成稿效果图

2．任务要求

1）新建一个 Word 空白文档，录入文本并保存文档。

2）编辑文档。

✸ 查找需要替换的文本内容。将文中所有的“你”替换为“您”。

✸ 修改“自荐书”中的拼写和语法错误。

3）设置字符格式和段落格式。

3．保存排版后的文档

操作步骤略。

4．任务实施

（1）新建一个 Word 空白文档 Word 文档是文本、图片等对象的载体，要制作出一篇工整、漂亮的文档，首先必须创建一个新文档。在 Word 2010 中，用户可以创建空白文档，也可以根据现有的内容创建文档，甚至可以是一些具有特殊功能的文档，如书法字帖。具体操作是单击“文件”菜单下的“新建”选项，再选择“空白文档”模板即可，如图 2-11 所示。

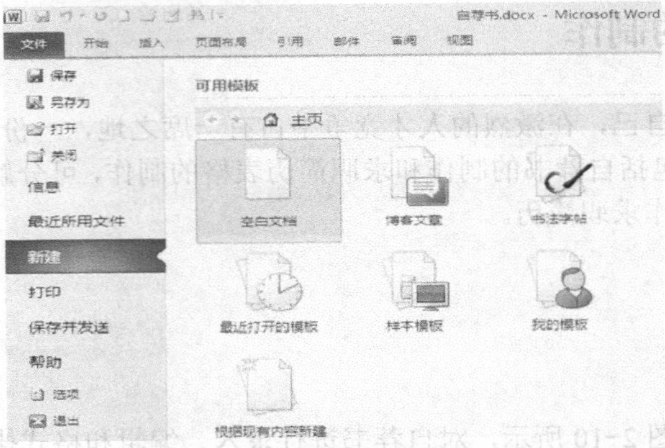

图 2-11 新建 Word 空白文档

（2）录入文字 输入文本是 Word 2010 的一项基本操作。新建一个 Word 文档后，将光标定位到插入点，再选择一种输入法进行文本的输入。

（3）保存文档 对于新建的 Word 文档或正在编辑某个文档时，如果出现了计算机突然死机和停电等非正常关闭的情况，文档中的信息就会丢失，因此，为了保护劳动成果，做好文档的保存工作是十分重要的。如果文档已保存过，但在进行了一些编辑操作后，需要将其保存下来，并且希望仍能保存以前的文档，这时就需要对文档进行“另存为”操作。将当前文档另存为其他文档，可单击“文件”按钮，在弹出的菜单中选择“另存为”命令，打开“另存为”对话框，在其中设置保存路径、名称及保存格式，然后单击“保存”按钮即可。将本节任务文档用这种方式保存，在“另存为”对话框中输入“自荐书”，文件类型设置为“.docx”，具体如图 2-12 所示。

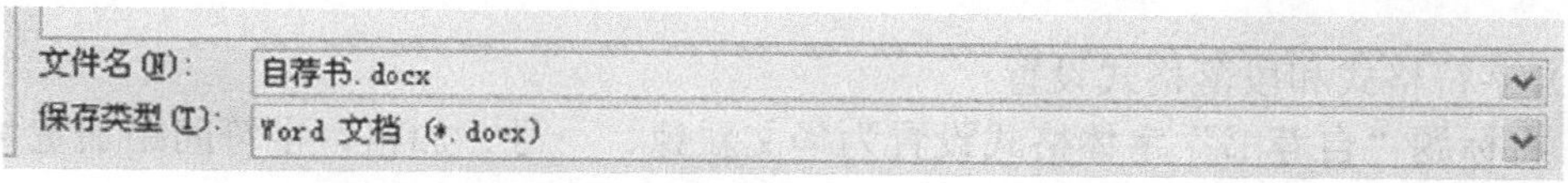

图 2-12 “另存为”对话框选项

（4）编辑文档

1）查找需要替换的文本内容。将文中所有的“你”替换为“您”，操作步骤如下。

第一步：将光标移动到文件段首。

第二步：切换至“开始”选项卡，在“编辑”选项组中单击“替换”按钮，打开“查找与替换”对话框的“替换”选项卡，在“查找内容”文本框中输入要查找的内容“你”；在“替换为”下拉列表框中输入最终内容“您”，单击若干次“替换”按钮，依次替换文档中指定的内容。具体如图 2-13 所示。

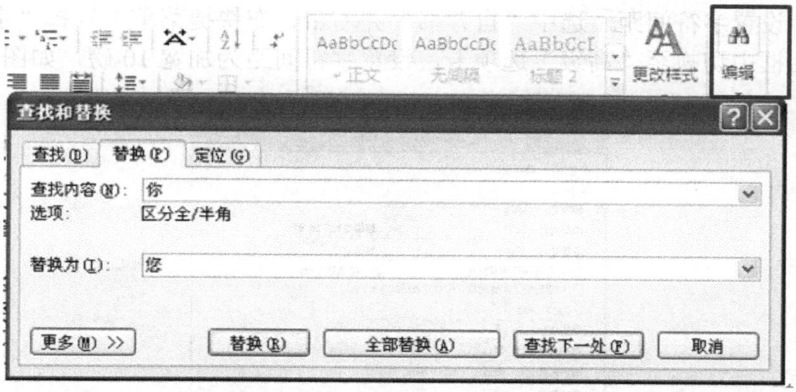

图 2-13 “替换”选项卡

2）修改“自荐书”中的拼写和语法错误。单击“审阅”选项卡下的“拼写和语法”按钮，在“拼写和语法”对话框中，显示文本中的“来垂阅我”存在语法拼写错误，将其修改为“来审阅我”，如图 2-14 所示。

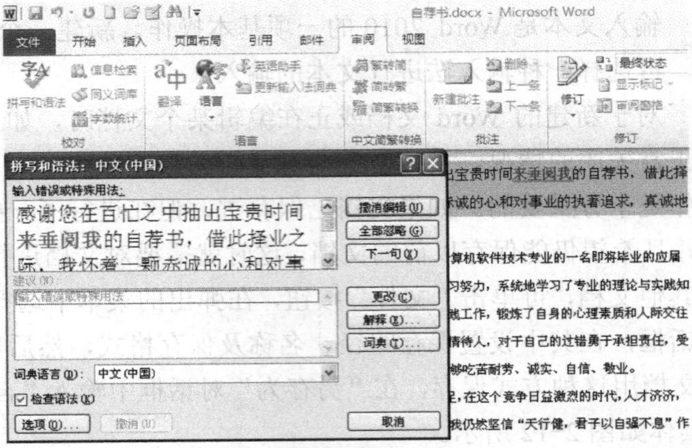

图 2-14 Word 中“拼写和语法”对话框

（5）字符格式和段落格式设置

1）将标题“自荐书”字体格式设置为华文新魏、一号、加粗、字符间距加宽 10 磅，设置段落格式为居中对齐，断后间距 0.5 行。具体操作如下。

第一步：先选中“自荐书”三个字。

第二步：单击“开始”选项卡的“字体”选项组或者“字体”对话框中的相关按钮或下拉列表框进行设置。其格式设置如图 2-15 所示。

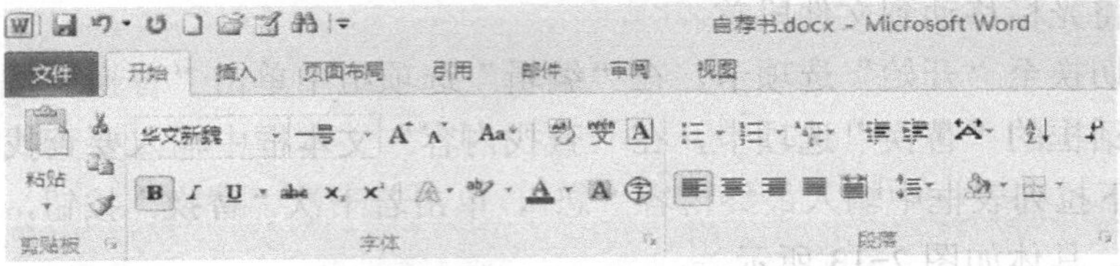

图 2-15 字体格式设置

第三步：设置字符间距。选中“自荐书”并右击，在快捷菜单中选择“字体”命令，在弹出的对话框中切换至“高级”选项卡，设置字符间距为加宽 10 磅，如图 2-16 所示。

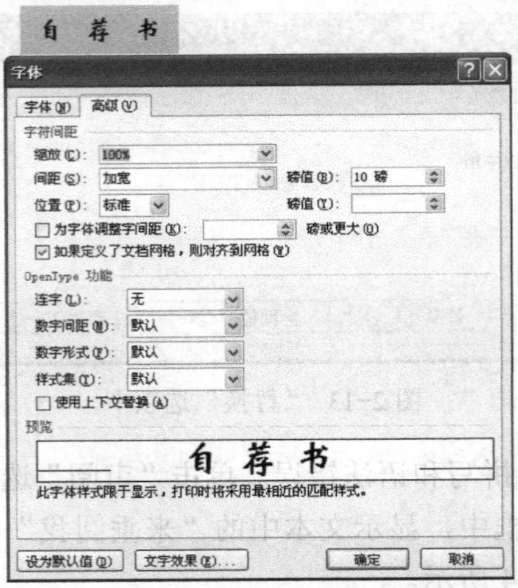

图 2-16 “字体”对话框中的“高级”选项卡

第四步：设置段落间距。段落间距的设置包括文档行间距与段间距的设置。行间距是指段落中行与行之间的距离；段间距是指前后相邻的段落之间的距离。Word 2010 默认的行间距值是单倍行距。打开“段落”对话框的“缩进和间距”选项卡，在“行距”下拉列表中选择所需的选项，并在“设置值”微调框中输入数值，可以重新设置行间距；在“段前”和“段后”微调框中输入数值，设置段间距，具体如图 2-17 所示。

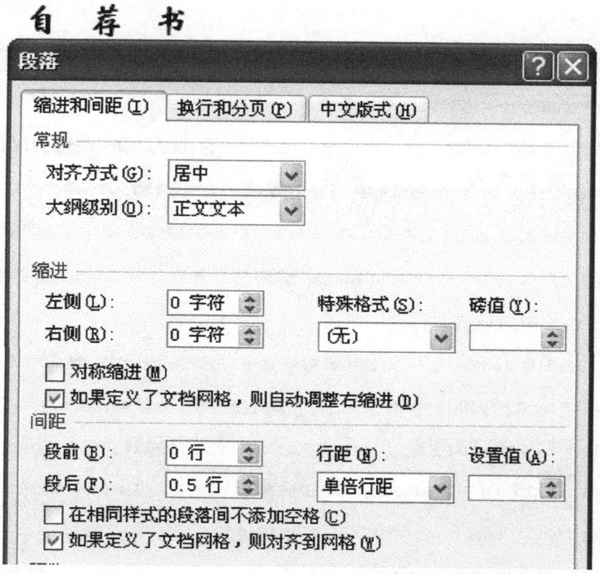

图 2-17　“段落”对话框

2）将“尊敬的公司领导”“自荐人：×××”“××××年××月××日”字体格式设置为幼圆、四号。

3）将正文文字“您好”到“敬礼!”，设置段落格式为两端对齐、首行缩进 2 个字符、2 倍行距。

4）利用水平标尺将正文第 10 段“敬礼!”的“首行缩进”取消。

先将光标移动到“您好”前面，单击“视图”选项卡，勾选“标尺”复选框，利用标尺将“敬礼!”移到标尺值为 1 的位置，具体如图 2-18 所示。

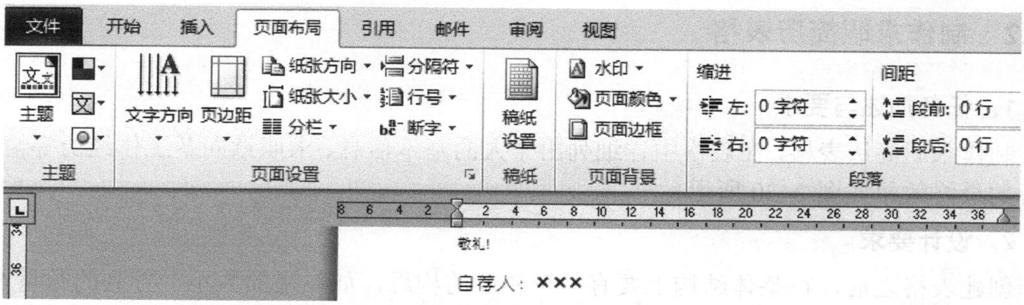

图 2-18　利用标尺缩进文字

5）将最后两段“自荐人：×××”“××××年××月××日”设置为右对齐，将“自荐人：×××”所在的段落设置为段前间距20磅。

（6）保存排版后的文档 设置文件名为“自荐书（完成）.docx”，效果如图2-19所示。

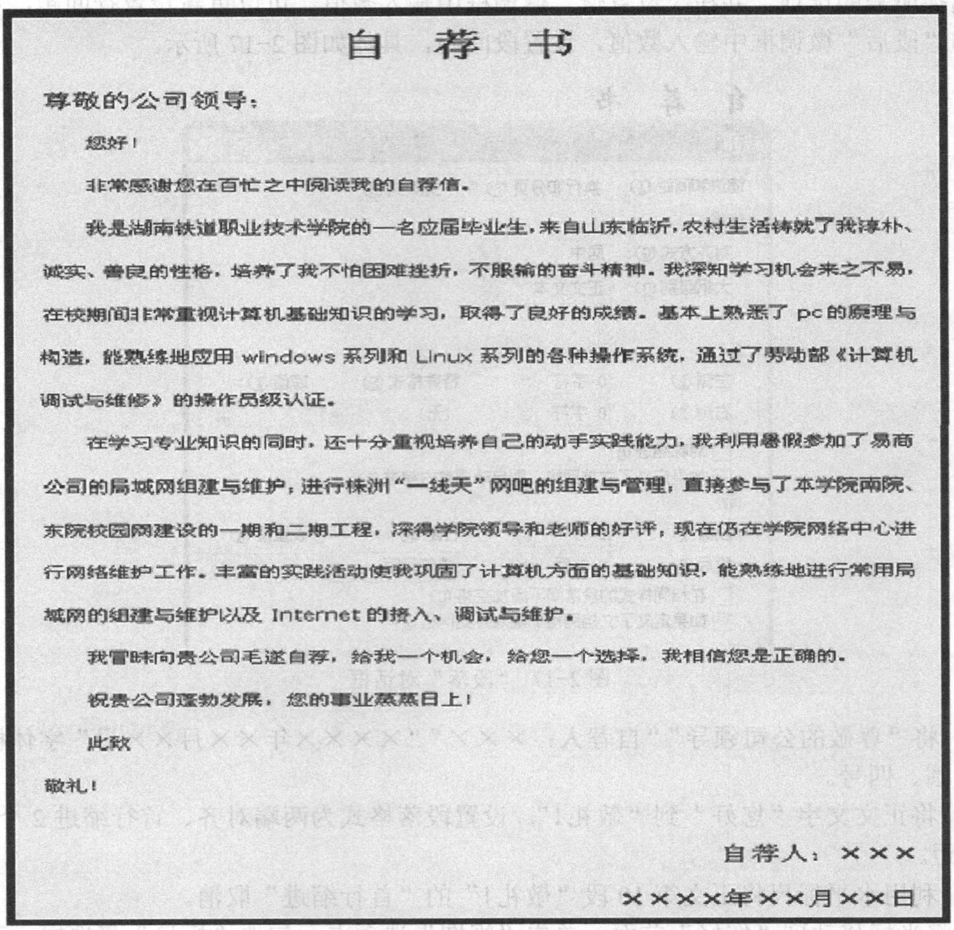

自 荐 书

尊敬的公司领导：

您好！

非常感谢您在百忙之中阅读我的自荐信。

我是湖南铁道职业技术学院的一名应届毕业生，来自山东临沂，农村生活铸就了我淳朴、诚实、善良的性格，培养了我不怕困难挫折，不服输的奋斗精神。我深知学习机会来之不易，在校期间非常重视计算机基础知识的学习，取得了良好的成绩。基本上熟悉了pc的原理与构造，能熟练地应用windows系列和Linux系列的各种操作系统，通过了劳动部《计算机调试与维修》的操作员级认证。

在学习专业知识的同时，还十分重视培养自己的动手实践能力，我利用暑假参加了易商公司的局域网组建与维护，进行株洲“一线天”网吧的组建与管理，直接参与了本学院两院、东院校园网建设的一期和二期工程，深得学院领导和老师的好评，现在仍在学院网络中心进行网络维护工作。丰富的实践活动使我巩固了计算机方面的基础知识，能熟练地进行常用局域网的组建与维护以及Internet的接入、调试与维护。

我冒昧向贵公司毛遂自荐，给我一个机会，给您一个选择，我相信您是正确的。

祝贵公司蓬勃发展，您的事业蒸蒸日上！

此致

敬礼！

自荐人：×××

××××年××月××日

图2-19 自荐书的效果图

2.2.2 制作求职简历表格

1. 任务描述与要求

制作求职简历表格，在表格中详细列出个人的基本信息、求职意向及工作经历等情况。任务的最终效果如图2-20所示。

2. 设计要求

创建表格之前，在整体结构上要有一个初步的构思，如表格的大小、行列的数量及表格的放置方向等，然后定义一个表框，再对表格线进行调整，而后填入表格内容。表格内容有其自身的格式，如表格中文字的字体、段落等格式，表格框架有行高、列宽、边框等格式。因此，在制作表格时，需对表格内容的格式和表格框架的格式进行设定。

求 职 简 历

姓 名		性 别		照片	
年 龄		目前住地			
民 族		身高体重			
婚姻状况		健康状况			
E-mail		联系电话			
求职意向及工作经历					
应聘职位					
工作年限		职称		求职类型	
可到职日期		月薪要求		希望工作地	
工作经历					
教育背景					
毕业院校				最高学历	
毕业日期		所学专业		第二专业	
取得证书					
语言能力					
外 语		国语水平		粤语水平	
工作能力及其他专长					

图 2-20 求职简历效果图

3．求职简历排版要求

1）新建一个空白文档，保存为“求职简历.doc”，输入表格标题，设置标题“求职简历”的字体格式为华文新魏、一号、加粗、字符间距为加宽 10 磅，段落格式为居中对齐，段后间距 0.5 行。

2）在文档中插入一个 18 行 6 列的规则表格。

3）设置行高。

4）合并相应单元格。

5）输入表格内容。

6）设置单元格的对齐方式。分别将“照片”“求职意向及工作经历”“语言能力”“工作能力及其他特长”单元格的对齐方式设为“中部居中”，其他单元格的对齐方式设为“中部两端对齐”。

7）设置表格的边框。将外侧框线设置为“双细线”，内侧框线设置为“点点线”。

8）设置表格的底纹。将第 6、11、15、17 行的底纹设置为“灰色-15%”。并将这些行的字符格式设为“小四、加粗”。

4．任务实施

（1）创建规则的空表格 单击“插入”选项卡的“表格”按钮，在弹出的对话框中输入18行6列的表格尺寸，单击“确定”按钮，如图2-21所示。

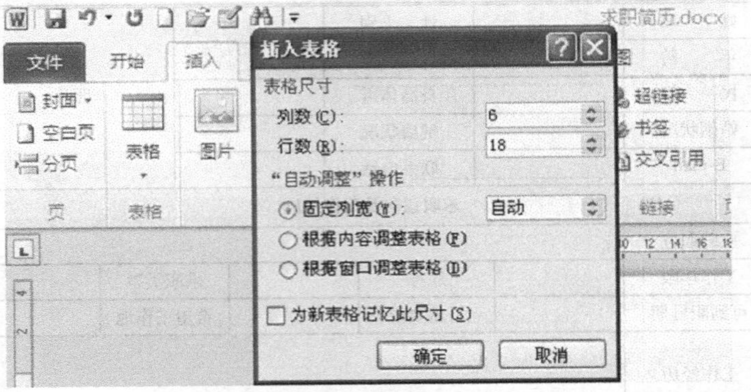

图2-21 “插入表格”对话框

（2）设置行高 选中整个表格，打开“表格属性”对话框，在“行”项卡中，勾选“指定高度”复选框，在其后的下拉列表框中输入“0.8厘米”，如图2-22所示。选择第10行，按住<Ctrl>键，选择第14行和第18行，使用上述方法，设置行高为“3厘米”。

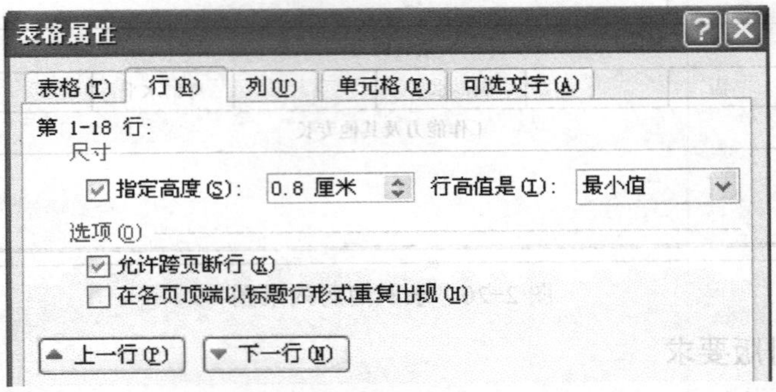

图2-22 “表格属性”对话框

（3）合并单元格

步骤1：选择第1行至第5行的最后两列，右击，在弹出的快捷菜单中选择“合并单元格”命令。调整第5个单元格的左边线。

步骤2：分别选择第6、11、15、17、18行进行单元格合并。

步骤3：将第10行2～6列单元格合并，第14行2～6列单元格合并，第18行的1～6列单元格合并，按效果图合并其他单元格。

（4）设置单元格的对齐方式

步骤1：选择整个表格，单击“表格和边框”工具栏上的“单元格对齐方式”按钮旁的下拉按钮，选择“中部居中”选项。

步骤2：分别选择“工作经历”“取得证书”右侧的单元格，选择“单元格对齐方式”中的“中部两端对齐”。

（5）设置表格边框线

步骤1：选中整个表格，右击，在弹出的快捷菜单中选择“边框和底纹”命令，在打开的“边框和底纹”对话框中选择“边框”选项卡，如图2-23所示。

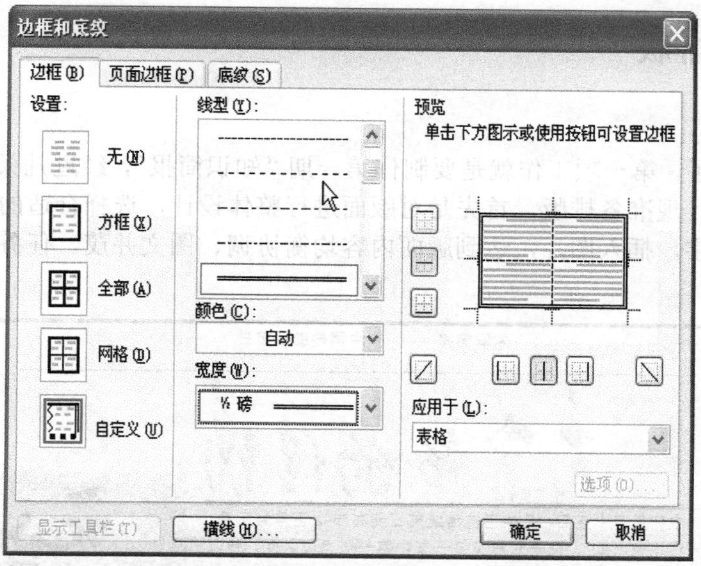

图 2-23 “边框和底纹”对话框中的“边框”选项卡

步骤 2：在“设置”区域内选择“自定义”，在“线型”列表框中选“双细线”。

步骤 3：在“预览”区域中，单击图示上、下、左、右边框线或单击相应的按钮。

步骤 4：在“线型”列表框中选择“点点线”，在“预览”区域中，单击图示的网格横线、竖线或单击相应的按钮。

（6）设置底纹

步骤 1：选中第 6 行，按住<Ctrl>键，选中第 11、15、17 行。

步骤 2：右击，在弹出的快捷菜单中选择“边框和底纹”命令，在“边框和底纹”对话框的“底纹”选项卡中，选填充色为“灰色-15%”（见图 2-24）或单击“表格和边框”工具栏上的“底纹颜色”按钮旁的下拉按钮，在弹出的“填充颜色”列表框中选择“灰色-15%”。

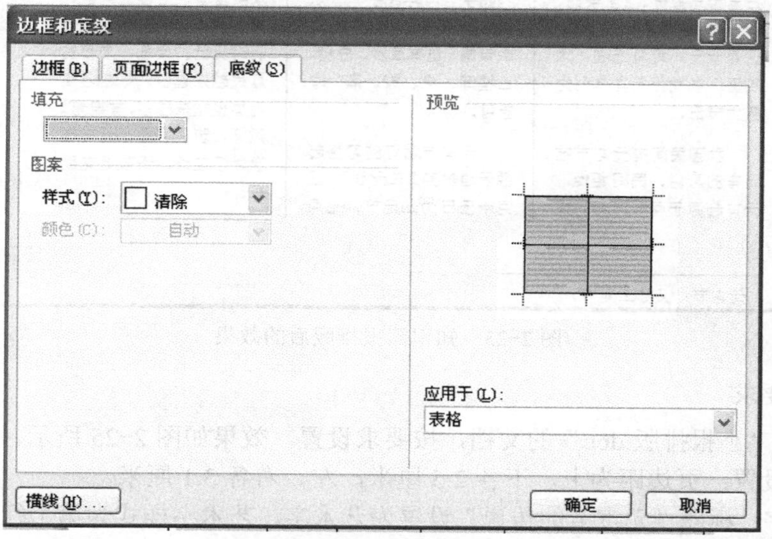

图 2-24　底纹设置图

2.3 小报的排版

1．任务描述

文学社成立了，第一项工作就是要制作第一期“知识简报”，经过几天准备，小李把所有素材收集完毕，现准备排版，首先是对版面进行整体设计，选择合适的版面布局方法，然后是制作艺术字，插入图片，达到版面内容均衡协调、图文并茂。任务排版后的效果如图 2-25 所示。

知识简报-----------中国传统的节日

-1-

元宵节的传说

元宵

农历正月十五日，是中国的传统节日元宵节[1]。正月为元月，古人称夜为“宵”，而十五日又是一年中第一个月圆之夜，所以称正月十五为元宵节。按中国民间的传统，在一元复始，大地回春的节日夜晚，天上明月高悬，地上彩灯万盏人们观灯、猜灯谜、吃元宵合家团聚、其乐融融。

元宵节起源于汉朝，据说是汉文帝时为纪念“平吕”而设。汉惠帝刘盈死后，吕后篡权，吕氏宗族把持朝政。周勃、陈平等人在吕后死后，平除吕后势力，拥立刘恒为汉文帝。因为平息诸吕的日子是正月十五日，此后每年正月十五日之夜，汉文帝都微服出宫，与民同乐以示纪念，并把正月十五日定为元宵节。汉武帝时，“太一神”的祭祀活动在正月十五。司马迁在“太初历”中就把元宵节列为重大节日。

我国民间有元宵节吃元宵的习俗。民间相传，元宵起源于春秋时期的楚昭王。某个正月十五日，楚昭王经过长江，见江面有漂浮物，为一种外白内红的甜美食物。楚昭王请教孔子，孔子说“此浮萍果也，得之主复兴之兆”。元宵和春节的年糕，端午节的粽子一样，都是节日食品。吃元宵象征家庭象月圆一样团圆，寄托了人们对未来生活的美好愿望。元宵在南方称“汤圆”“圆子”“浮圆子”“水圆”，由糯米制成，或实心，或带馅。馅有豆沙、白糖、山楂等，煮、煎、蒸、炸皆可。

元宵节燃灯的习俗起源于道教的“三元说”：正月十五日为上元节，七月十五日为中元节，十月十五日为下元节。主管上、中、下三元的分别为“天”“地”“人”三官，天官喜乐，故上元节要燃灯。元宵节燃灯放火，自汉朝时已有此风俗。唐时，对元宵节倍加重视，在元宵节燃灯更成为一种习俗。唐朝大诗人卢照邻曾在《十五夜观灯》中这样描述元宵节燃灯的盛况“接汉疑星落，依楼似月悬。”元宵节燃灯的习俗，经过历朝历代的传承，节日的灯式越来越多，灯的名目内容也越来越多，有镜灯、凤灯、琉璃灯等。元宵节除燃灯之外，还放烟花助兴。

[1] 元宵节：又称上元节。

图 2-25　知识简报排版后的效果

2．任务要求

新建名为“小报排版.doc”的文档，按要求设置，效果如图 2-25 所示。

1）页面设置：页边距为上、下各 2.5 厘米，左、右各 3.1 厘米。

2）艺术字：标题“元宵节的传说”设置为艺术字，艺术字样式为第 1 行第 2 列；字体为“方正舒体”；形状为“槽形”；填充效果为过渡效果，预设金色年华；阴影为“阴影样式 18”；环绕方式为“浮于文字上方”。

3）分栏：将正文第二、三、四段设置为三栏格式，加分隔线。

4）边框和底纹：为正文第一段设置方框，线型为“双实线”，颜色为“淡紫”。

5）图片：在原文指定位置处插入图片名为“元宵.gif”；环绕方式为“紧密型”。

6）脚注和尾注：为正文第 1 段第 2 行“元宵节”加粗下画线，加尾注“元宵节：又称上元节。”

7）页眉和页脚：按样文添加页眉文字，插入页码，并设置相应的格式。

3. 任务实施

（1）页面设置　在处理文档时，为了使文档页面更加美观，用户可以根据需求规范文档的页面，如设置页边距、纸张、版式和文档网格、设置信纸页面等，制作出规范的文档版面。

1）设置页边距。页边距就是页面的边线到文字的距离。设置页边距，包括调整上、下、左、右边距，调整装订线的距离和纸张的方向。

具体操作过程：打开“页面布局”选项卡，在“页面设置”选项组中单击“页边距”按钮，从弹出的下拉列表框中选择页边距样式，即可快速为页面应用该页边距样式。本例选择“自定义边距”命令，打开“页面设置”对话框的“页边距”选项卡，在其中可以精确设置页面边距上下为“2.5 厘米”，左右边距为“3.1 厘米”，如图 2–26 所示。

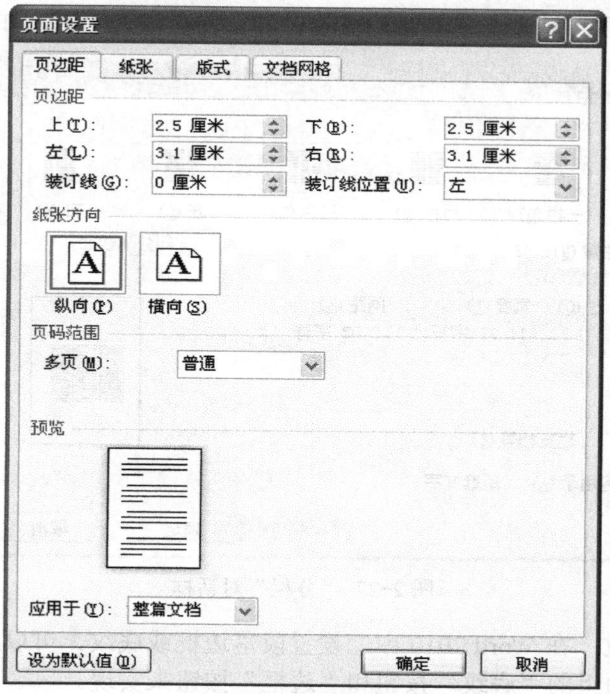

图 2–26　页边距的设置

2）设置纸张。纸张的设置决定了要打印纸张的大小，在默认情况下，Word 2010 文档的纸张大小为 A4。在制作某些特殊文档（如明信片、名片或贺卡）时，用户可以根据需要调整纸张的大小，从而使文档更具特色。本例采用默认设置。

（2）在小报进行图形处理　如果一篇文章通篇只有文字，而没有任何修饰性的内容，在阅读时不仅缺乏吸引力，而且会使读者阅读起来劳累不堪。Word 2010 的绘图和图形处理功能可实现文档的图文混排。Word 2010 可使用艺术字、图片、SmartArt 图形、自选图形、文本框和图表等来实现图形功能。

1）插入艺术字。选中标题“元宵节的传说”，切换至“插入”选项卡，在“文本”选项组中单击“艺术字”按钮，在打开的艺术字列表框中选择样式为第 1 行第 2 列。设置字体为“方正舒体”；形状为“槽形”；填充效果为过渡效果，预设“金色年华”；阴影为“阴影样式 17”；环绕方式为“浮于文字上方”。

2）插入图片。为了使文档更加美观、生动，在其中可以插入图片。在 Word 2010 中，不仅可以插入系统提供的图片剪贴画，还可以从其他程序或位置导入图片，甚至可以使用屏幕截图功能直接从屏幕中截取画面。本例的具体操作：切换至“插入”选项卡，在“插图”选项组中单击“图片”按钮，打开“插入图片”对话框，在其中选择要插入的图片“pic2-2.gif”，单击“插入“按钮，即可将图片插入到文档中。

（3）分栏　分栏是指按实际排版需求将文本分成若干个条块，使版面更为美观。在阅读报纸杂志时，常常会发现许多页面被分成多个栏目。这些栏目有的是等宽的，有的是不等宽的，从而使得整个页面布局显得错落有致，易于读者阅读。Word 2010 具有分栏功能，用户可以把每一栏都视为一节，这样就可以对每一栏文本内容单独进行格式化和版面设计。选中第二、三、四自然段，切换至“页面布局”选项卡，单击“分栏”下拉列表，选择“更多分栏”，弹出对话框，勾选“分隔线”复选框并设置栏数为“3”，如图 2-27 所示。

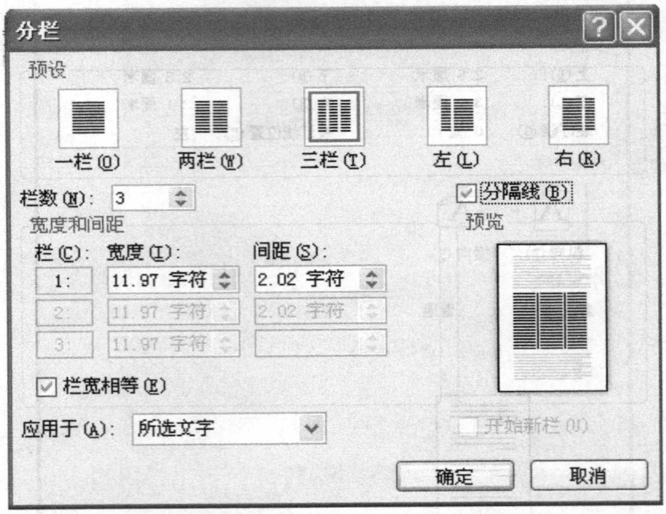

图 2-27 “分栏”对话框

（4）边框和底纹　在 Word 2010 中，设置段落边框或底纹，可以通过单击“开始”选项卡中“段落”选项组的“底纹”按钮和“边框”按钮来实现。

具体操作过程：选择需要添加边框与底纹的第一自然段，单击“开始”选项卡中“段落”选项组的“边框”按钮右侧的下拉按钮，在弹出的菜单中选择“边框和底纹”命令，在打开的“边框和底纹”对话框中进行设置，如图 2-28 所示，切换至“边框”选项卡，将“设置”设为“方框”，颜色为“浅紫色”，大小为“1.5”。

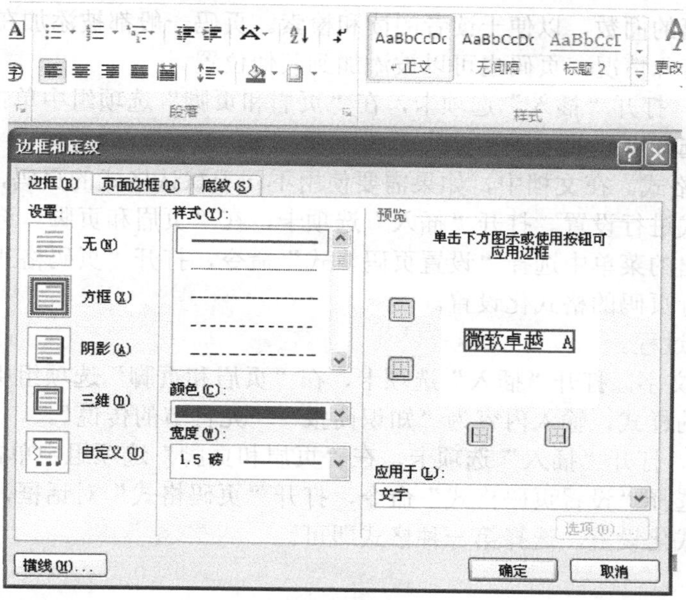

图 2-28 “边框和底纹”对话框

（5）脚注和尾注

1）任务涉及的知识——题注、脚注与尾注的应用。Word 2010 为用户提供了自动编号标题题注功能，使用它可以在插入图形、公式和表格时进行顺序编号。另外，Word 2010 还提供了脚注和尾注功能，使用它们可以对文本进行补充说明，或对文档中的引用信息进行注释。脚注一般位于插入脚注页面的底部，可以作为文档某处内容的注释，而尾注一般位于整篇文档的末尾，列出引文的出处等。

2）具体操作过程：为正文第 1 段第 2 行“元宵节”添加粗下画线，插入尾注“元宵节：又称上元节。”

在 Word 2010 中，打开“引用”对话框，在“脚注”选项组中单击“插入脚注”按钮或“插入尾注”按钮，即可在文档中插入脚注或尾注。

选中文中的“元宵节”，在“开始”选项卡的“字体”选项组单击“下画线”下拉按钮 U，选择粗下画线；再切换至“引用”选项卡，单击“脚注”选项组中的“插入尾注”按钮，再输入尾注内容为“元宵节：又称上元节。”

（6）页眉和页脚

1）任务涉及的知识 1——页眉和页脚。页眉和页脚是文档中每个页面的顶部、底部和两侧页边距（即页面打印区域之外的空白空间）中的区域。许多文稿，特别是比较正式的文稿都需要设置页眉和页脚。得体的页眉和页脚，会使文稿显得更为规范，也会给读者带来方便。

① 为首页创建页眉和页脚。页眉和页脚通常用于显示文档的附加信息，如页码、时间和日期、作者名称、单位名称、徽标或章节名称等内容。在通常情况下，书籍的每章首页需要创建独特的页眉和页脚。Word 2010 提供了插入封面功能，用于说明文档的主要内容和特点。

② 为奇偶页创建页眉和页脚。书籍中奇偶页的页眉和页脚通常是不同的。在 Word 2010 中，用户可以为文档中的奇偶页设计不同的页眉和页脚。

2）任务所涉及的知识 2——页码。页码就是书籍每一页面上标明次序的号码或其他数字，用于统计书籍的面数，以便于读者阅读和检索。页码一般都被添加在页眉或页脚中，但也不排除其他特殊情况，页码也可以被添加到其他位置。

① 插入页码。打开“插入”选项卡，在“页眉和页脚”选项组中单击“页码”按钮，从弹出的菜单中选择页码的位置和样式。

② 设置页码格式。在文档中，如果需要使用不同于默认格式的页码，如 i 或 a 等，就需要对页码的格式进行设置。打开“插入”选项卡，在“页眉和页脚”选项组中单击“页码”按钮，在弹出的菜单中选择“设置页码格式”命令，打开“页码格式”对话框，在该对话框中可以进行页码的格式化设置。

3）具体操作过程。

① 插入页眉文字。打开“插入”选项卡，在“页眉和页脚”选项组中单击“页眉”按钮，选择所需要的样式，输入内容为“知识简报——元宵节的传说”。

② 插入页码。打开“插入”选项卡，在“页眉和页脚”选项组中单击“页码”按钮，在弹出的菜单中选择“设置页码格式”命令，打开“页码格式”对话框，在该对话框中可以进行页码的格式化设置，选择第一种格式即可。

2.4 论文的排版

1. 任务描述

学生张英马上就要大学毕业了，现阶段已按照老师的要求做好了毕业设计，当务之急就是对毕业论文进行排版。毕业论文不仅文档长，而且格式多，处理起来比普通的文档要复杂得多，如为章节和正文等快速设置相应的格式、自动生成目录、为奇偶页添加不同的页眉、让页眉随文档标题改变等。这些都是张华以前没有接触到的问题，不得已他只好去请教老师，经过老师的指导，他才顺利完成了毕业论文的排版工作，效果如图所示 2-29 所示。

目录

第一章 前言......2
1.1 系统开发背景......2
1.2 系统开发意义......3
1.2.1 国外研究现状......3
1.2.2 国内研究现状......4
1.3 系统开发工具......4
第二章 系统需求分析......5
2.1 系统功能要求......5
2.1.1 系统功能要求......5
2.1.2 系统安全性要求......6
2.1.3 系统运行要求......6
2.2 可行性分析......6
第三章 系统概要设计......8
3.1 系统总体架构......8
3.2 系统流程图......9
第四章 数据库设计......10
4.1 概念结构设计......10
4.2 逻辑结构设计......11
4.2.1 数据表......11
4.2.2 数据库逻辑结构设计......11
4.2.3 关系模型......14
4.3 物理结构设计......14
4.3.1 数据表的物理设计......15

图 2-29 论文排版后的效果

2. 任务要求

1）页面设置：将“毕业论文”设置为 A4 纸、页边距为上下各 2.54cm，左右各 3.17cm。

2）插入分节点：在每一章节前分别插入一个分节点。

3）按以下要求新建样式。

一级标题：仿宋，二号，加粗、居中、行距 20 磅、段前和段后各 0.5 行。

二级标题：楷体，小三，加粗、行距 20 磅、段前和段后各 0.5 行。

三级标题：黑体，四号，首行缩进 2 个字符、行距 20 磅、段前和段后各 0.5 行。

正文 1：宋体，小四号，首行缩进 2 个字符、行距 18 磅。

图：居中对齐，图题为宋体、小五、居中。

4）应用样式：将“毕业论文”相关内容应用样式。

5）添加图题：为“毕业论文”第一章节中的图添加“图 1-1”“图 1-2”的图题；第二章节的图添加“图 2-1”“图 2-2”的图题。选择全文的图并添加类似的图题。

6）创建目录：显示页码，页码右对齐，格式来自正式，显示级别为三级。

7）保存文件：将当前文件另存为“毕业论文 1”，并将当前文件另存为“毕业论文”模板文件，放入素材文件夹中。

3. 任务实施

Word 2010 本身提供了一些处理长文档功能和特性的编辑工具，如使用大纲视图方式查看和组织文档，使用导航窗格查看文档结构、创建和编辑主控文档等。

（1）页面设置

步骤 1：选中论文。

步骤 2：单击“页面布局”选项卡下的“页面设置”对话框启动器，在“页面设置”对话框中将“页边距”选项的上、下边距设为“2.54 厘米”，左、右边距设为“3.17 厘米”，如图 2-30 所示。

步骤 3：在“页面设置”对话框中选择“纸张”选项卡，设置纸张大小为“A4”。

步骤 4：单击“确定”按钮。

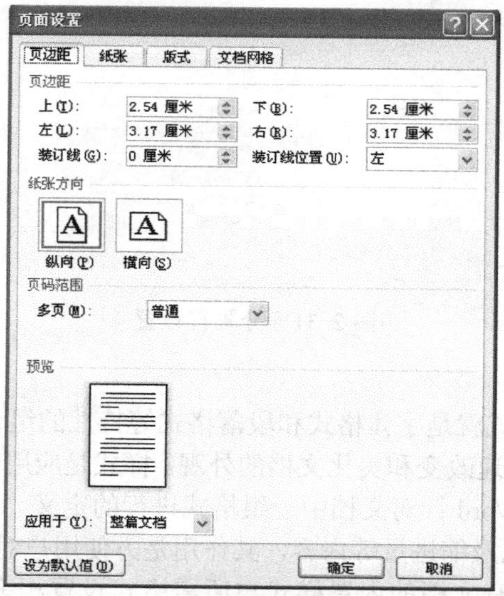

图 2-30 “页面设置”对话框

（2）插入分页符和分节符

1）相关知识。使用正常模板编辑一个文档时，Word 2010 将整个文档作为一个大章节来处理，但在一些特殊情况下，如要求前后两页、一页中两部分之间有特殊格式时，操作起来相当不便。此时可在其中插入分页符或分节符。

① 插入分页符。分页符是分隔相邻页之间文档内容的符号，用来标记一页终止并开始下一页的点。在 Word 2010 中，用户可以很方便地插入分页符。

② 插入分节符。分节符是指为表示节的结尾插入的标记。分节符包含节的格式设置元素，如页边距、页面的方向、页眉和页脚，以及页码的顺序。分节符用一条横贯屏幕的双虚线表示。分节符起着分隔其前面文本格式的作用，如果删除了某个分节符，它前面的文字会合并到后面的内容中，并且采用后者的格式设置。若想删除分节符同时保留分节符前面的格式，需要进入分节符后的页眉页脚编辑状态,并选择“链接到前一条页眉”，退出页眉页脚编辑状态,然后再删除分节符即可保留分节符前面的格式。

以 Word 2010 为例介绍设置分节符的方法：打开 Word 2010 文档窗口，将光标定位到准备插入分节符的位置，然后切换到“页面布局”选项卡，在“页面设置”选项组中单击“分隔符”按钮；在打开的分隔符列表中，列出了 4 种不同类型的分节符，选择合适的即可。

2）具体操作过程。将光标定位到“第一章　前言”文字前，单击“页面布局”选项卡中“页面设置”选项组下的“分隔符”下拉按钮，如图 2-31 所示，选择“下一页”分节符，在每一章节名称前插入分节符。

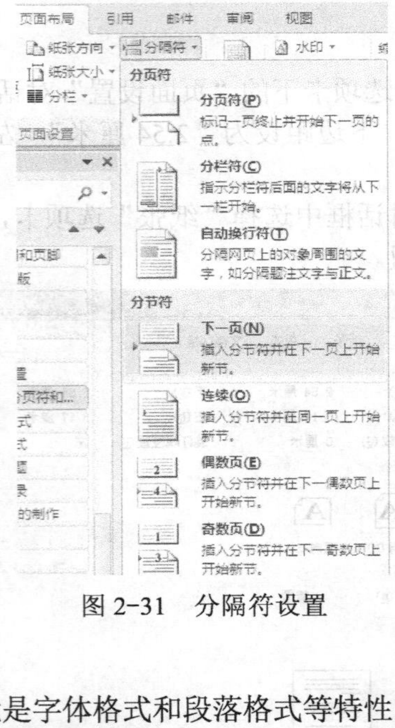

图 2-31　分隔符设置

（3）新建样式

1）任务相关知识。样式就是字体格式和段落格式等特性的组合，在排版中使用样式可以快速提高工作效率，从而迅速改变和美化文档的外观。样式是应用于文档中的文本、表格和列表的一套格式特征。它是 Word 针对文档中一组格式进行的定义，这些格式包括字体、字号、字形、段落间距、行间距以及缩进量等内容，其作用是方便用户对重复的格式进行设置。

① 创建样式。如果现有文档的内置样式与所需格式设置相去甚远时，创建一个新样式

将会更为便捷。在“样式”任务窗格中，单击“新样式”按钮，打开“新建样式”对话框。在“名称”文本框中输入要新建的样式的名称；在“样式类型”下拉列表框中选择“字符”和“段落”选项；在“样式基准”下拉列表框中选择该样式的基准样式（所谓基准样式就是最基本或原始的样式，文档中的其他样式都以此为基础）；单击“格式”按钮，可以为字符或段落设置格式。设置完毕后，单击“确定”按钮，新建一个满足要求的样式。

② 修改样式。如果某些内置样式无法完全满足某组格式设置的要求，则可以在内置样式的基础上进行修改。这时在“样式”任务窗格中，单击样式选项的下拉列表框，在弹出的菜单中选择“修改”命令，在打开的“修改样式”对话框中更改相应的选项即可。

③ 删除样式。对于已经应用样式或已经设置格式的 Word 文档，用户可以随时将其样式或格式清除。通过以下两种方法清除 Word 文档中的格式或样式：打开 Word 2010 文档窗口，选中需要清除样式或格式的文本或段落，在“开始”选项卡中，单击“样式”选项组的“显示样式”按钮，打开“样式”窗格，在“样式列表”中单击“全部清除”按钮即可清除所有样式和格式；打开 Word 2010 文档窗口，选中需要清除样式或格式的文本或段落，在“开始”选项卡中单击“样式”选项组的“其他”按钮，并在打开的快速样式列表中选择“清除格式”命令。

2）具体操作过程。本任务要新建一个“01 一级标题”的样式应用到长文档中，具体操作步骤如下。

① 在“开始”选项卡的“样式”选项组中单击“样式”下拉按钮，在“样式”对话框中单击“新建样式”按钮，在“根据格式设置创建新样式”对话框中按任务要求，将“一级标题 01”定义为仿宋，二号，加粗、居中、行距 20 磅、段前和段后各 0.5 行，定义好样式如图 2-32 所示。用同样的方法再定义其他三种样式，分别如下。

二级标题：楷体，小三，加粗、行距 20 磅、段前和段后各 0.5 行；

三级标题：黑体，四号，首行缩进 2 个字符、行距 20 磅、段前和段后各 0.5 行；

正文 1：宋体，小四号，首行缩进 2 个字符、行距 18 磅。

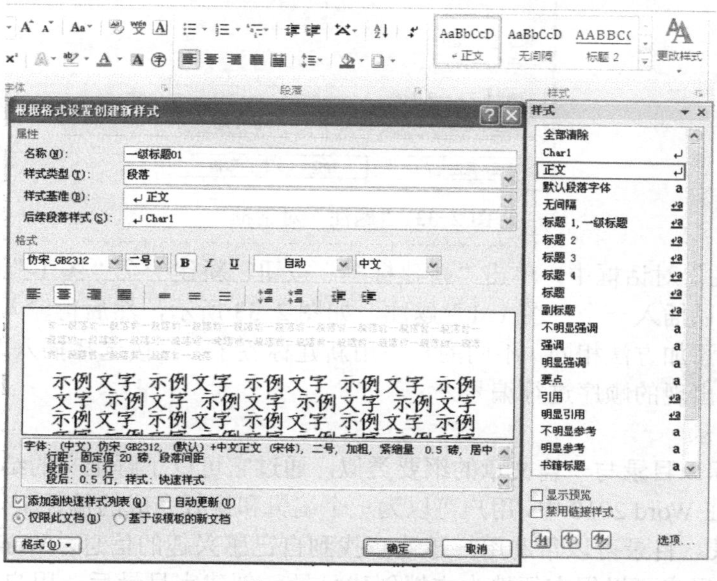

图 2-32　创建新样式

② 在“根据格式设置创建新样式”对话框中输入样式的名称，设置样式的字体、段落、边框和底纹等格式。新建的样式会出现在“样式”任务窗格中，之后就可以应用到任意段落或文字上，也可再进行修改样式操作。

（4）应用样式

1）任务的相关知识。Word 2010 自带的样式库中，内置了多种样式，也可以使用自定义的样式，可以将其为文档中的文本设置标题、字体和背景等样式。用户使用这些样式可以快速地美化文档。

在 Word 2010 中，选择要应用某种内置样式的文本，切换至“开始”选项卡，在“样式”选项组中进行相关设置，单击“样式”下拉按钮，将会打开“样式”任务窗格，在“样式”列表框中可以选择样式。

应用内置样式可以修饰文档。将文章中的段落或文字应用内置样式中“标题 1”的样式。

2）具体操作过程。

① 单击“开始”选项卡中的“样式”下拉按钮，打开“样式”任务窗格。

② 把插入点定位于要应用样式的段落，然后选择“样式”任务窗格中的“标题 1”，这时可以看到插入点所在的段落被应用了“标题 1”样式。

（5）插入图题

1）相关知识。题注是指对象下方显示的一行文字，在 Word 中可用于为图片和其他图像添加题注。

2）具体操作过程。将“毕业论文”中所有图的适当位置插入图标题或表格标题。按长文档格式要求，第一章的图编号格式为图 1-1、图 1-2……。

① 选中“毕业论文”第一章节的第一个图，在“引入”选项卡的“题注”选项组中，单击“插入题注”按钮，打开“题注”对话框，如图 2-33 所示。

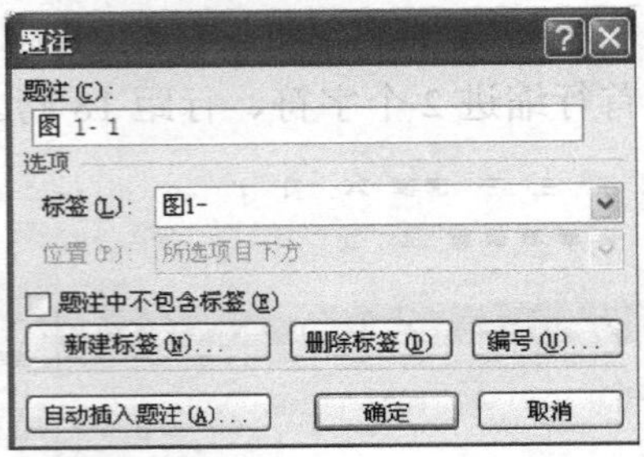

图 2-33　“题注”对话框

② 在“题注”对话框中，单击“新建标签”按钮，新建一个“图 1-”标签，单击“确定”按钮，就可以插入一个“图 1-1”题注，如图 2-33 所示，然后再输入图的说明文字。再次插入题注的添加方法相同，不同的是不用新建标签了，直接选择插入即可。Word 会自动按图在文档中出现的顺序进行编号。

（6）创建目录

1）相关知识。目录与一篇文章的纲要类似，通过它可以了解全文的结构和整个文档所要讨论的内容。在 Word 2010 中，用户可以为一个编辑和排版完成的稿件制作出美观的目录。

① 创建目录。目录可以帮助用户迅速查找到自己感兴趣的信息。Word 2010 有自动提取目录的功能，用户可以很方便地为文档创建目录。创建完目录后，用户还可像编辑普通

文本一样对其进行样式的设置，如更改目录字体、字号和对齐方式等，让目录更为美观。

② 更新目录。当创建一个目录后，如果对正文文档中的内容进行了编辑修改，那么标题和页码都有可能发生变化，与原始目录中的页码不一致，此时就需要更新目录，以保证目录中页码的正确性。选择整个目录，然后在目录任意处右击，从弹出的快捷菜单中选择“更新域”命令，打开“更新目录”对话框，在其中进行设置。

2）具体操作过程。

① 在“第一章　前言”前插入一个分节符，并在第一行输入内容“目录”，并设置字体格式为楷书，三号，加粗。

② 将光标定位在“目录”处按<Enter>键换行，选择“引用”选项卡下的“目录”选项组，在“目录”下拉列表中选择“插入目录”选项，打开的“目录”对话框如图 2-34 所示。

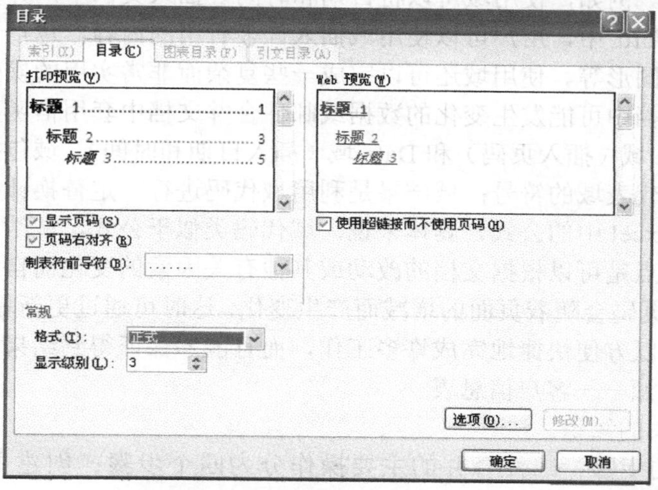

图 2-34 “目录”对话框

③ 勾选“显示页码”和“页码右对齐”复选框。

④ 在“制表符前导符”下拉列表框中，选择标题与页码之间的填充符号。

⑤ 在“常规”选项组的“格式”下拉列表框中，选择目录的显示格式为“正式”。

⑥ 在“显示级别”文本框中，设定目录所包含的标题级别为“3”级。

⑦ 单击“确定”按钮。

2.5 邮件合并制作邀请函

1．任务描述

公司要召开秋冬产品新品订货会，要为所有客户发送邀请函，由于公司联系的客户有几百家，并且客户的联系信息已经保存好了，其基本格式是一样的，要将客户信息填进邀请函，这不仅是一件重复、花时间的事情，而且极容易出错，采用 Word 中的邮件合并能很方便地完成这个任务。

2．任务要求

本任务是按邀请函主控文档的格式，将客户信息表中数据与邀请函主控文件合并，生成要一个新的邀请函合并文件。

3. 任务实施

（1）知识构建

1）邮件合并。邮件合并是Word的一项高级功能，能够在任何需要大量制作模板化文档的场合中大显威力。邮件合并是将作为邮件发送的文档与由收信人信息组成的数据源合并在一起，作为完整的邮件。本任务借助Word的邮件合并功能来批量处理电子邮件，如通知书、邀请函、明信片、准考证、成绩单和毕业证书等，从而提高办公效率。邮件合并的操作主要包括建立主文档、建立数据和合并数据等。

2）域。域是一种特殊的代码，用于指示Word在文档中插入某些特定的内容或自动完成某些复杂的功能。例如，使用域可以将日期和时间等插入文档中，并使Word自动更新日期和时间。在Word中，用户可以使用域插入许多有用的内容，包括页码、时间和某些特定的文字内容或图形等。使用域还可以完成一些复杂而非常实用的操作，如自动编写索引和目录。域是文档中可能发生变化的数据或邮件合并文档中套用信函及标签的占位符。最常用的域有Page域（插入页码）和Date域（插入日期和时间）。域包括域代码和域结果两部分：域代码是代表域的符号；域结果是利用域代码进行一定替换计算得到的结果。域类似于Microsoft Excel中的公式，具体来说，域代码类似于公式，域结果类似于公式产生的值。域的最大优点是可以根据文档的改动或其他有关因素的变化而自动更新。例如，生成目录后，目录中页码会随着页面的增减而产生变化，这时可通过更新域来自动修改页码。因而使用域不仅可以方便快捷地完成许多工作，而且能够保证得到结果的准确性。

（2）创建数据源——客户信息表

1）子任务相关的知识。

① 邮件合并的步骤。邮件合并的主要操作分为四个步骤：创建主文档、选取数据源、编辑主文档和合并文档。

② 合并的邮件组成。合并的邮件由两部分组成，一个是在合并过程中保持不变的主文档，一个是包含多种信息（如姓名和单位等）的数据源。因此进行邮件合并时，首先应该创建主文档。创建主文档的方法有两种，一种是新建一个文档作为主文档，另一种是将已有的文档转换为主文档。

③ 可作为邮件合并的数据源。邮件合并数据源有Word表格、Excel电子表、Access和Visual Foxpro数据表。

2）新建数据源的具体操作。用Word创建客户信息表，文件名为“客户信息表.docx”，效果见表2-2。

表2-2 客户信息表

单位	姓名	称呼	业务联系人	联系人电话	拟住酒店
广州花旗电子有限公司	李骁	先生	江诗文	13023567888	锦绣宾馆
重庆西南科技公司	杨雪雪	女士	江诗文	13023567889	锦绣宾馆
深圳众联电子公司	孙大成	经理	李忠	13356563232	江南宾馆
南方迈亚科技公司	张冬	先生	李忠	13356563233	江南宾馆
奥梅兰科技集团	胡纯积	总经理	刘杨芝	13356563234	国际大酒店
中南光谷电子集团	钱菲菲	女士	刘杨芝	13356563235	国际大酒店

（3）创建主文档 “主文档”就是固定不变的主体内容，实质上就是创建一个模板。创建完数据源后就可以编辑主文档。在编辑主文档的过程中，需要插入各种域，只有在插入域后，Word 文档才成为真正的主文档。新建一个名为“邀请函主控文件.docx”的主文档，内容如图 2-35 所示。

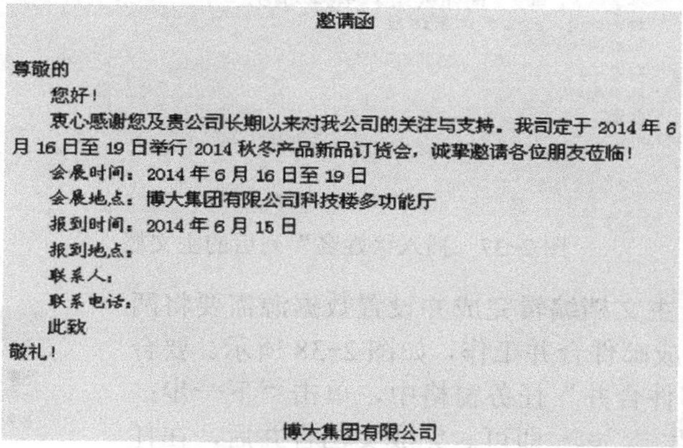
邀请函

尊敬的

您好！

衷心感谢您及贵公司长期以来对我公司的关注与支持。我司定于 2014 年 6 月 16 日至 19 日举行 2014 秋冬产品新品订货会，诚挚邀请各位朋友莅临！

会展时间：2014 年 6 月 16 日至 19 日

会展地点：博大集团有限公司科技楼多功能厅

报到时间：2014 年 6 月 15 日

报到地点：

联系人：

联系电话：

此致

敬礼！

博大集团有限公司

图 2-35 邀请函主控文件

（4）选择数据源 数据源是指要合并到文档中的信息文件，如要在邮件合并中使用的名称和地址列表等。主文档必须连接到数据源，才能使用数据源中的信息。在邮件合并过程中所使用的“地址列表”是一个专门用于邮件合并的数据源。

单击“邮件”选项卡下的“开始邮件合并”下拉按钮，选择“邮件合并分步向导”选项，按向导提示进行操作：第 1 步选择文档类型；第 2 步选择开始文档；第 3 步选择收件人，单击“浏览”按钮 浏览…，找到数据源文件“**客户信息表（数据源文件）.docx**”，单击“确定”按钮如图 2-36 所示。

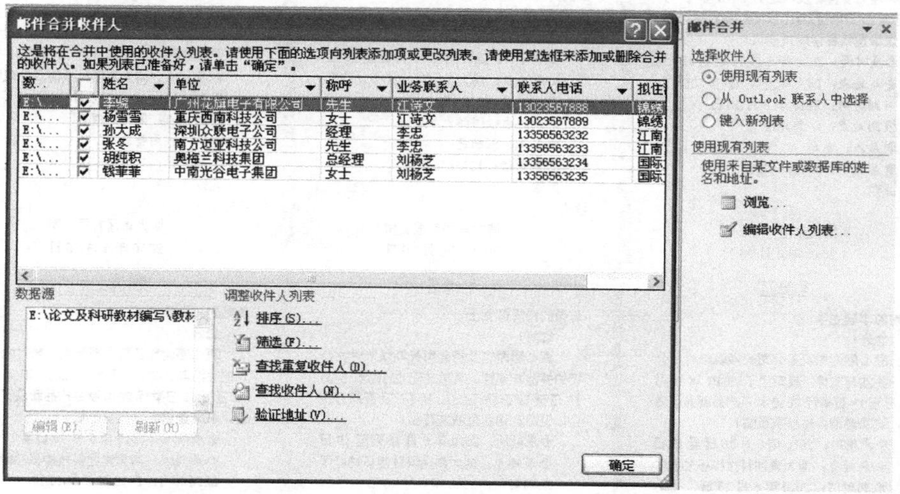

图 2-36 导入数据源到邮件主文档

（5）插入合并域 创建完数据源后就编辑主文档。在编辑主文档的过程中，需要插入各种域，只有在插入域后，Word 文档才成为真正的主文档。将光标移动到主文档中待插入域的位置，在“邮件”选项卡的“编写和插入域”选项组中单击“插入合并域”选项下的“姓名”列，效果如图 2-37 所示。用同样的方法添加其他三个字段域。

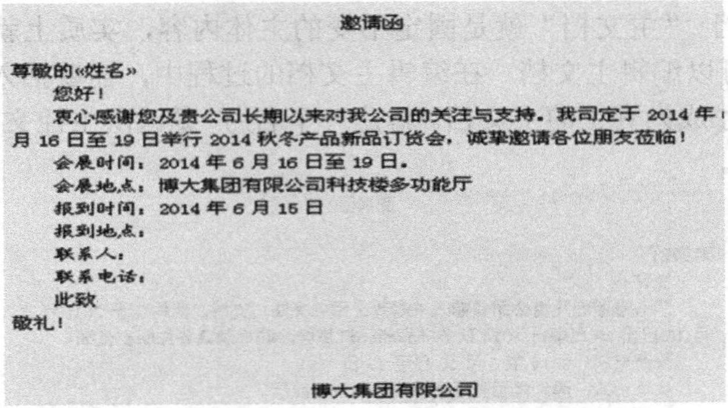
邀请函

尊敬的«姓名»

您好！

衷心感谢您及贵公司长期以来对我公司的关注与支持。我司定于 2014 年 6 月 16 日至 19 日举行 2014 秋冬产品新品订货会，诚挚邀请各位朋友莅临！

会展时间：2014 年 6 月 16 日至 19 日。

会展地点：博大集团有限公司科技楼多功能厅

报到时间：2014 年 6 月 15 日

报到地点：

联系人：

联系电话：

此致

敬礼！

博大集团有限公司

图 2-37 插入“姓名”列后的主文档

（6）合并文档 主文档编辑完成并设置数据源需要将两者进行合并，从而完成邮件合并工作，如图 2-38 所示。要合并文档，只需在“邮件合并”任务窗格中，单击“下一步：完成合并”链接 下一步：完成合并 即可。完成文档合并后，在任务窗格中的“合并”选项区域可实现两个功能：合并到打印机和合并到新文档，用户可以根据需要进行选择，本任务选择“合并到新文档”，单击 编辑单个信函... 这个链接，点击“确定”按钮，完成数据的合并，并存在新文档中，文件名为“合并后的邀请函.docx”保存的文件如图 2-39 所示。

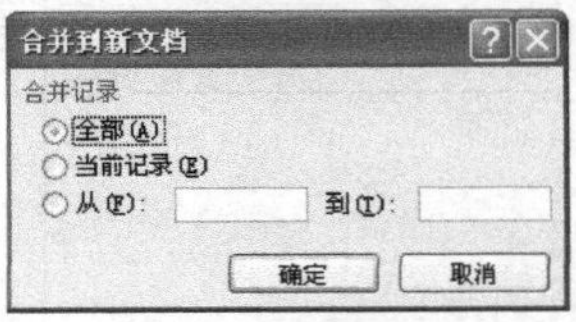

图 2-38 将数据源与主文档合并到新文档

邀请函

尊敬的张冬先生

您好！

衷心感谢您及贵公司长期以来对我公司的关注与支持。我司定于 2010 年 6 月 16 日至 19 日举行 2010 秋冬产品新品订货会，诚挚邀请各位朋友莅临！

会展时间：2010 年 6 月 16 日至 19 日

会展地点：博大集团科技楼多功能厅

报到时间：2010 年 6 月 15 日

报到地点：江南宾馆

联系人：李忠

联系电话：13356563233

此致

敬礼！

博大集团有限公司

2010 年 4 月 26 日

邀请函

尊敬的胡纯积总经理

您好！

衷心感谢您及贵公司长期以来对我公司的关注与支持。我司定于 2010 年 6 月 16 日至 19 日举行 2010 秋冬产品新品订货会，诚挚邀请各位朋友莅临！

会展时间：2010 年 6 月 16 日至 19 日

会展地点：博大集团科技楼多功能厅

报到时间：2010 年 6 月 15 日

报到地点：国际大酒店

联系人：刘杨芝

联系电话：13356563234

此致

敬礼！

博大集团有限公司

2010 年 4 月 26 日

邀请函

尊敬的钱菲菲女士

您好！

衷心感谢您及贵公司长期以来对我公司的关注与支持。我司定于 2010 年 6 月 16 日至 19 日举行 2010 秋冬产品新品订货会，诚挚邀请各位朋友莅临！

会展时间：2010 年 6 月 16 日至 19 日

会展地点：博大集团科技楼多功能厅

报到时间：2010 年 6 月 15 日

报到地点：国际大酒店

联系人：刘杨芝

联系电话：13356563235

此致

敬礼！

博大集团有限公司

2010 年 4 月 26 日

邀请函

尊敬的李骁先生

您好！

衷心感谢您及贵公司长期以来对我公司的关注与支持。我司定于 2010 年 6 月 16 日至 19 日举行 2010 秋冬产品新品订货会，诚挚邀请各位朋友莅临！

会展时间：2010 年 6 月 16 日至 19 日

会展地点：博大集团科技楼多功能厅

报到时间：2010 年 6 月 15 日

报到地点：锦绣宾馆

联系人：江诗文

联系电话：13023567888

此致

敬礼！

博大集团有限公司

2010 年 4 月 26 日

邀请函

尊敬的杨雪雪女士

您好！

衷心感谢您及贵公司长期以来对我公司的关注与支持。我司定于 2010 年 6 月 16 日至 19 日举行 2010 秋冬产品新品订货会，诚挚邀请各位朋友莅临！

会展时间：2010 年 6 月 16 日至 19 日

会展地点：博大集团科技楼多功能厅

报到时间：2010 年 6 月 15 日

报到地点：锦绣宾馆

联系人：江诗文

联系电话：13023567889

此致

敬礼！

博大集团有限公司

2010 年 4 月 26 日

邀请函

尊敬的孙大成经理

您好！

衷心感谢您及贵公司长期以来对我公司的关注与支持。我司定于 2010 年 6 月 16 日至 19 日举行 2010 秋冬产品新品订货会，诚挚邀请各位朋友莅临！

会展时间：2010 年 6 月 16 日至 19 日

会展地点：博大集团科技楼多功能厅

报到时间：2010 年 6 月 15 日

报到地点：江南宾馆

联系人：李忠

联系电话：13356563232

此致

敬礼！

博大集团有限公司

2010 年 4 月 26 日

图 2-39 合并后的邀请函

习题与思考题

一、填空题

1．所谓视图，就是文档的显示方式。Word 2010 提供了多种视图方式，包括______、阅读版式视图、Web 版式视图、______和草稿视图等。

2．连续单击______次鼠标左键或按______快捷键，即可选中整篇文本。

3．选中需要删除的文本，按______键或者______键，即可删除文本。

4．将光标定位到要选择文本的起始处，按住______键不放，在文本末尾处单击鼠标左键，即可选中长文本。

5．在 Word 文档中有时需要用到______，可以更加明确地表达内容之间的并列关系及顺序关系等，使文档条理清晰、重点突出。

6．如果要恢复最近一次的操作，应该按______快捷键。

7．如果要复制文本，应该按______快捷键。

8．设置文本格式是格式化文档最基础的操作，主要包括设置文本字体格式、______、______和______等。

9．段落对齐方式是指段落在______。段落文本的对齐方式有______、左对齐、右对齐、______和分散对齐几种。

10．将段落左端空出几个字符，称为段落缩进，是指______之间的距离。

11．段落间距是指______的间距，行距是指______的间距。

12．样式规定了文档中______等各个文本元素的形式，使用样式可以使文本格式统一。

13．文本框是 Word 2010 绘图工具提供的一种特殊绘制对象，使用文本框可以将文档中的一些文本或嵌入的图片放置到文档中的______。

14．Word 2010 中的自选图形主要包括______、基本形状、______、流程图、______和______六大类。

15．SmartArt 图形是______表示形式。用户可以通过从多种不同布局中进行选择来创建适合自己的 SmartArt 图形，从而快速、轻松、有效地传达信息。

16．将图片插入文档中，可以使用 Word 2010 提供的多种方式，如常用的有______、插入 Office 中的剪贴画以及______。

17．选中要选择的第一个单元格，在按住______键的同时选择其他单元格，可选中多个不连续的单元格。

18．表格不同的行可以有不同的高度，但同一行中的所有单元格必须具有______高度。

19．在“插入单元格”对话框中选中______或______单选按钮，还可以插入行或列。

20．在完成了对表格中各种数据的计算以后，若想更新计算结果，只需将鼠标指针移动到计算结果上，然后按______键即可。用户也可以选中整个表格，然后按<F9>键，这样更新的是整个表格中所有的计算结果。

21．在 Word 2010 中，也可以将用______、逗号、______或其他特定字符隔开的文本转化为表格。

22．Word 中的水印效果类似于一种页面背景，但水印中的内容多是文档所有者的名称等信息。Word 2010 提供了______与______两种水印。

23．在 Word 2010 中，保护文档主要有两种：一种是设置______密码，其他用户不能看到文档中的内容；另一种是设置______密码，用户不能修改其中的内容。

24．在 Word 2010 中，______可以对已经插入的页眉、页脚进行编辑，______可以关闭对页眉、页脚的编辑。

25．在打印文档前，一般需要对文档进行______、______等设置，使用______可以对设置的文档进行______，查看排版效果。

26．用户在保留文档原有格式或内容的同时，在页面中对文档内容______，可用于协同工作。

二、操作题

（一）操作题 1

1．新建一个 Word 模板文档，模板选择“Office.com 模板”中的“证书、奖状”。

2．进入“证书、奖状”文件夹之后，选择“幼儿园毕业证书（阳光设计）模板”，单击右侧的“下载”按钮开始进行下载。

3．根据模板创建毕业证书后，将其另存为“学生证书”。

4．修改模板内的姓名、时间以及老师，最后单击“保存”按钮对修改后的模板进行保存，结果如图 2-40 所示。

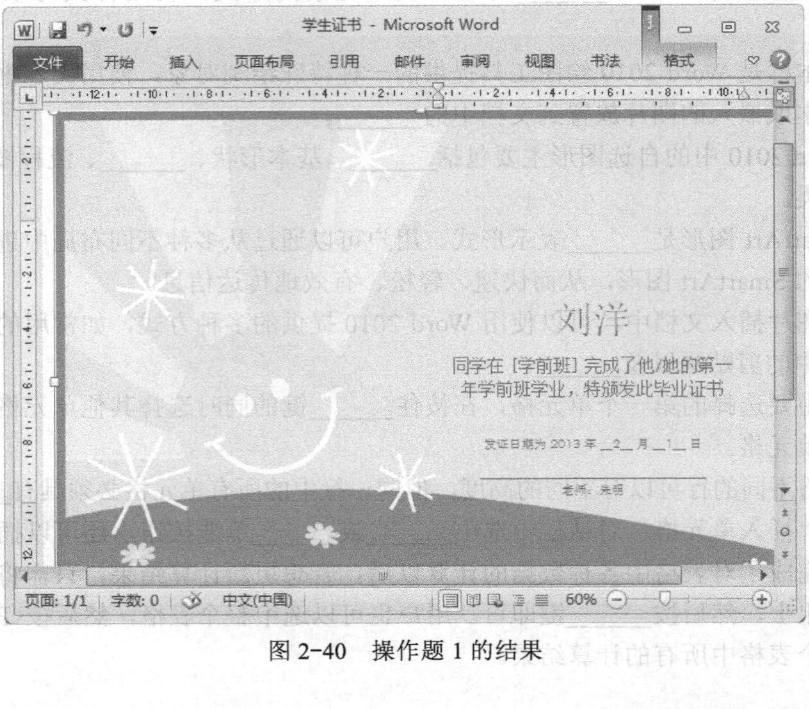

图 2-40　操作题 1 的结果

（二）操作题 2

1．打开“惊弓之鸟”文档，设置标题文本的字体为华文行楷、字号为 24、居中对齐，然后设置正文字体为楷体、字号为 12，结果如图 2-41 所示。

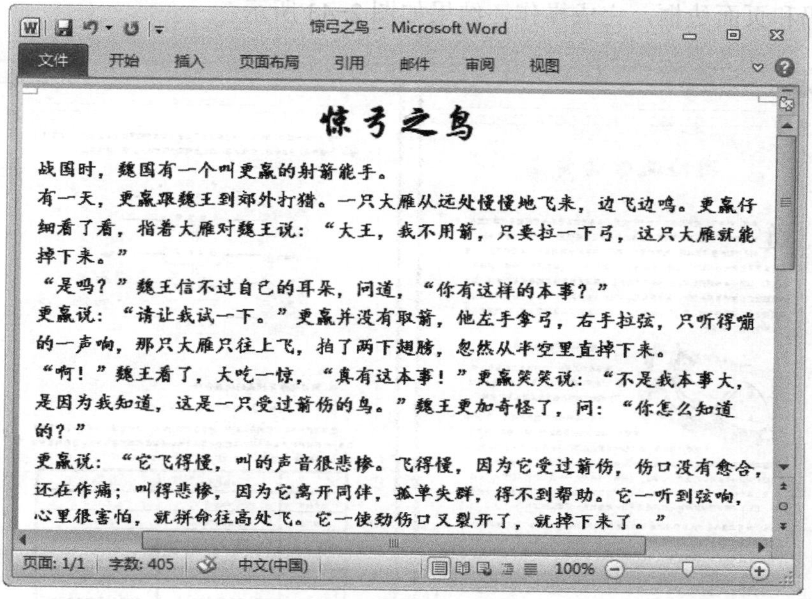

图 2-41　设置字体和字号

2．接着使用标尺功能将正文每段的首行向右缩进两个字符，结果如图 2-42 所示。

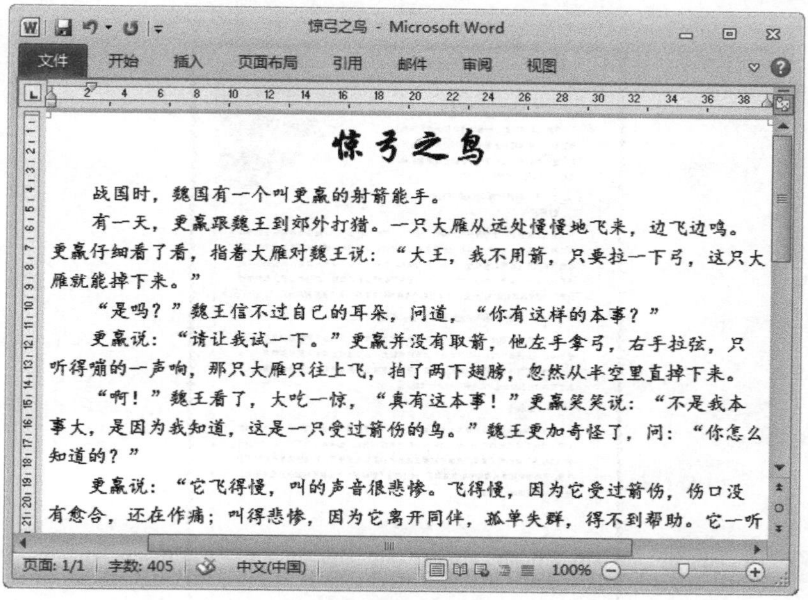

图 2-42　设置左右缩进

（三）操作题 3

1．选择一篇文章，对其设置文字水印或图片水印效果，根据文章主题设置合适的背景颜色，并使用 Word 2010 中的封面样式设计一个封面。

2．制作“网络教学的特点”文档，在制作时首先插入艺术字标题，插入“竖卷形”图形作为背景，绘制矩形、圆角矩形以及箭头组合成结构图，插入表格对教学模式进行对比，最后插入页码和页面边框，完成操作，结果如图 2-43 所示。

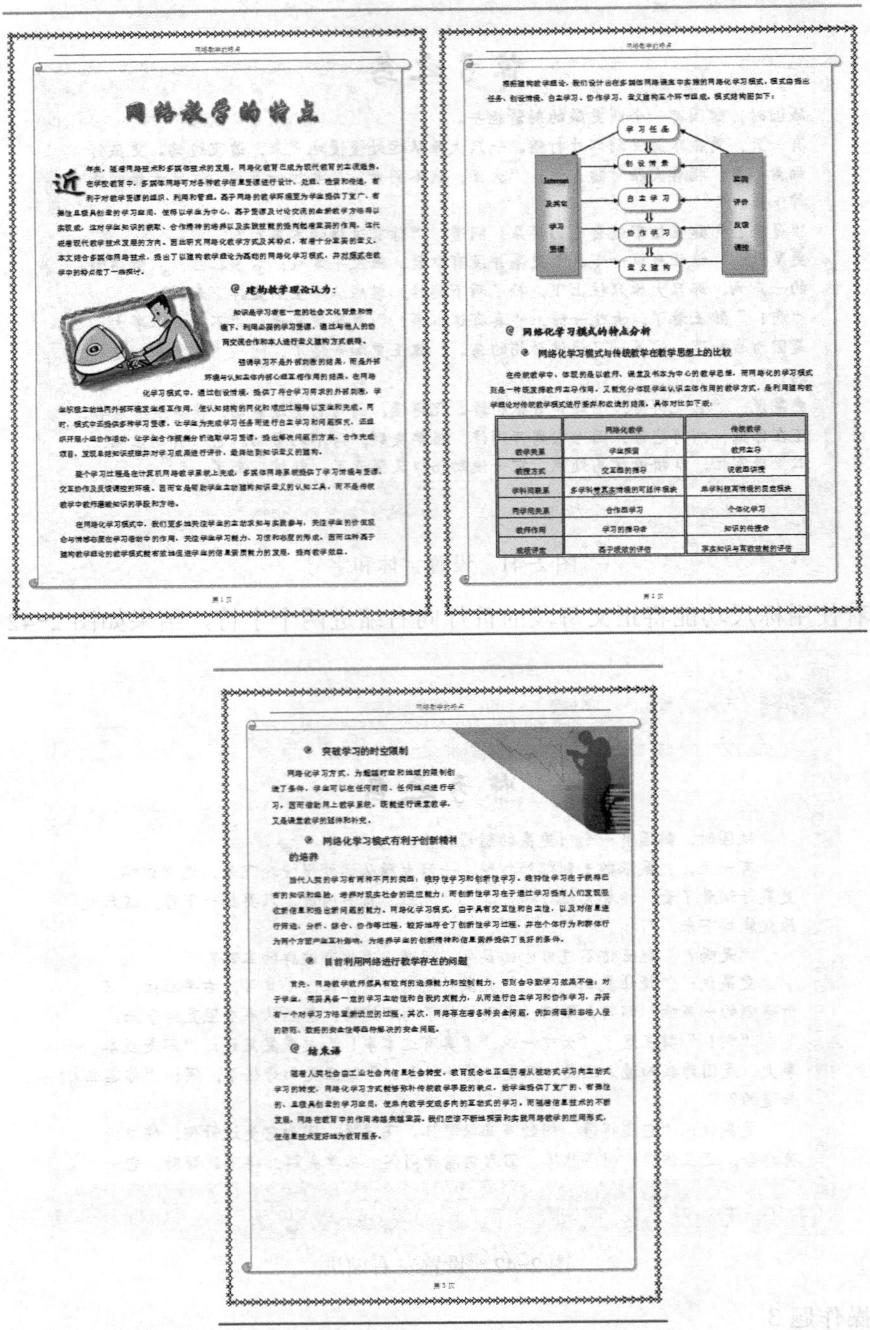

图 2-43　操作题 3 的结果

第3章 电子表格

3.1 Excel 2010简介

3.1.1 功能简介

（1）快速、有效地进行比较 Excel 2010提供了强大的新功能和工具，可帮助用户发现模式或趋势，从而做出更明智的决策并提高用户分析大型数据集的能力。用户可使用单元格内嵌的迷你图及带有新迷你图的文本数据获得数据的直观汇总，使用新增的切片器功能快速、直观地筛选大量信息，并增强数据透视表和数据透视图的可视化分析。

（2）从桌面获取更强大的分析功能 Excel 2010中的优化和性能改进使用户可以更轻松、更快捷地完成工作。使用新增的搜索筛选器可以快速缩小表、数据透视表和数据透视图中可用筛选选项的范围，立即从多达百万甚至更多项目中准确找到需要的项目。

（3）节省时间、简化工作并提高工作效率 当用户能够按照自己期望的方式工作时，就可更加轻松地创建和管理工作簿。Microsoft Office Backstage视图所提供的众多功能之一就是版本恢复功能，能恢复已关闭但没有保存的未保存文件。Backstage视图代替了所有Office 2010应用程序中传统的“文件”菜单，为所有工作簿管理任务提供了一个集中的有序空间。用户可轻松自定义改进的功能区，以便更加轻松地访问所需命令，可创建自定义选项卡，甚至还可以自定义内置选项卡。

（4）良好的兼容能力 针对以前的Office软件，一旦出现新的版本，那么老版本编辑的文件在新版本中编辑往往会出现一些问题。Excel 2010版本中不再存在这些问题，如用户需要打开一个Office 2003版的Excel文档，使用Excel 2010打开时会提示用户采用兼容模式打开，并且当保存文档时也可以将文档保存成所需要的版本格式。

3.1.2 启动及界面介绍

Microsoft Office Excel是一套功能完整、操作简易的电子计算表软件，提供丰富的函数及强大的图表、报表制作功能，能有助于高效建立与管理资料。

1．启动Excel 2010

方法1：用鼠标左键双击Excel 2010快捷方式。

方法2：单击桌面左下角“开始”按钮，依次选择“所有程序”→“Microsoft office”→“Microsoft Excel 2010”。

方法3：双击Excel文件来启动Excel。

2. Excel 2010界面介绍

（1）界面组成　Excel 2010界面组成如图3-1所示。

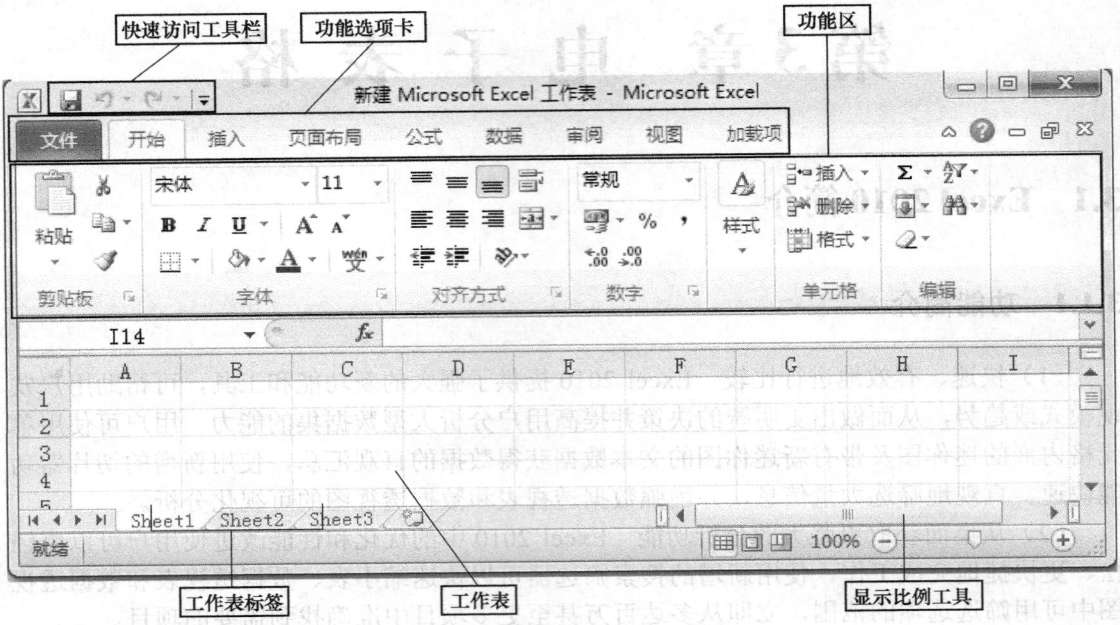

图3-1　Excel 2010界面组成

（2）认识功能选项卡　Excel中所有的功能操作分为8大选项卡，包括文件、开始、插入、页面布局、公式、数据、审阅和视图。各选项卡中收录相关的功能群组，方便使用者切换和选用。例如“开始”选项卡就是基本的操作功能，像是字体、对齐方式等设定，只要切换到该功能选项卡即可看到其中包含的内容，如图3-2所示。

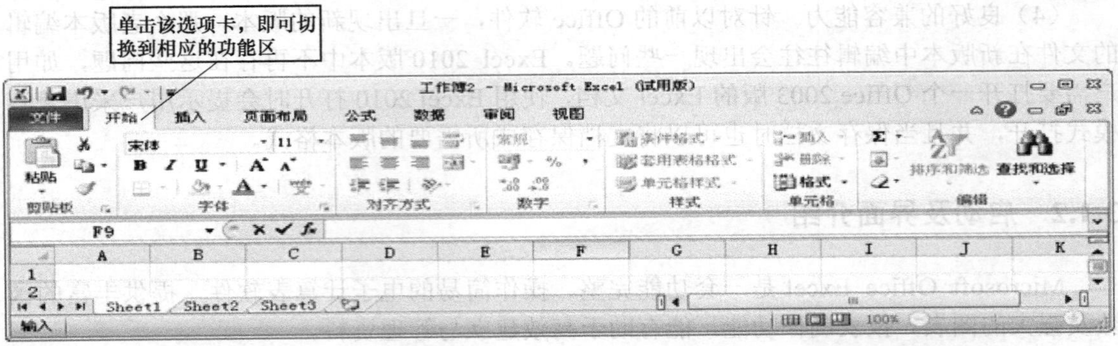

图3-2　“开始”选项卡

（3）认识功能区　功能区放置了编辑工作表时需要使用的工具按钮，如图3-3所示。打开Excel时系统会显示“开始”选项卡下的工具按钮及选项，当切换至其他功能选项卡时，便会改变所包含的按钮及选项。

当进行某一项工作时，先切换功能选项卡，再从中选择所需的工具按钮。例如想在工作表中插入 1 张图片，便切换至“插入”选项卡，再单击“图例”选项组中的“图片”按钮，即可选取要插入的图片，如图 3-4 所示。

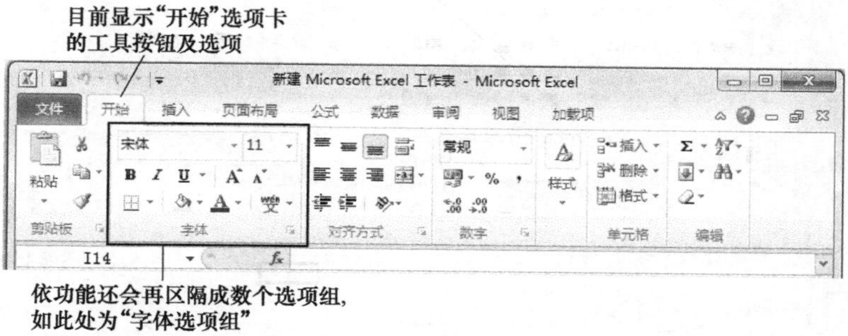

图 3-3 “开始”选项卡

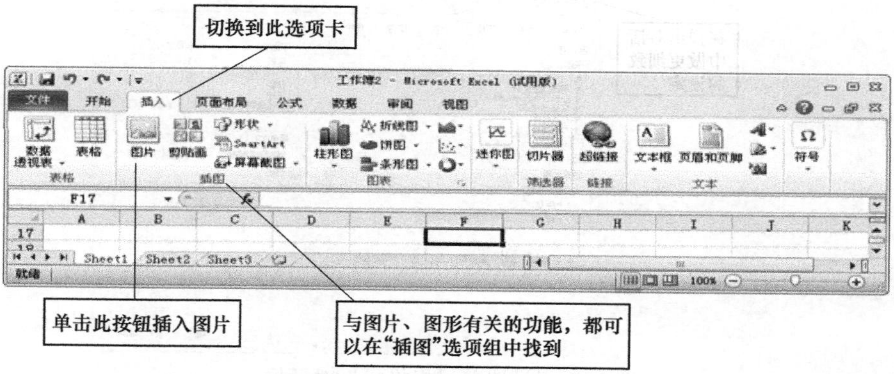

图 3-4 切换功能选项卡

另外，为了避免整个画面太凌乱，有些选项卡会在需要使用时才显示。例如在工作表中插入了一个图表物件，此时与图表有关的工具才会显示出来，如图 3-5 所示。

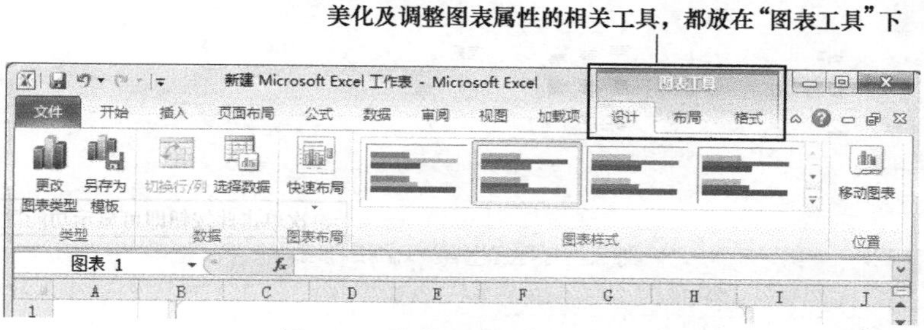

图 3-5 隐藏的“图表工具”

除了使用鼠标来切换选项卡及选择工具外，也可以按一下<Alt>键，即可显示各选项卡的快捷键提示信息，如图 3-6 所示。当按下选项卡的快捷键之后，可显示功能区中各功能按钮的快捷键，让用户以键盘来进行操作。

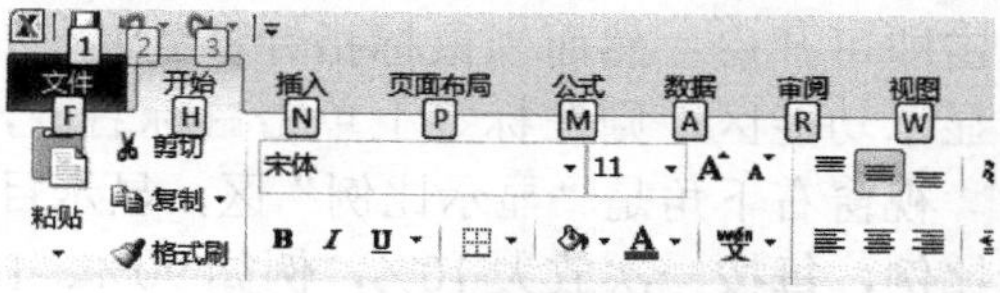

图 3-6 快捷键提示信息

在功能区中单击 ，还可以弹出相应的对话框来做更细致的设定。例如想要改变字体格式的设定，就可以切换到“开始”选项卡，单击“字体”选项组右下角的 ，在弹出“设置单元格格式”对话框的“字体”选项卡中进行设定，如图 3-7 所示。

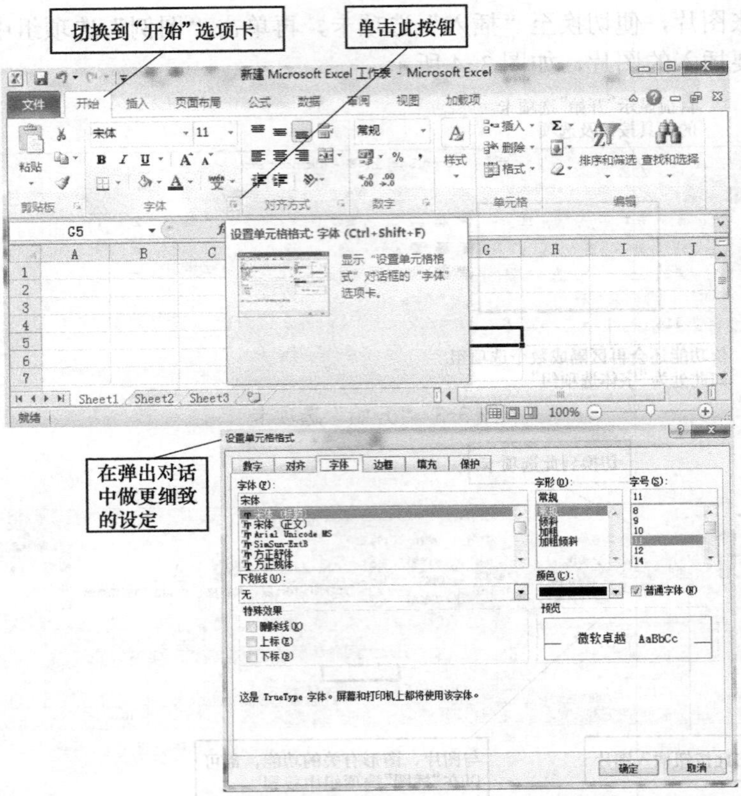

图 3-7　“设置单元格格式”对话框

如果觉得功能区占用太大的版面位置，可以将“功能区”隐藏起来，如图 3-8 所示。

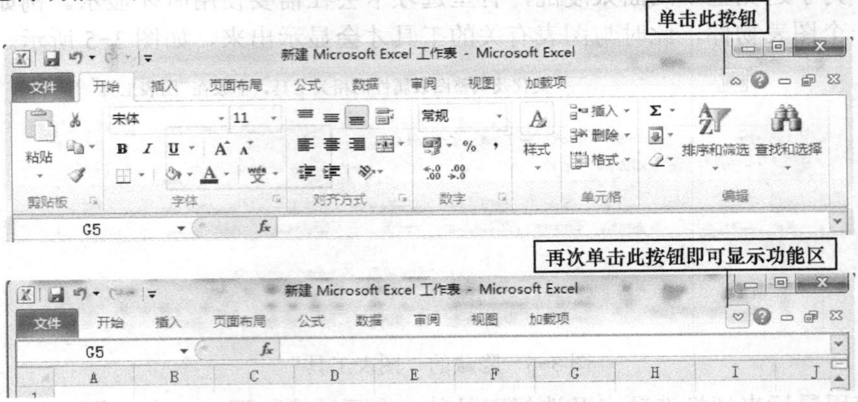

图 3-8　功能区的显示与隐藏

将功能区隐藏起来后，要再度使用功能区时，只要将鼠标指针移到任一个选项卡上并单击即可开启；然而当鼠标指针移到其他地方再单击时，功能区又会自动隐藏。如果要固定显示功能区，则在标签上单击鼠标右键，取消最小化功能区项目。

视窗右下角是“显示比例”区，显示目前工作表的检视比例，按下⊕可放大工作表的显示比例，每按一次放大 10%，例如 90%、100%、110%...；反之按下⊖钮会缩小显示比例，每按一次则会缩小 10%，例如 110%、100%、90%...。或者也可以直接拖拽中间的滑动杆，往⊕钮方向拉曳可放大显示比例；往⊖钮方向拉曳可缩小显示比例，如图 3-9 所示。

放大或缩小文件的显示比例，并不会放大或缩小字体，也不会影响文件打印出来的结果，只是方便用户在屏幕上查看而已。

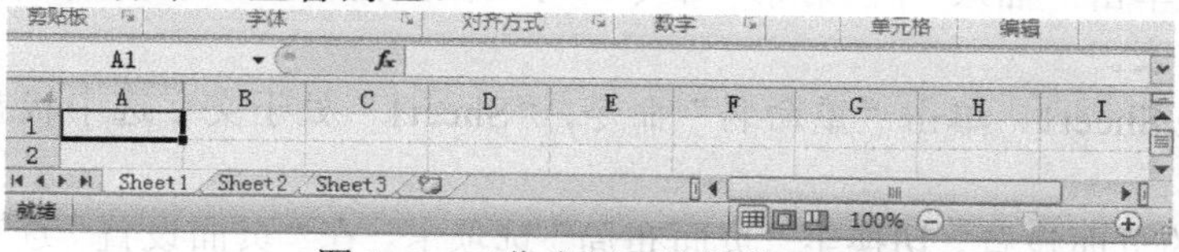

图 3-9 工作表显示比例的调整

3.2 制作工资表

1. 任务描述

工资表是财会部门不可缺少的一种表格模板，每个月都会在发放工资之前使用。作为一名办公人员来说，应该如何快速地在表格中设计出既美观又准确的工资表呢？

Excel 电子表格作为 Microsoft Office 办公组件之一，以二维工作表单的形式组织数据。它除了可对表格中的数据进行版面的设计之外，还可对表中数据进行快捷全面地计算机处理。因此，利用 Excel 制作工资表，可以很好地实现工资表的内容要求。

2. 任务分析

本任务以某单位部分人员工资信息为例，介绍 Excel 工作簿的多表操作及数据的编辑信息，根据工资表的内容组成，对本项目的任务分析如下。

1）工作簿整体设置：工作簿的创建及保存，添加和删除工作表，重命名工作表及更改标签颜色，页面设置的方法。

2）工资表内容制作：行列单元格的选择及插入方法，调整行高/列宽，变换底纹设置，数据录入的方法及格式化操作，序列填充。

3. 任务实施

（1）工作簿的整体设置

1）创建空白工作簿，保存文件名为“×××公司工资表”。

① 创建工作簿。启动 Microsoft Excel 2010，系统自动创建工作簿“Book1.xlsx”，并包含三张工作表 Sheet1、Sheet2、Sheet3。

② 保存文件。单击“文件”→“保存”或“文件”→“另存为”命令，在“另存为”对话框中设置文件保存位置，给定文件名称为“×××公司工资表”，单击“保存”按钮，如图 3-10 所示。

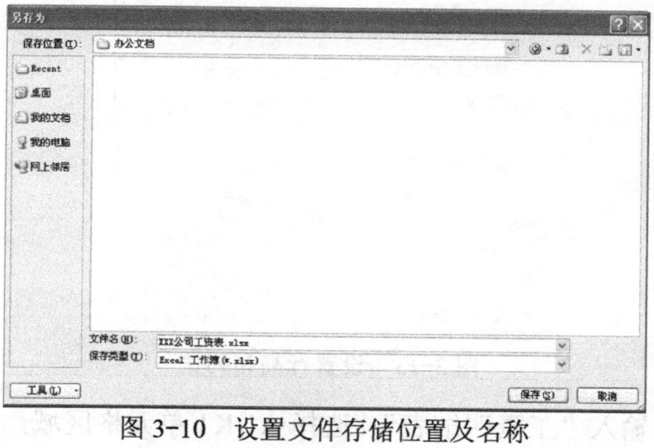

图 3-10 设置文件存储位置及名称

2）添加/删除新工作表，编辑工作表名称及标签颜色。右击任意工作表，弹出如图 3-11 所示快捷菜单。单击“插入”/“删除”命令，可以在当前位置添加新的空白工作表 Sheet4 或删除当前工作表。

右击工作表 Sheet1，单击“重命名”命令，“Sheet1”处于文字选中状态，输入“×××公司工资表”。

3）工作表的页面设置。切换至“页面布局”选项卡，在“页面设置”选项组中单击“纸张方向”下拉按钮，并在打开的列表中选择“纵向”或“横向”，如图 3-12 所示。设置页面的“纸张大小”“为 A4 纸”，设置“页边距”为默认选项。

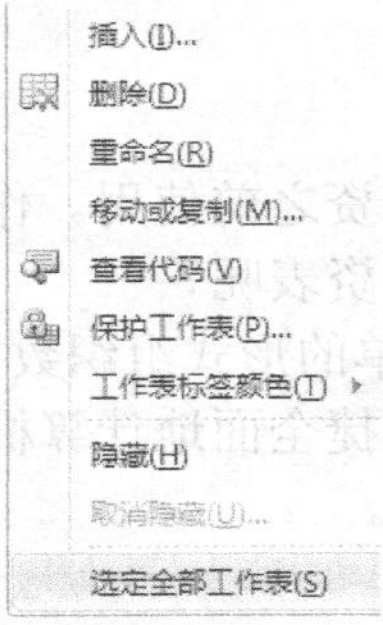

图 3-11　工作表快捷菜单

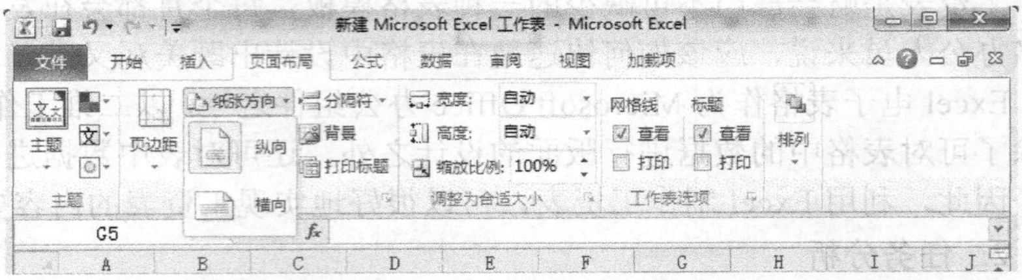

图 3-12　设置页面布局选项卡

以上操作完成后，工作表的页面设置完成，当前工作表将出现垂直和水平交叉的虚线。

（2）工资表的内容制作　单击“×××公司工资表”工作表，使其成为当前工作表。

1）在“开始”选项卡的“单元格”选项组中单击“格式”按钮，设置第一行行高为“30”，2～14 行单元格行高为“15”，并选中 A 至 K 列，将列宽设置为最适合列宽，或者选中需设置的行或列，单击鼠标右键，在弹出的快捷菜单中选择“行高”或“列宽”进行设置，如图 3-13 所示。

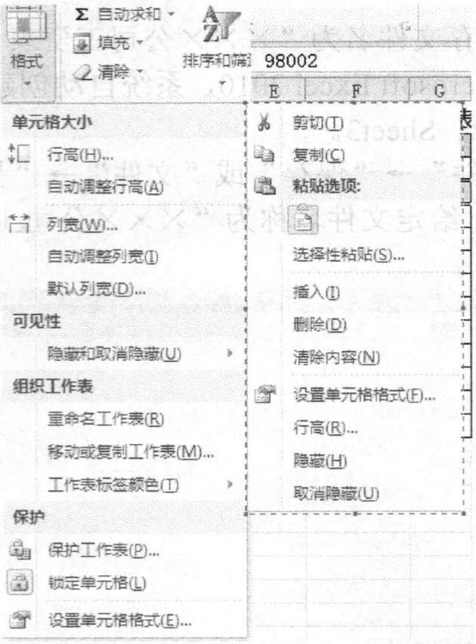

图 3-13　设置行高和列宽

2）在 A1 单元格输入“工资明细表”，选择 A1:K1 单元格区域，单击“开始”选项卡中的“合并后居中”按钮或者单击鼠标右键，在弹出的快捷菜单中选择“设置单元格格式”命令，弹出“设置单元格格式”对话框，在“对齐”选项卡的“水平对齐方式”选项组中选择“居中”，“文本控制”选项组中勾选“合并单元格”复选框，如果 3-14 所示。

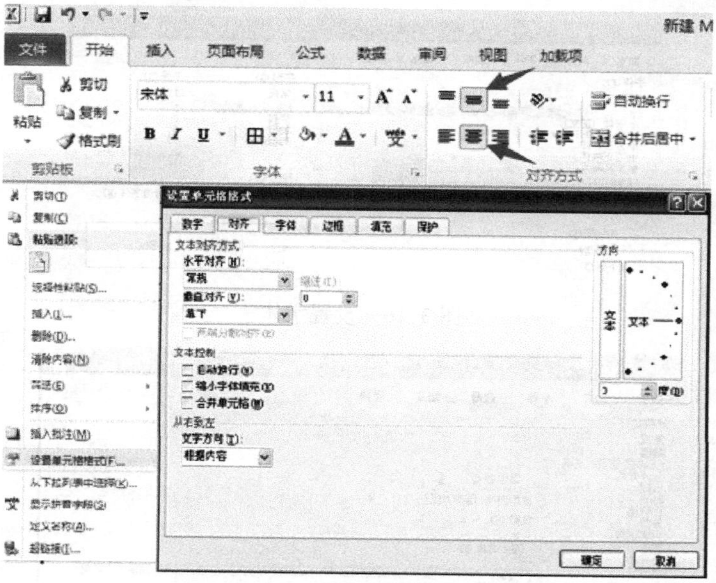

图 3-14 设置对齐方式

3）录入数据并完成数据格式设置。

① 按照图 3-15 在“工资明细表”中的相应位置录入文字信息。

工资明细表

编号	部门	姓名	职务	性别	基本工资	补贴	奖金	应发工资	考勤扣款	实发工资
98001	服装	史进	总经理	男						
98002	鞋帽	李荣	总经理	女						
98003	孕婴	赵阳	副总经理	男						
98004	家电	孙刚利	副总经理	男						
98005	副食	王卫东	组长	男						
98006	服装	何嘉欣	组长	女						
98007	鞋帽	王薇	员工	女						
98008	孕婴	李晓丽	员工	女						
98009	孕婴	陈磊	员工	男						
98010	家电	纳兰一	员工	男						
98011	副食	何广东	员工	男						
98012	服装	李琳	员工	女						

图 3-15 工资明细表数据

② 在“开始”选项卡的“字体”选项组中设置 A1 单元格位置为宋体、14 号、加粗，选中 A2:K2 单元格字体为宋体、11 号、加粗，其他单元格文字设置为宋体、9 号，或者在快捷菜单中单击“设置单元格格式”命令，弹出“设置单元格格式”对话框，在“字体”选项卡中完成相关设置，如图 3-16 所示。

③ 在“开始”选项卡的“对齐方式”选项组中设置 B2:K14 单元格内容的对齐方式为水平居中、垂直居中，或者选中 B2:K14 单元格并单击鼠标右键，打开“设置单元格格式”对话框，在“对齐”选项卡中完成相关设置。

④ 选中 A3:E14 单元格内容并单击鼠标右键，打开“设置单元格格式”对话框，在“数字”选项卡的“分类”选项组下将数据类型选为“文本”格式，同上将 F3:K14 单元格的数据类型设置为“货币”格式，并在右侧区域设置保留一位小数，货币符号为“￥”，如图 3-17 所示。

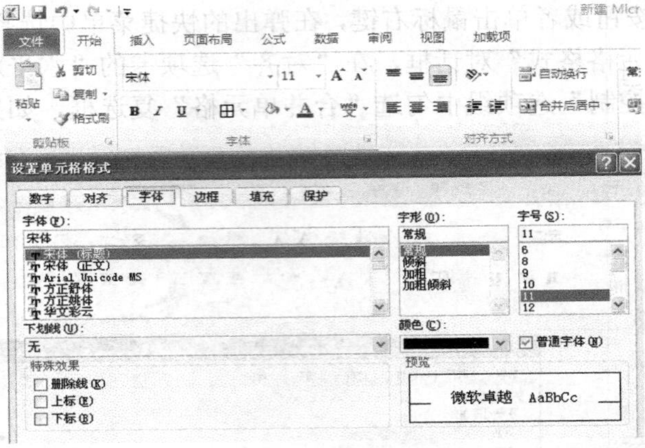

图 3-16 设置字体

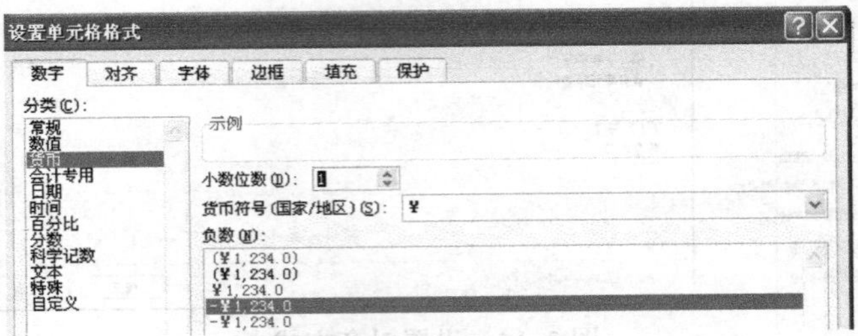

图 3-17 设置数据类型

⑤ 设置表格边框，为 A2:K14 单元格区域添加“1 磅单实线”边框线，选中 A2:K14 单元格区域，在“开始”选项卡的“字体”选项组中单击田·按钮，选择“所有框线”（系统默认线条粗细为 1 磅、单实线、黑色，也可选择下面选项改变线的样式，但需手动绘制），或者选中 A2:K14 单元格区域并单击鼠标右键，在快捷菜单中选择“单元格设置”命令，在“单元格设置”对话框的“边框”选项卡中进行设置，如图 3-18 所示。

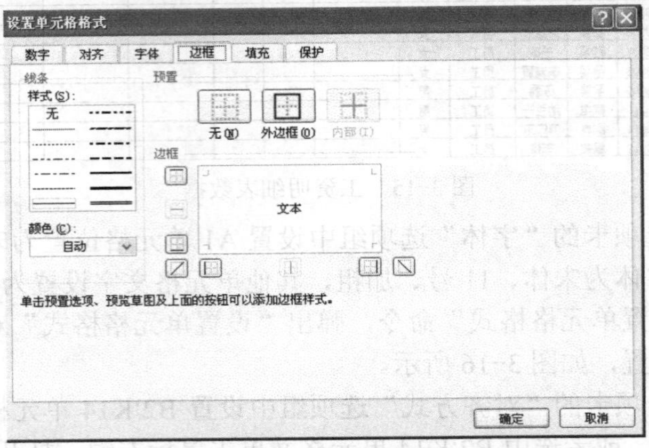

图 3-18 设置表格边框

⑥ 将 A2:K2 单元格底纹设置为白色、背景 1、深色 25%，选中 A2:K2 单元格区域，在“开始”选项卡的“字体”选项组中单击 按钮，在下拉菜单中选择相应的颜色即可，或通过单元格设置对话框中的“填充”选项卡进行背景设置。

4）单元格数据计算及填充。

① 使用“IF”函数按照总经理 2500 元、副总经理 2000 元、组长 1700 元、员工 1500 元完成基本工资列数据的填充。

将活动单元格移动至 F3 单元格，在“开始”选项卡的“编辑”选项组中单击 Σ 自动求和 ▾ 下拉列表框，选择“其他函数”命令，弹出“插入函数”对话框，选择“IF”函数，并查看函数说明，如图 3-19 所示，单击“确定”按钮进入函数参数设置页面，进行函数参数设置，设置函数参数如图 3-20 所示（IF 函数的设置每一项均有说明，请仔细查看），单击“确定”按钮完成 F3 单元格数据的填充，将鼠标指针移动至 F3 单元格右下角，待鼠标指针变成“+”后，按下鼠标左键，拖动至 F14 单元格，完成 F4:F14 单元格的快速填充。

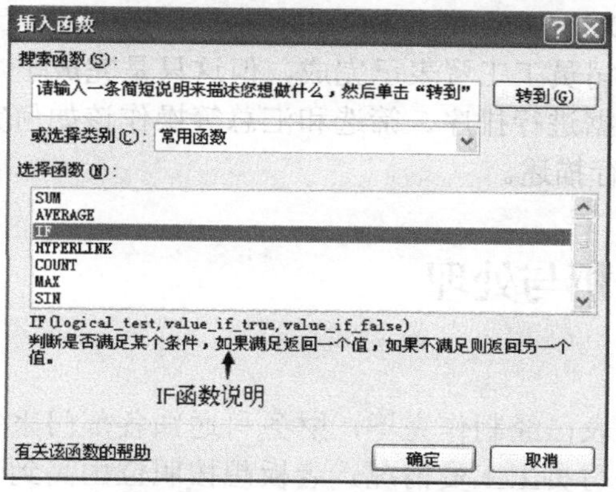

图 3-19 “插入函数”对话框

② 填充“补贴”列数据。依据总经理、副总经理、组长补贴 500 元，员工补贴 400 元的标准进行填充，可使用 IF 函数来完成，条件为如果“职务”为“员工”，补贴金额为 400 元，其他为 500 元，相应函数的参数为 IF（D3=“员工”，400，500）。

③ 填充“奖金”列数据。奖金的发放不论职务，所有员工奖金均为 1000 元。在 H3 单元格输入 1000，然后将鼠标指针移动至 H3 单元格右下角，待鼠标指针变成“+”后按下鼠标左键并拖动至 H14 单元格，如在拖动过程中数据发生变化，可按<Ctrl>键，改变数据填充的步长，反之亦可实现填充数据由不变到变化的切换。或者在 H3 单元格输入 1000 后，选中 H3:H14 单元格，然后在“开始”选项卡的“编辑”选项组中单击 填充 ▾ 按钮，选择“系列”，在弹出的对话框中将步长设置为“0”，完成数据的填充，如图 3-21 所示。同理填充 J3:J14 单元格数据，所有考勤扣款均为 100。

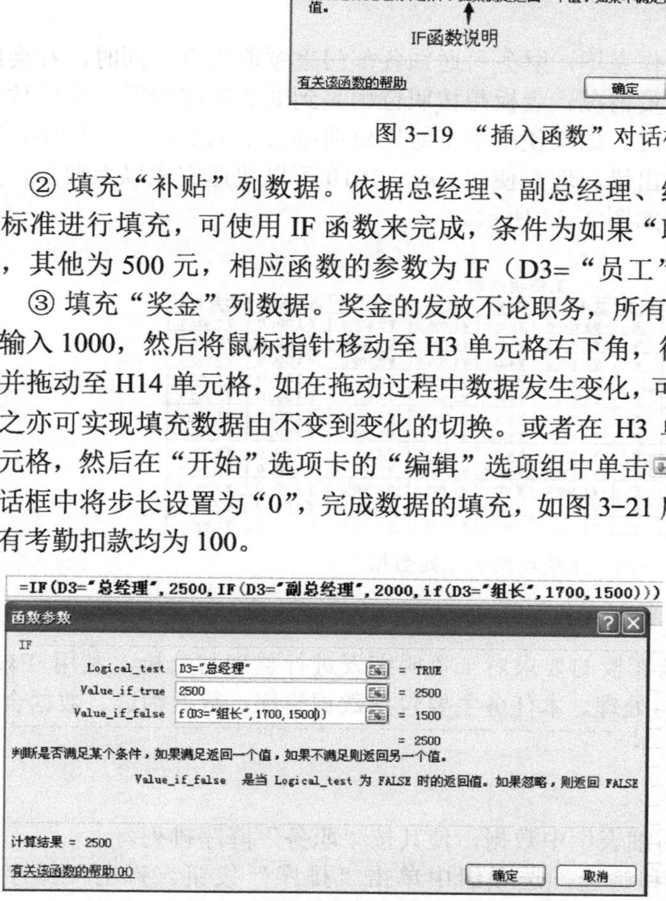

图 3-20 设置 IF 函数参数

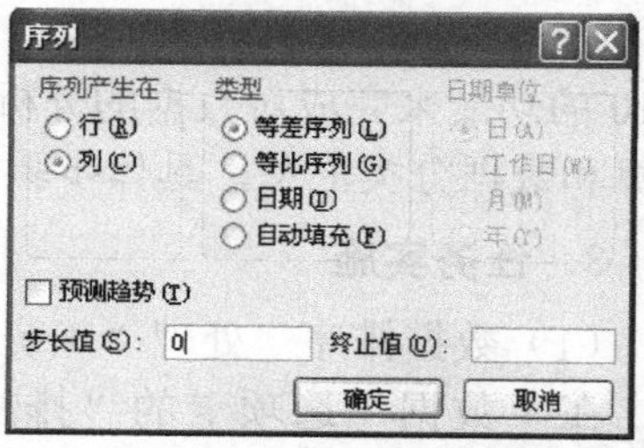

图 3-21 “序列”对话框

④ 填充“应发工资”列数据，应发工资为基本工资、补贴、奖金之和。

方法1：将活动单元格移动至I3单元格，然后在“开始”选项卡的“编辑”选项组中单击 Σ 自动求和 ▾，然后按<Enter>键确定，完成I3单元格数据的计算，然后快速完成I4:I14单元格数据的填充。

方法2：单击I3单元格，输入“=”（=为Excel中手动编写函数的标示符），然后单击F3单元格（单击后会在I3单元格“=”后面出现F3标示），接着输入“+”，再次单击G3单元格，输入“+”，再单击H3单元格，编辑公式如图3-22所示。完成上述操作后，按<Enter>键完成I3单元格的填充。最后向下拖动，快速完成I4:I14单元格区域的填充。

补贴	奖金	应发工资
¥500.0	¥1,000.0	=F3+G3+H3

图3-22 手动编辑公式

⑤ 按照步骤④方法二完成“实发工资”列数据的填充，实发工资=应发工资−考勤扣款。

至此，一张简单的公司员工工资表已完成，但这只是完成了Excel中最简单的功能，如果需要对工资表中的数据进行排序、筛选和汇总等操作该如何完成呢？本章的下一节中将对Excel的上述功能进行描述。

3.3 工资表数据分析与处理

1. 任务描述

某公司某月工资明细表已经制作完毕，财务科通知各部门来领取工资。同时，社会经济普查部门还要统计本公司员工工资情况，老板想按职位由高到低的顺序查看工资发放情况，还想直观地了解各部门工资情况。如果使用手工对工资明细表中的数据进行排序、筛选和汇总，不但费时费力，还容易出错。现在使用Excel 2010可以快速完成以上要求，并得到数据分析结果。任务原始数据如图3-23所示。

	A	B	C	D	E	F	G	H	I	J	K
1	工资明细表										
2	编号	部门	姓名	职务	性别	基本工资	补贴	奖金	应发工资	考勤扣款	实发工资
3	98004	家电	孙刚利	副总经理	男	¥2,000.0	¥500.0	¥1,000.0	¥3,500.0	¥100.0	¥3,400.0
4	98005	副食	王卫东	组长	男	¥1,700.0	¥400.0	¥1,000.0	¥3,100.0	¥100.0	¥3,000.0
5	98006	服装	何嘉欣	组长	女	¥1,700.0	¥400.0	¥1,000.0	¥3,100.0	¥100.0	¥3,000.0
6	98007	鞋帽	王薇	员工	女	¥1,500.0	¥400.0	¥1,000.0	¥2,900.0	¥100.0	¥2,800.0
7	98001	服装	史进	总经理	男	¥2,500.0	¥500.0	¥1,000.0	¥4,000.0	¥100.0	¥3,900.0
8	98002	鞋帽	李荣	总经理	女	¥2,500.0	¥500.0	¥1,000.0	¥4,000.0	¥100.0	¥3,900.0
9	98003	孕婴	赵阳	副总经理	男	¥2,000.0	¥500.0	¥1,000.0	¥3,500.0	¥100.0	¥3,400.0
10	98008	孕婴	李晓丽	员工	女	¥1,500.0	¥400.0	¥1,000.0	¥2,900.0	¥100.0	¥2,800.0
11	98009	孕婴	陈磊	员工	男	¥1,500.0	¥400.0	¥1,000.0	¥2,900.0	¥100.0	¥2,800.0
12	98010	家电	纳兰一	员工	男	¥1,500.0	¥400.0	¥1,000.0	¥2,900.0	¥100.0	¥2,800.0
13	98011	副食	何广东	员工	男	¥1,500.0	¥400.0	¥1,000.0	¥2,900.0	¥100.0	¥2,800.0
14	98012	服装	李琳	员工	女	¥1,500.0	¥400.0	¥1,000.0	¥2,900.0	¥100.0	¥2,800.0

图3-23 工资明细表原始数据

2. 任务分析

按照社会经济普查部门及商场老板的要求对工资明细表进行整理与分析，利用Excel 2010的功能来完成对数据的分析与处理。本任务主要包括数据排序、数据筛选、数据合并计算和数据分类汇总，具体步骤如下。

3. 任务实施

（1）数据排序　处理“工资明细表”中数据，使其按“职务”降序排列。

在“数据”选项卡的“排序和筛选”选项组中单击“排序”按钮，弹出“排序”对话框，如图3-24所示，在“主要关键字”下拉列表框中选择“职务”，在“次序”

下拉列表框中选择“降序”。单击“确定”按钮完成对数据的排序，排序结果如图 3-24 所示。

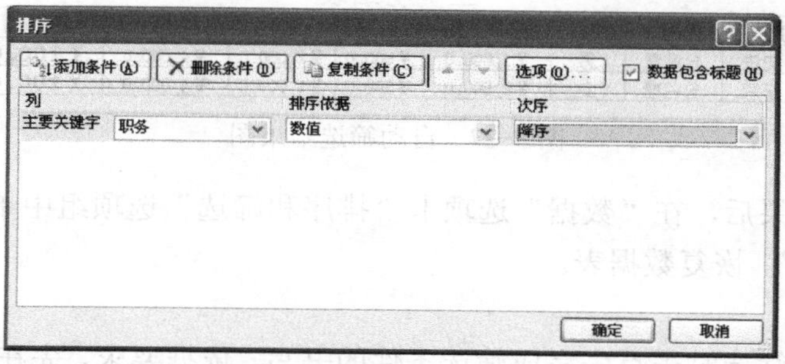

图 3-24 “排序”对话框

（2）数据筛选 筛选出“工资明细表”工作表中，基本工资大于2000，并且补贴大于400 的记录。采用自动筛选和高级筛选两种方式来完成。

1）自动筛选。

① 选中数据区域内任意一个单元格。

② 在“数据”选项卡的“排序和筛选”选项组中单击“筛选”按钮，可以看到数据清单的列标题全部变成了下拉列表框，在“基本工资”下拉列表框中选择“数字筛选”，在其下级菜单中选择“大于”选项，如图 3-25 所示。

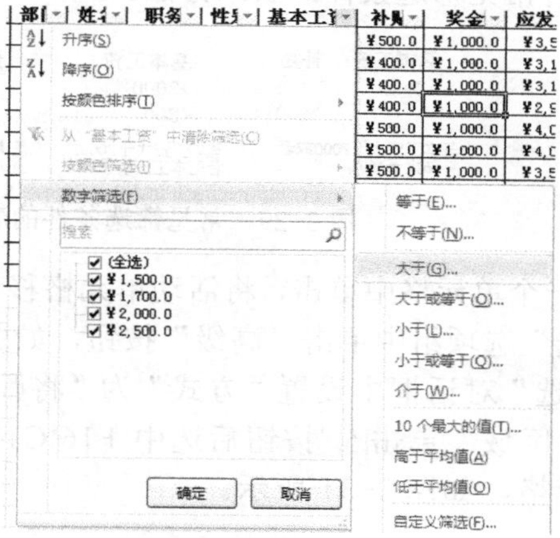

图 3-25 自动筛选项

③ 弹出“自定义自动筛选方式”对话框，在“基本工资”下拉列表框中选择“大于”选项，在后面的下拉列表框中输入“2000”，如图 3-26 所示。

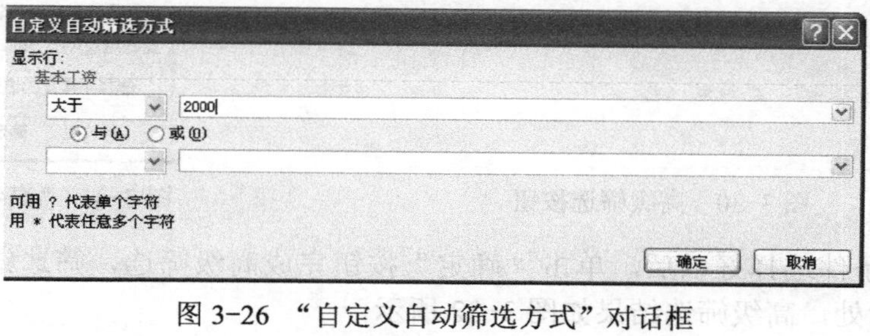

图 3-26 “自定义自动筛选方式”对话框

④ 用上述方式完成“补贴”列数据的筛选，最终的筛选结果如图 3-27 所示。

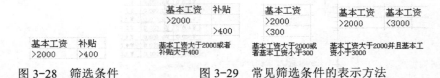

工资明细表										
编号	部门	姓名	职务	性别	基本工资	补贴	奖金	应发工资	考勤扣款	实发工资
98001	服装	史进	总经理	男	¥2,500.0	¥500.0	¥1,000.0	¥4,000.0	¥100.0	¥3,900.0
98002	鞋帽	李荣	总经理	女	¥2,500.0	¥500.0	¥1,000.0	¥4,000.0	¥100.0	¥3,900.0

图 3-27　自动筛选结果图

⑤ 得到筛选结果后，在“数据”选项卡“排序和筛选”选项组中单击“筛选”按钮，可去掉“自动筛选”，恢复数据表。

2）高级筛选。

① 在进行高级筛选时需首先完成筛选条件的书写。依据要求，先在 F16 单元格内开始书写筛选条件（如无特殊要求，可在任意空白单元格处书写，但尽量不要使筛选条件与原始数据挨在一起，避免在后续选择“列表区域”时，选错数据），在 F16 单元格中输入列字段名称“基本工资”，并在 F17 单元格输入“>2000”（大于号及 2000 必须在英文状态下输入，在列举条件时如需要输入非汉字字符必须是在英文输入法下输入），在 G16 单元格中输入列字段名称“补贴”，并在 G17 单元格输入“>400”，书写完的条件区域如图 3-28 所示。

在 Excel 中，处于同一行的条件表示“与”的关系，处在不同的行表示“或”关系。图 3-29 所示给出了其他几种常见筛选条件的表示方法。

基本工资	补贴
>2000	>400

图 3-28　筛选条件

基本工资	补贴
>2000	
	>400

基本工资大于2000或者补贴大于400

基本工资
>2000
<300

基本工资大于2000或者基本工资小于300

基本工资	基本工资
>2000	<3000

基本工资大于2000并且基本工资小于3000

图 3-29　常见筛选条件的表示方法

② 在数据区域的任意一个单元格中单击，将活动单元格移动至数据区域，然后在“数据”选项卡的“排序和筛选”选项组中单击“高级”按钮，如图 3-30 所示。

③ 在弹出的“高级筛选”对话框中设置“方式”为“将筛选结果复制到其他位置”，列表区域默认即可，“条件区域”单击按钮后选中 F16:G17 单元格区域，“复制到”单击按钮选择 A18 单元格，如图 3-31 所示。

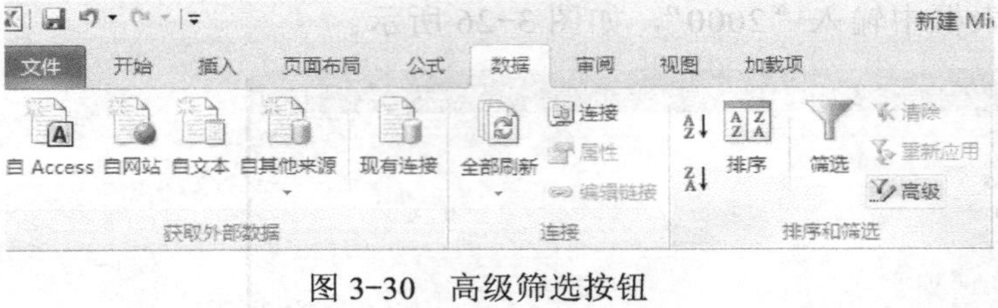

图 3-30　高级筛选按钮

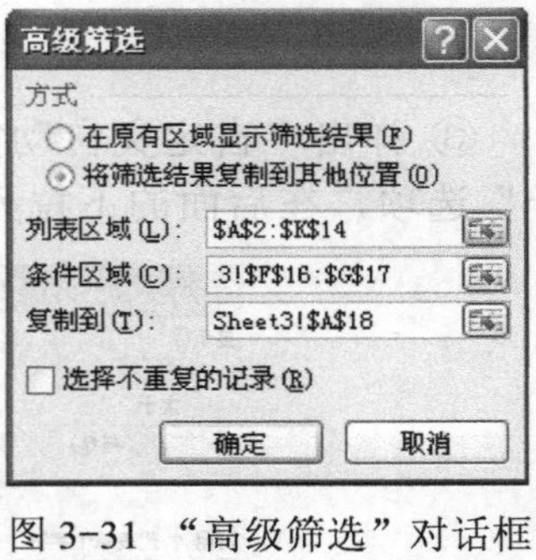

图 3-31　“高级筛选”对话框

④ 将以上条件选择好以后，单击“确定”按钮完成高级筛选，筛选结果将被复制到 A18 单元格开始处，高级筛选结果如图 3-32 所示。

18	编号	部门	姓名	职务	性别	基本工资	补贴	奖金	应发工资	考勤扣款	实发工资
19	98001	服装	史进	总经理	男	2500	500	1000	4000	100	3900
20	98002	鞋帽	李荣	总经理	女	2500	500	1000	4000	100	3900

图 3-32 高级筛选结果

（3）数据合并计算

1）在按要求完成对 A 列及 C 列至 J 列数据的合并计算以前，首先要完成对原 K 列数据的处理，因 K 列即“实发工资”列数据为公式计算出的数据，因此，如果不对 K 列数据进行处理，则会导致数据删除后，“实发工资”列数据会出错。首先需要选中“实发工资”列数据，即选中 K3:K14 单元格数据区域，并复制该区域数据，然后再将复制的数据粘贴回原数据区域，并单击鼠标右键，在快捷菜单中选择“粘贴选项”中的“值”，或者在快捷菜单中选择“选择性粘贴”中的“数值”选项，如图 3-33 所示。

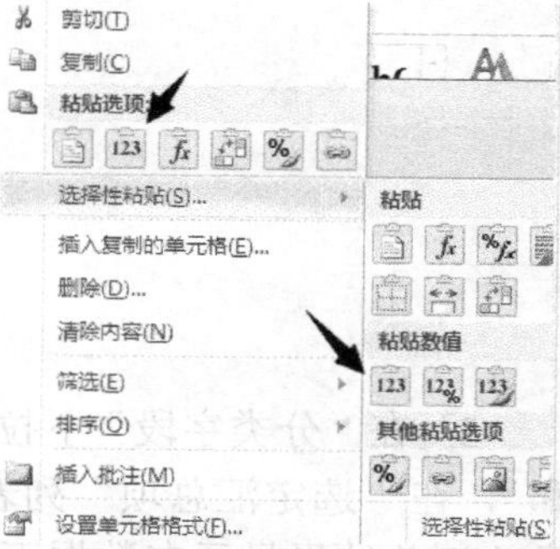

图 3-33 选择性粘贴设置

2）选中“工资明细表”数据区 A18 单元格。

3）在“数据”选项卡的“数据工具”选项组中单击“合并计算”按钮，弹出“合并计算”对话框。

4）在“函数”下拉列表框中选择“求和”。

5）单击“引用位置”右侧的按钮，折叠起“合并计算”对话框。

6）在工作区拖动选择 B2:C14 合并计算区域。

7）单击按钮展开“合并计算”对话框，单击“添加”按钮，最后在“标签位置”选项组中勾选“首行”“最左列”复选框，如图 3-34 所示。单击“确定”按钮，合并计算结果如图 3-35 所示。

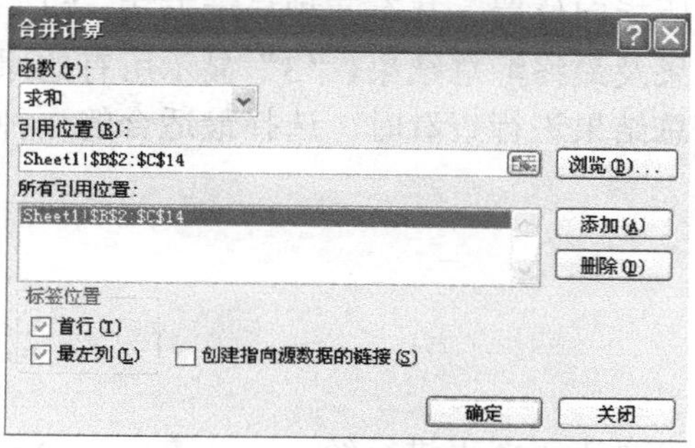

图 3-34 “合并计算”对话框

部门	实发工资
服装	9800
副食	5900
家电	6200
鞋帽	6700
孕婴	9000

图 3-35 合并计算结果

在“合并计算”对话框中，多次添加引用位置，即可实现多区域的合并计算。

（4）数据分类汇总 使用“工资明细表”中数据，以职务分类汇总实发工资的总和。

1）进行分类汇总之前首先需要按分类字段进行排序，然后再进行高级筛选。根据要求，首先根据“工资明细”中“职务”列进行排序。排序的方式已讲过，这里就不再多说，至于排序是按“升序”还是“降序”排列，对于自动筛选操作是没有任何要求的，即升序与降序都可以，如进行某些试题操作时有特殊要求，那就另当别论。

2）选择数据表中任意一个单元格，在“数据”选项卡的“分级显示”选项组中单击“分类汇总”按钮，弹出“分类汇总”对话框，如图 3-36 所示。

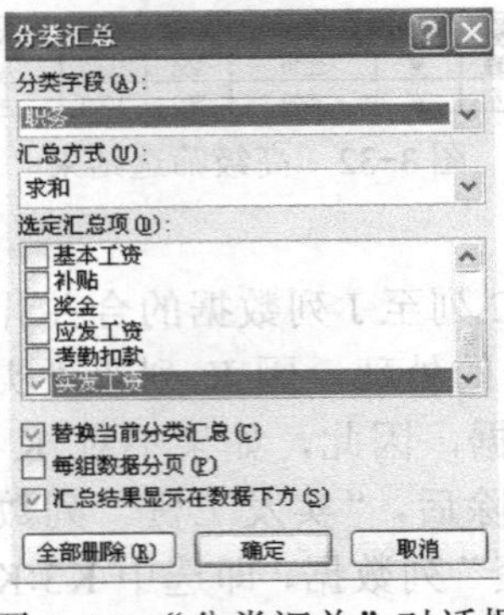

图 3-36 “分类汇总”对话框

3）在“分类字段”下拉列表框中选择“职务”，在“汇总方式”下拉列表框中选择“求和”，在“选定汇总项”列表框中勾选“实发工资”复选框，并勾选“替换当前分类汇总”及“汇总结果显示在数据下方”复选框，单击“确定”按钮。

4）分类汇总结果如图 3-37 所示。

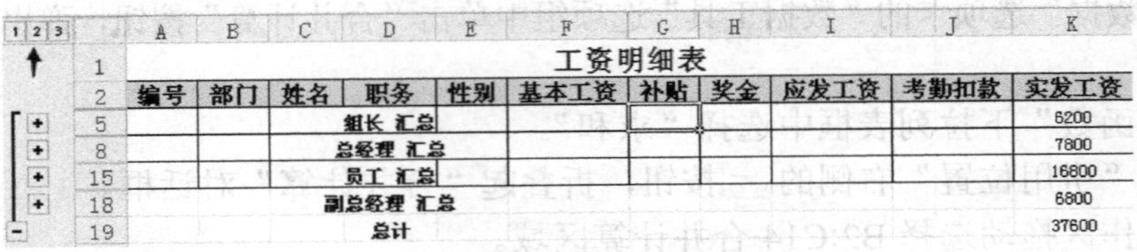
1 2 3
工资明细表
编号 部门 姓名 职务 性别 基本工资 补贴 奖金 应发工资 考勤扣款 实发工资
组长 汇总 6200
总经理 汇总 7800
员工 汇总 16800
副总经理 汇总 6800
总计 37600
图 3-37 分类汇总结果

注意： ① 在分类汇总之前首先需要根据“分类字段”进行排序，否则将会出现多个相同的字段汇总结果，导致分类汇总结果失败。

② 分类汇总的结果如图 3-37 箭头所指向位置，共有三种显示方式，“1”只显示最终的显示结果，“2”显示各字段的汇总结果及最终汇总结果，“3”显示所有的原始数据、字段汇总及最终的汇总结果。当用户对汇总结果进行查看时，选择最适合的一种即可。

3.4 年度工资表的对比分析

1. 任务描述

每年年终，公司财务部都要对本年度员工工资表进行统一。一方面，公司老板需要对公司员工本年度的工资情况进行对比分析，进一步掌握公司员工的工资状况；另一方面，公司管理层也可以通过年终工资分析表调查员工的收入情况，并针对不同层次的员工设计不同的加薪和降薪制度，以激励员工努力工作。虽然前面已经介绍了很多 Excel 2010 的数据处理功能，但还不能满足企业对员工年度工资表分析的要求。如果能以图表及透视表的方式将员工工资情况展示处理，那将节省大量的人力、物力。

2. 任务分析

按照公司年度工资分析表的总体要求，需要对各部门、各工作岗位的工资情况进行分析处理，使各项分析结果清晰明了，从中筛选相关信息年度工资情况分析表的制作。运用 Excel 2010 的强大功能，可以对数据进行综合处理。根据公司的总体要求，制作公司年度工资表分为合并工资表、建立年度工资分析图表、建立数据透视表，具体步骤如下。

3. 任务实施

（1）合并工资表　将各个月份工资表汇总为一张“年度工资总表”，并在 A1 单元格前插入一列，列字段名称为“月份”，并建立“年度工资总表”的副本，重命名为“年度工资分析图表”。

1）在“开始”选项卡的“单元格”选项组中单击“插入”按钮，在其下拉菜单中选择“工作表”，插入一张新工作表，并重命名为“年度工资总表”，将 1～12 月份工资表依次复制粘贴到“年度工资总表”中。选中“A 列”，单击鼠标右键，在弹出的快捷菜单中选择“插入”命令，并在 A2 单元格中输入“月份”。

2）右击“年度工资总表”，在弹出的快捷菜单中选择“移动或复制”命令，弹出“移动或复制工作表”对话框，然后勾选右下角的“建立副本”复选框，单击“确定”按钮，如图 3-38 所示，将“年度工作总表（2）”重命名为“年度工资分析图表”。

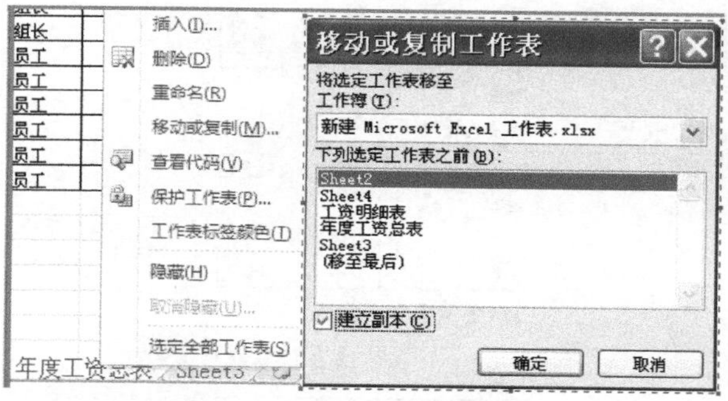

图 3-38　建立副本流程图

（2）建立年度工资分析图表　删除“年度工资分析图表”中“月份”列数据，按“职务”分类汇总“实发工资”的平均值，并根据汇总结果建立簇状柱形图。

1）选取“A 列”，单击鼠标右键，在弹出的快捷菜单中选择“删除”命令。

2）单击数据区域的任意一个单元格，使活动单元格移动至数据区域，然后在“数据”选项卡的“排序和筛选”选项组中单击“排序”按钮，在弹出的“排序”对话框中，主要关键字选择为“职务”，“排序依据”为默认，“次序”也为默认，单击“确定”按钮进行排序。在“数据”选项卡的“分级显示”选项组中单击“分类汇总”按钮，在弹出的“分类汇总”对话框中将“分类字段”设置为“职务”，“汇总方式”选择为“平均值”，“选定汇总项”处只勾选“实发工资”，并勾选“替换当前分类汇总”及“汇总结果显示在数据下方”，如图 3-39 所示，单击“确定”按钮完成分类汇总。

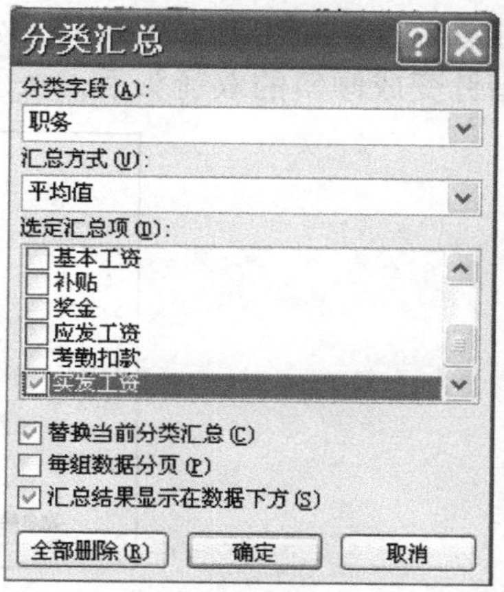

图 3-39　设置分类汇总

3）单击工作表左上角处“2”，即切换至第二种视图方式，结果如图 3-40 所示。

	编号	部门	姓名	职务	性别	基本工资	补贴	奖金	应发工资	考勤扣款	实发工资
8				副总经理 平均值							3550
27				员工 平均值							2750
34				总经理 平均值							4100
41				组长 平均值							3183.333333
42				总计平均值							3180.555556

图 3-40 分类汇总效果图

4）选择“职务”列数据（不包括“总计平均值”列），按下<Ctrl>键并按住鼠标左键拖动选中“实发工资”列数据，在“插入”选项卡的“图表”选项组中单击“柱形图”按钮，在下拉菜单中单击“簇状柱形图”，如图 3-41 所示。

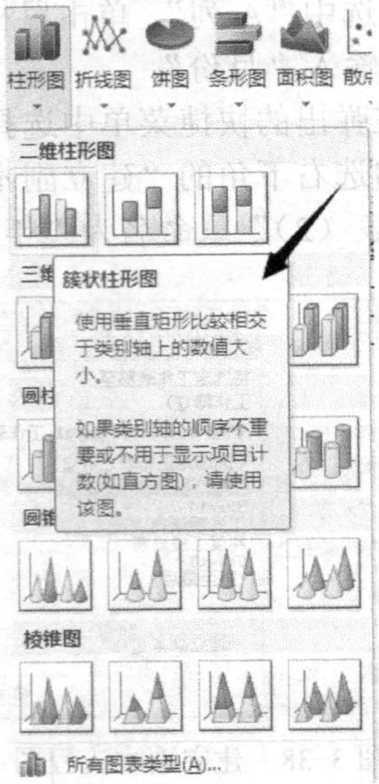

图 3-41 簇状柱形图的选择

注意：在选择图表时，当鼠标指针移动至相应的图形位置时都会弹出所指示的图形说明，包含图的名称及简介。

5）单击插入如图 3-42 所示的图表。在图表空白区域按下鼠标左键，可将图表拖动至任意位置。如需改变图表的大小，可将鼠标指针移动至图表四个角中的任意一个，待鼠标指针变成倾斜的双箭头后，按下鼠标左键进行拖动即可调整图表的大小。

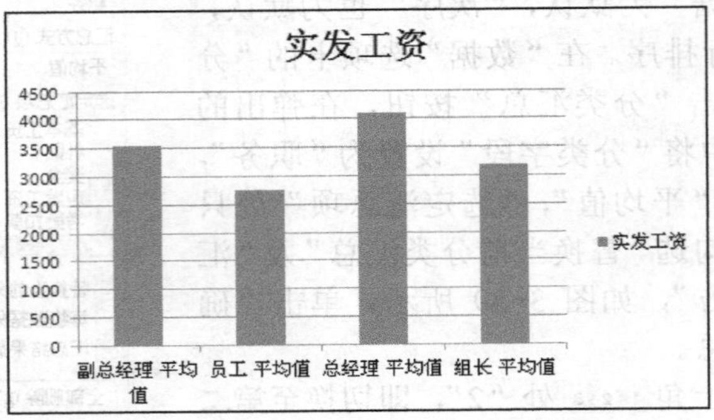

图 3-42 “实发工资”图表

6）单击图表，则会出现如图 3-43 所示的三个选项卡，图表所有属性的调整均在这三个选项卡下完成。

图 3-43　图表工具

7）单击“图表工具”下“布局”选项卡中“标签”选项组的“图例”按钮，在下拉菜单中选择“无图例”。

8）单击图表“实发工资”，将图表标题改成“实发工资对比分析图表”。

9）单击“图表工具”下“布局”选项卡中“坐标轴”选项组的“网格线”按钮，在弹出的菜单中选择“主要横网格线”→“主要网格线”，为图表添加横网格线。同理，选择“主要纵网格线”→“主要网格线”为图表添加纵网格线。

10）单击“图表工具”下“布局”选项卡中“标签”选项组的“数据标签”按钮，在弹出的菜单中选择“居中”，为图表添加数据标签。编辑好的图表如图 3-44 所示。

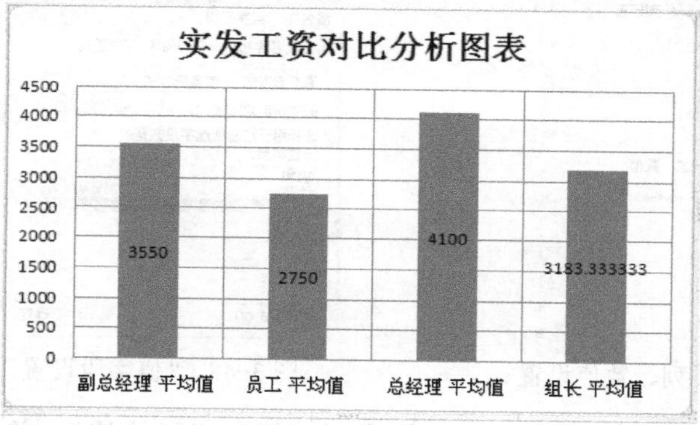

图 3-44　实发工资对比分析图表

（3）数据透视表的建立　选取“年度工资总表”内某一月份数据，复制到 Sheet3 工作表中，删除“日期”列，并重命名 Sheet3 工作表为“工资分析表”。使用“工资分析表”工作表中数据，以“编号”为列字段，以“姓名”为行字段，以“实发工资”为均值项。在“工资分析表”工作表 A16 单元格起，建立数据透视表。

1）选取“年度工资总表”内一月份数据，复制到 Sheet3 工作表中，用鼠标右键单击 A 列数据，在弹出的快捷菜单中选择“删除”命令。

2）右击“Sheet3”，在弹出的快捷菜单中选择“重命名”命令，并将“Sheet3”改成“工资分析表”。

3）在“工资分析表”数据区任意位置单击，将活动单元格移动至数据区。

4）单击“插入”选项卡的“数据透视表”按钮，在弹出的快捷菜单中选择“数据透视表”，弹出“创建数据透视表”对话框，如图 3-45 所示。

5）“创建数据透视表”对话框中“选择一个表或区域”为默认设置，在“选择放置数据透视表的位置”选项中选中“现有工作表”单选按钮，单击“位置”后的按钮并选中 A20 单元格。单击“确定”按钮会在工作表右侧显示“数据透视表字段列表”，如图 3-46 所示。

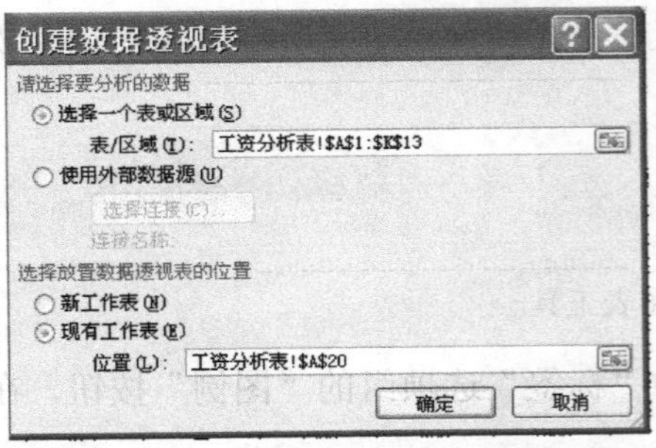

图 3-45 “创建数据透视表”对话框

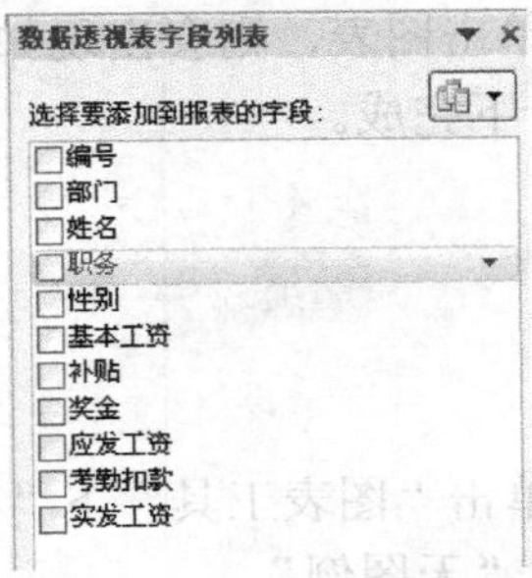

图 3-46 数据透视表字段列表

6）勾选“选择要添加到报表的字段”列表中的“编号”复选框，拖动至“列标签”，“姓名”拖动至“行标签”，“实发工资”拖动至“数值”，如图 3-47 所示。

7）单击“数值”选项卡的“求和项”下拉按钮，在弹出的下拉菜单中选择“值字段设置”命令，弹出“值字段设置”对话框，如图 3-48 所示。

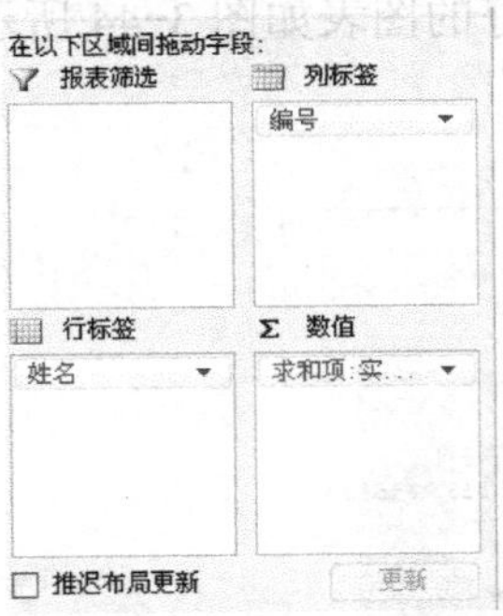

图 3-47 行、列、数值设置

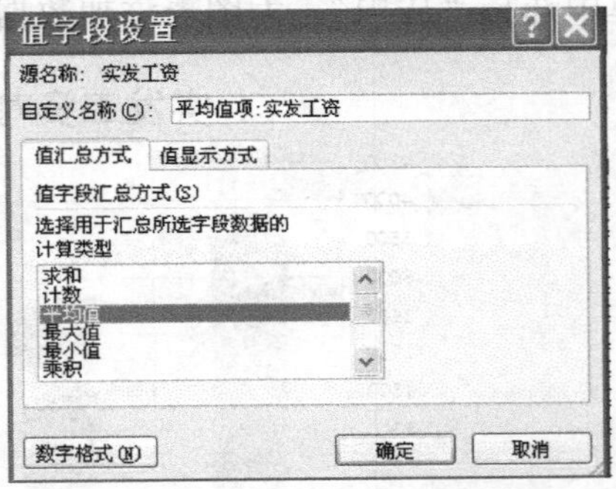

图 3-48 “值字段设置”对话框

8）在“值字段设置”对话框中将计算类型选择为“平均值”，单击“确定”按钮，完成数据透视表的编辑，编辑好的数据透视表如图 3-49 所示。

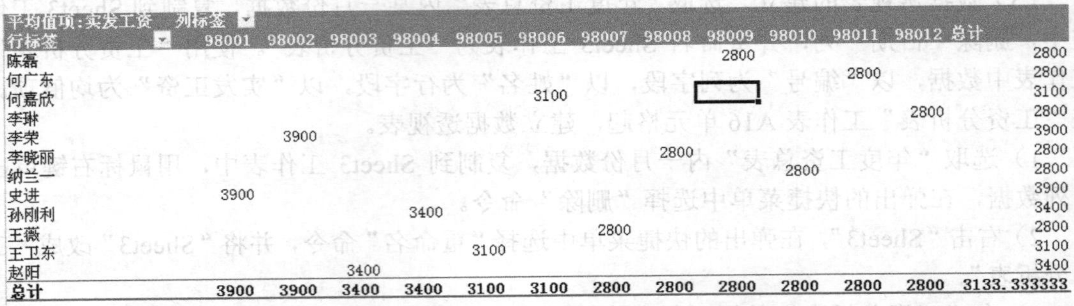

平均值项:实发工资	列标签											
行标签	98001	98002	98003	98004	98005	98006	98007	98008	98009	98010	98011	98012	总计
陈磊									2800				2800
何广东											2800		2800
何嘉欣						3100							3100
李琳												2800	2800
李荣		3900											3900
李晓丽								2800					2800
纳兰一										2800			2800
史进	3900												3900
孙刚利				3400									3400
王薇							2800						2800
王卫东					3100								3100
赵阳			3400										3400
总计	**3900**	**3900**	**3400**	**3400**	**3100**	**3100**	**2800**	**2800**	**2800**	**2800**	**2800**	**2800**	**3133.333333**

图 3-49 工资分析表的数据透视表

习题与思考题

一、选择题

1. 在 Excel 中，要在同一工作簿中把工作表 Sheet3 移动到 Sheet1 前面，应______。

A．单击工作表 Sheet3 标签，并沿着标签行拖动到 Sheet1 前面
B．单击工作表 Sheet3 标签，并按住<Ctrl>键沿着标签行拖动到 Sheet1 前面
C．单击工作表 Sheet3 标签，并选择“编辑”菜单中的“复制”命令，然后单击工作表 Sheet1 标签，再选择“编辑”菜单中的“粘贴”命令
D．单击工作表 Sheet3 标签，并选择“编辑”菜单中的“剪切”命令，然后单击工作表 Sheet1 标签，再选择“编辑”菜单中的“粘贴”命令

2．在 Excel 中，给当前单元格输入数值型数据时，默认为______。
A．居中　B．左对齐　C．右对齐　D．随机

3．在 Excel 工作表单元格中，输入下列表达式______是错误的。
A．=（15−A1）/3　B．=A2/C1
C．SUM（A2:A4）/2　D．=A2+A3+D4

4．Excel 2010 工作簿文件的默认类型是（　）
A．TXT　B．XLSX　C．DOCX　D．WKS

5．Excel 工作表中可以进行智能填充时，鼠标指针的形状为______。
A．空心粗十字　B．向左上方箭头
C．实心细十字　D．向右上方箭头

6．在 Excel 工作簿中，有关移动和复制工作表的说法，正确的是______。
A．工作表只能在所在工作簿内移动，不能复制
B．工作表只能在所在工作簿内复制，不能移动
C．工作表可以移动到其他工作簿内，不能复制到其他工作簿内
D．工作表可以移动到其他工作簿内，也可以复制到其他工作簿内

7．在 Excel 中，日期型数据“2003 年 4 月 23 日”的正确输入形式是______。
A．23-4-2003　B．23.4.2003　C．23,4,2003　D．23:4:2003

8．在 Excel 工作表中，单元格区域 D2:E4 所包含的单元格个数是______。
A．5　B．6　C．7　D．8

9．在 Excel 工作表中，选定某单元格，单击“编辑”菜单下的“删除”命令，不可能完成的操作是______。
A．删除该行　B．右侧单元格左移
C．删除该列　D．左侧单元格右移

10．在 Excel 工作表的某单元格内输入数字字符串“456”，正确的输入方式是______。
A．456　B．'456　C．=456　D．"456"

11．在 Excel 中，关于工作表及为其建立的嵌入式图表的说法，正确的是______。
A．删除工作表中的数据，图表中的数据系列不会删除
B．增加工作表中的数据，图表中的数据系列不会增加
C．修改工作表中的数据，图表中的数据系列不会修改
D．以上三项不正确

12．在 Excel 工作表中，单元格 C4 中有公式“=A3+$C$5”，在第三行之前插入一行之后，单元格 C5 中的公式为______。
A．=A4+$C$6　B．=A4+$C$5　C．=A3+$C$6　D．=A3+$C$5

13．若在数值单元格中出现一连串的“###”符号,希望正常显示则需要______。

A．重新输入数据　　　　　　　　　　　B．调整单元格的宽度

C．删除这些符号　　　　　　　　　　　D．删除该单元格

14．一个单元格内容的最大长度为______个字符。

A．64　　　　　B．128　　　　　C．225　　　　　D．256

15．执行“插入”→“工作表”命令，每次可以插入______个工作表。

A．1　　　　　B．2　　　　　C．3　　　　　D．4

16．假设 B1 为文字“100”，B2 为数字“3”，则 COUNT(B1:B2）等于______。

A．103　　　　　B．100　　　　　C．3　　　　　D．1

17．设置单元格中数据居中对齐方式的简便操作方法是______。

A．单击格式工具栏的“跨列居中”按钮

B．选定单元格区域，单击格式工具栏的“跨列居中”按钮

C．选定单元格区域，单击格式工具栏的“居中”按钮

D．单击格式工具栏的“居中”按钮

二、操作题

（一）操作题 1

启动 Excel 2010，如图 3-50 所示录入相应数据，并将 Sheet1 工作表的 A1:E1 单元格合并为一个单元格，内容水平居中；计算“同比增长”列的内容（同比增长=（07 年销售量-06 年销售量）/06 年销售量，百分比型，保留小数点后两位）；如果“同比增长”列数据高于或等于 20%，在“备注”列内给出信息“较快”，否则内容“ ”（一个空格）（利用 IF 函数）。选取“月份”列（A2:A14）和“同比增长”列（D2:D14）数据区域的内容建立“带数据标记的折线图”，标题为“销售同比增长统计图”将图插入到表的 A16:F30 单元格区域内，将工作表命名为“销售情况统计表”，保存该文件。

	A	B	C	D	E
1	某产品近两年销量统计表（个）				
2	月份	07年	06年	同比增长	备注
3	1月	187	145		
4	2月	89	67		
5	3月	102	78		
6	4月	231	190		
7	5月	345	334		
8	6月	478	456		
9	7月	333	298		
10	8月	212	176		
11	9月	265	199		
12	10月	167	123		
13	11月	156	132		
14	12月	90	85		

图 3-50　销售情况统计表

（二）操作题 2

启动 Excel 2010，如图 3-51 所示录入相应数据，并将 Sheet1 工作表重命名为“计算机动画技术成绩单”，对工作表“计算机动画技术成绩单”内数据清单的内容按主要关键字为“系别”的递减次序和次要关键字为“学号”的递增次序进行排序，对排序后的数据按“系别”分类汇总“总成绩”的平均值，排序及汇总后工作表名不变，将工作簿保存为“EXA.xlsx”文件。

	A	B	C	D	E	F
1	系别	学号	姓名	考试成绩	实验成绩	总成绩
2	信息	991021	李新	74	16	90
3	计算机	992032	王文辉	87	17	104
4	自动控制	993023	张磊	65	19	84
5	经济	995034	郝心怡	86	17	103
6	信息	991076	王力	91	15	106
7	数学	994056	孙英	77	14	91
8	自动控制	993021	张在旭	60	14	74
9	计算机	992089	金翔	73	18	91
10	计算机	992005	扬海东	90	19	109
11	自动控制	993082	黄立	85	20	105
12	信息	991062	王春晓	78	17	95
13	经济	995022	陈松	69	12	81
14	数学	994034	姚林	89	15	104
15	信息	991025	张雨涵	62	17	79
16	自动控制	993026	钱民	66	16	82
17	数学	994086	高晓东	78	15	93
18	经济	995014	张平	80	18	98
19	自动控制	993053	李英	93	19	112
20	数学	994027	黄红	68	20	88

图 3-51 计算机动画技术成绩单

（三）操作题 3

启动 Excel 2010，如图 3-52 所示录入相应数据，并将工作表重命名为“图书销售情况表”，对“图书销售情况表”内数据清单的内容建立数据透视表，设置行为“经销部门”，列为“图书类别”，数据为“数量（册）”求和布局，并置于现工作表的 A2 单元格起始处。

	A	B	C	D	E	F
1	某图书销售公司销售情况表					
2	经销部门	图书类别	季度	数量(册)	销售额(元)	销售量排名
3	第3分部	计算机类	3	124	8680	42
4	第3分部	少儿类	2	321	9630	20
5	第1分部	社科类	2	435	21750	5
6	第2分部	计算机类	2	256	17920	26
7	第2分部	社科类	1	167	8350	40
8	第3分部	计算机类	4	157	10990	41
9	第1分部	计算机类	4	187	13090	38
10	第3分部	社科类	4	213	10650	32
11	第2分部	计算机类	4	196	13720	36
12	第2分部	社科类	4	219	10950	30
13	第2分部	计算机类	3	234	16380	28
14	第2分部	计算机类	1	206	14420	35
15	第2分部	社科类	2	211	10550	34
16	第3分部	社科类	3	189	9450	37
17	第2分部	少儿类	1	221	6630	29
18	第3分部	少儿类	4	432	12960	7
19	第1分部	计算机类	3	323	22610	19
20	第1分部	社科类	3	324	16200	17
21	第1分部	少儿类	4	342	10260	15
22	第3分部	社科类	2	242	7260	27
23	第3分部	社科类	3	287	14350	24
24	第1分部	社科类	4	287	14350	24
25	第2分部	社科类	3	218	10900	31
26	第3分部	社科类	1	301	15050	23
27	第3分部	少儿类	1	306	9180	22
28	第3分部	计算机类	2	345	24150	13

图 3-52 图书销售情况表

第4章 演示文稿

PowerPoint 2010 是较为常用的多媒体演示软件。无论是向观众介绍一个工作计划或一种新产品，还是做报告或培训员工，只要事先用 PowerPoint 做一个演示文稿，就会使阐述过程变得简明而清晰，从而更有效地与他人沟通。用户只有在充分了解基础知识后，才可以更好地使用 PowerPoint 2010。本章将介绍 PowerPoint 2010 的基础知识和基本操作。

4.1 初识 PowerPoint 2010

PowerPoint 2010 是 Microsoft Office 2010 软件包中的一种制作演示文稿的办公软件。本节主要介绍 PowerPoint 2010 启动和退出、工作界面、创建演示文稿、打开和保存演示文稿等内容。

当用户安装完 Office 2010 之后，PowerPoint 2010 也将自动安装到系统中，这时启动 PowerPoint 2010 就可以正常使用它来创建演示文稿了。演示文稿创建完毕后，可以退出 PowerPoint 2010。

4.1.1 PowerPoint 2010 的启动和退出

PowerPoint 2010 常用的启动方法有三种：选择“开始”→“程序”→“Microsoft Office Microsoft PowerPoint 2010”命令；双击桌面的 Microsoft PowerPoint 2010 快捷图标；在“我的电脑”文件夹或资源管理器中找到已经创建的演示文稿，然后双击文稿图标自动启动 PowerPoint。

退出 PowerPoint 2010 的方法有多种，常用的主要有以下几种：单击 PowerPoint 2010 窗口右上角的“关闭”按钮；右击标题栏，在弹出的快捷菜单中选择“关闭”命令；双击标题栏上的“窗口控制”图标，或者单击该图标，从弹出的快捷菜单中选择“关闭”命令；按<Alt+F4>快捷键。

4.1.2 PowerPoint 2010 的工作界面

启动 PowerPoint 2010 应用程序后，用户将看到如图 4-1 所示的工作界面，该界面主要由“文件”按钮、快速访问工具栏、标题栏、功能选项卡、功能区、大纲/幻灯片浏览窗格、幻灯片编辑窗口、备注窗格和状态栏等部分组成。

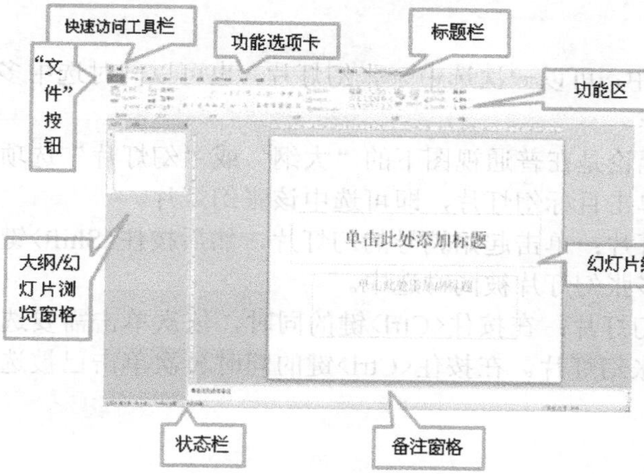

图 4-1 工作界面

4.1.3 PowerPoint 2010 的视图模式

PowerPoint 2010 提供了普通视图、幻灯片浏览、备注页和阅读视图 4 种视图模式，如图 4-2 所示。

图 4-2 视图模式

打开"视图"选项卡，在"演示文稿视图"选项组中单击相应的视图按钮，或者在视图栏中单击视图按钮，即可将当前操作界面切换至对应的视图模式。

4.1.4 创建演示文稿

在 PowerPoint 2010 中，可以使用多种方法来创建演示文稿，如使用模板、向导或根据现有文档等方法。

4.1.5 保存演示文稿

文件的保存是一种常规操作，在演示文稿的创建过程中及时保存工作成果，可以避免数据的意外丢失。因此，演示文稿的保存是非常重要的。

单击"文件"按钮，从弹出的"文件"菜单中选择"保存"命令（或者按<Ctrl+S>快捷键），打开"另存为"对话框。选择保存路径，在"文件名"文本框中输入演示文稿的文件名"公司培训"，单击"保存"按钮，此时在标题栏中显示文件名。

4.1.6 幻灯片的基本操作

一个演示文稿通常包括多张幻灯片，在 PowerPoint 中，幻灯片作为一种对象，和一般对象一样，常常需要进行选择、添加、移动、复制和删除等编辑操作。

1．选择幻灯片

在 PowerPoint 2010 中，可以一次选中一张幻灯片，也可以同时选中多张幻灯片，然后对选中的幻灯片进行操作。

选择单张幻灯片：无论是在普通视图下的“大纲”或“幻灯片”选项卡中，还是在幻灯片浏览视图中，只需单击目标幻灯片，即可选中该张幻灯片。

选择连续的多张幻灯片：单击起始编号的幻灯片，然后按住<Shift>键，再单击结束编号的幻灯片，此时将有多张幻灯片被同时选中。

选择不连续的多张幻灯片：在按住<Ctrl>键的同时，依次单击需要选择的幻灯片，此时同时选中被单击的多张幻灯片。在按住<Ctrl>键的同时再次单击已被选中的幻灯片，则取消选择该幻灯片。

2．添加幻灯片

在启动 PowerPoint 2010 后，PowerPoint 会自动建立一张新的幻灯片，随着制作过程的推进，需要在演示文稿中添加更多的幻灯片。添加新的幻灯片主要有以下几种方法。

方法 1：切换至“开始”选项卡，在“幻灯片”选项组中单击“新建幻灯片”按钮。

方法 2：在普通视图中的“大纲”或“幻灯片”选项卡中，右击任意一张幻灯片，从打开的快捷菜单中选择“新建幻灯片”命令。

方法 3：按<Ctrl+M>快捷键。

3．复制幻灯片

PowerPoint 支持以幻灯片为对象的复制操作。在制作演示文稿时，有时会需要两张内容基本相同的幻灯片。此时，利用幻灯片的复制功能，可以复制出一张相同的幻灯片，然后再对其进行适当的修改。选中幻灯片并右击，从弹出的快捷菜单中选择“复制幻灯片”命令。

4．移动幻灯片

在使用 PowerPoint 制作演示文稿时，如果需要重新排列幻灯片的顺序，就需要移动幻灯片。选中需要移动的幻灯片并按住鼠标左键进行拖动。

5．删除幻灯片

删除多余的幻灯片是快速清除演示文稿中大量冗余信息的有效方法。选中幻灯片并右击，从弹出的快捷菜单中选择“删除幻灯片”命令，此时即可看到选中的幻灯片被删除。

4.1.7 文本的基本操作

文本是演示文稿中至关重要的部分，它对文稿中的主题、问题的说明与阐述具有其他方式不可替代的作用。

1．添加文本

在 PowerPoint 中，不能直接在幻灯片中输入文字，只能通过占位符或文本框来添加文本，如图 4-3 所示，打开“插入”选项卡，单击“文本框”按钮。

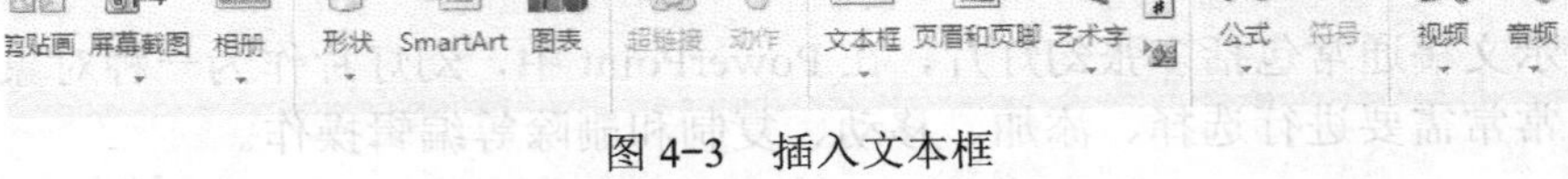

图 4-3 插入文本框

2．选择文本

编辑文本时的操作对象主要是文本。用户在编辑文本之前，首先要选择它们，然后再进行复制和剪切等相关操作。在 PowerPoint 2010 中，常用的选择方式主要有以下几种。

当将鼠标指针移动至文字上方时，形状将变为“I”形，在要选择文字的起始位置单击鼠标，进入文字编辑状态。此时按下鼠标左键，拖动鼠标指针到要选择文字的结束位置并释放鼠标，被选择的文字将以高亮显示。

进入文字编辑状态，将光标定位在要选择文字的起始位置，按住〈Shift〉键，在需要选择的文字的结束位置单击鼠标，然后松开〈Shift〉键。

如果需要选择当前文本框或文本占位符中的所有文字，那么可以在文本编辑状态下，按〈Ctrl+A〉快捷键即可。

当单击占位符或文本框的边框时，整个占位符或文本框将被选中，此时占位符中的文本不将以高亮显示，但具有与被选中文本相同的特性，如可以为选中的文字设置字体和字号等属性。

3．设置文本格式

为了使演示文稿更加美观、清晰，通常需要对文本属性进行设置。文本的基本属性设置包括字体、字形、字号及字体颜色等设置。

4．设置段落格式

在 PowerPoint 2010 中，除了可以设置文本格式外，还可以设置段落格式。段落格式包括段落对齐、段落行距、段落缩进和换行格式等。

5．设置项目符号

在 PowerPoint 2010 中，不同级别的段落可以设置不同的项目符号，从而使主题更加美观、突出。切换至“开始”选项卡，单击“项目符号”下拉按钮，如图 4-4 所示，根据需要选择不同的项目符号。用户也可以自定义项目符号，在图 4-4 中单击“定义新项目符号”选项，在“项目符号和编号”对话框（见图 4-5）中单击“自定义”按钮，在“符号”对话框中选择所需的符号，单击“确定”按钮。

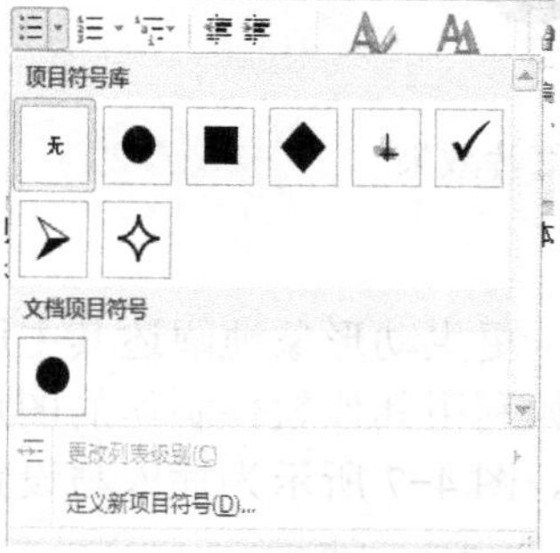

图 4-4　项目符号

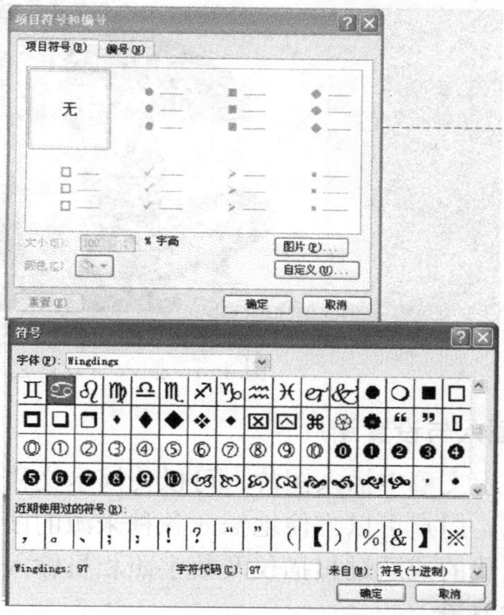

图 4-5　自定义项目符号

4.2 演示文稿的编辑技巧

文本虽然很重要，但如果演示文稿中只有文本，会让观众感觉沉闷，没有吸引力。为了让演示文稿更加出彩，PowerPoint 2010 提供了大量实用的剪贴画，使用它们可以丰富幻灯片的版面效果，除此之外，用户还可以从本地硬盘或网络上复制需要的图片，制作图文并茂的幻灯片。同样，艺术字、组织结构图、相册和多媒体对象的插入，也可用来表现演示文稿的特定主题。本节主要介绍在幻灯片中插入图片、艺术字、相册和多媒体对象的方法。

4.2.1 添加对象

为了丰富幻灯片内容，用户可以在幻灯片中添加个性化的剪贴画、图片、艺术字、自选图形以及表格等对象。

1. 插入与设置艺术字

通过“开始”选项卡的“字体”选项组中的格式化按钮可以将文本设置为不同的字体，但这远远不能满足演示文稿对文本艺术性的设计需求，这时使用艺术字往往能够达到强烈的视觉冲击效果。图 4-6 所示为插入与设置艺术字后的幻灯片效果。

图 4-6 插入与设置艺术字后的幻灯片效果

2. 插入与设置图片

在演示文稿中插入图片，可以使演示文稿图文并茂，更生动形象地阐述其主题和要表达的思想。用户可以方便地插入各种来源的图片文件，如利用其他软件制作的图片、从互联网上下载的或通过扫描仪及数字照相机输入的图片等。图 4-7 所示为插入与设置图片后的幻灯片效果。

图 4-7　插入与设置图片后的幻灯片

3. 插入与设置图形

PowerPoint 2010 提供了功能强大的绘图工具，利用绘图工具可以绘制各种线条、连接符、几何图形、星形以及箭头等复杂的图形。图 4-8 所示为插入图形的效果。

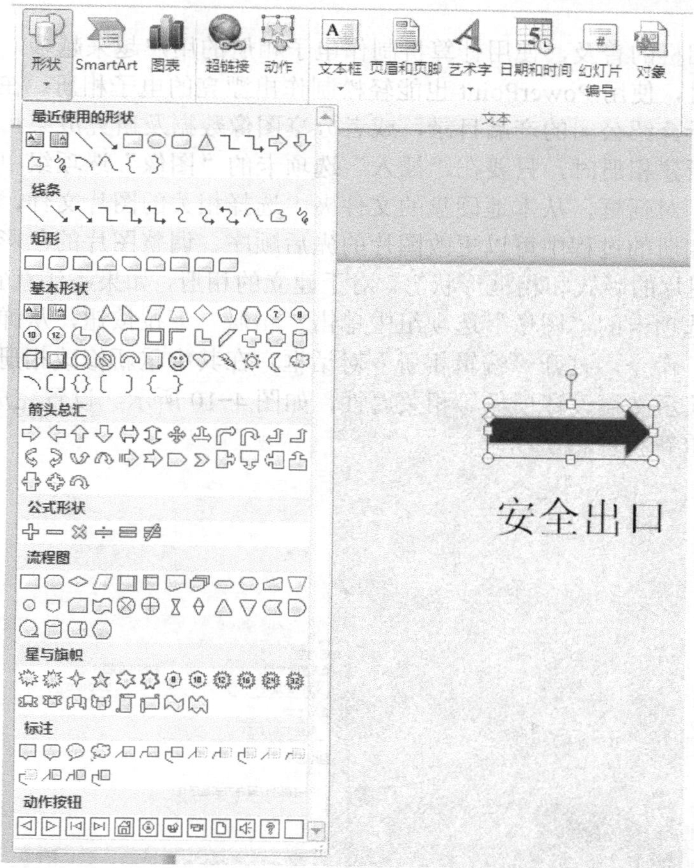

图 4-8　插入图形的效果

4. 插入与设置表格与图表

与页面文字相比较，表格采用行列化的形式，更能体现内容的对应性及内在的联系。表格的结构适合表现比较性、逻辑性和抽象性强的内容。图 4-9 所示为插入表格与图表后的幻灯片效果。

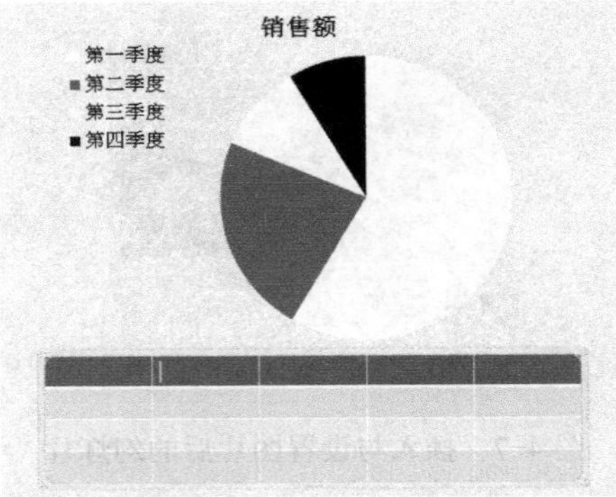

图 4-9 插入表格与图表后的幻灯片效果

4.2.2 新建相册

随着数字照相机的普及，使用计算机制作电子相册的用户越来越多，当没有制作电子相册的专门软件时，使用 PowerPoint 也能轻松制作出漂亮的电子相册。在商务应用中，电子相册同样适用于介绍公司的产品目录，或者分享图像数据及研究成果。

在幻灯片中新建相册时，只要在“插入”选项卡的“图像”选项组中单击“相册”按钮，打开“相册”对话框，从本地硬盘的文件夹中选择相关的图片文件，单击“创建”按钮即可。在插入相册的过程中可以更改图片的先后顺序、调整图片的色彩明暗对比与旋转角度，以及设置图片的版式和相框形状等。对于建立的相册，如果不满意它所呈现的效果，可以在“插入”选项卡的“图像”选项组中单击“相册”下拉按钮，从弹出的下拉菜单中选择“编辑相册”命令，打开“编辑相册”对话框，在其中重新修改相册的顺序、图片版式、相框形状、演示文稿设计模板等相关属性，如图 4-10 所示。设置完成后，PowerPoint 会自动帮助用户重新整理相册。

图 4-10 “编辑相册”对话框

4.2.3 插入声音

在制作幻灯片时，用户可以根据需要插入声音，以增加向观众传递信息的通道，增强演示文稿的感染力。如图 4-11 所示，在“音频工具”的“播放”选项卡中可以对音频的播放进行设置。

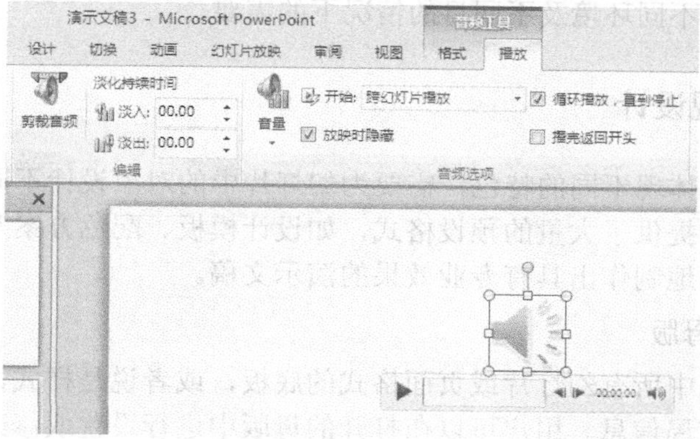

图 4-11 插入声音

4.2.4 插入与设置视频

用户可以根据需要插入 PowerPoint 2010 自带的视频和计算机中存放的影片，来丰富幻灯片的内容，增强演示文稿的鲜明度。如图 4-12 所示，在“视频工具”的“格式”选项卡中对视频进行设置。

图 4-12 插入与设置视频

4.3 演示文稿的相关设置

在设计幻灯片时，用户可以使用 PowerPoint 提供的预设格式，如设计模板、主题颜色、动画方案及幻灯片版式等，轻松地制作出具有专业效果的演示文稿；可以加入动画效果，在放映幻灯片时，产生特殊的视觉或声音效果；还可以加入页眉和页脚等信息，使演示文稿的内容更为全面。另外，PowerPoint 2010 为用户提供了多种放映幻灯片、控制幻灯片和输出演示文稿的方法，用户可以选择最为理想的放映速度与放映方式，使幻灯片的放映结构清晰、节奏明快、过程流畅，还可以将利用 PowerPoint 制作出来的演示文稿输出为多种形式，以满足用户在不同环境及不同目的情况下的需要。

4.3.1 幻灯片外观设计

为了使演示文稿体现不同的特色，需要为幻灯片中的对象设计不同颜色，搭配成不同的效果。PowerPoint 提供了大量的预设格式，如设计模板、配色方案及幻灯片版式等，应用这些格式可以轻松地制作出具有专业效果的演示文稿。

1. 设置幻灯片母版

母版是演示文稿中所有幻灯片或页面格式的底板，或者说是样式，包括了所有幻灯片具有的公共属性和布局信息。用户可以在打开的母版中进行设置或修改，从而快速地创建出样式各异的幻灯片，提高工作效率。

PowerPoint 2010 中的母版类型分为幻灯片母版、讲义母版和备注母版 3 种类型，不同母版的作用和视图都是不相同的。切换至“视图”选项卡，在“母版视图”选项组中单击相应的视图按钮，即可切换至对应的母版视图。

2. 应用设计模板

幻灯片设计模板对用户来说已不再陌生，使用它可以快速统一演示文稿的外观。一个演示文稿可以应用多种设计模板，使幻灯片具有不同的外观。

同一个演示文稿中应用多个模板与应用单个模板的步骤非常相似，切换至“设计”选项卡，在“主题”选项组单击“其他”按钮，从弹出的下拉列表框中选择一种模板，即可将该目标应用于单个演示文稿中，然后再选择要应用模板的幻灯片，在“设计”选项卡的“主题”选项组单击“其他”按钮，从弹出的下拉列表框中右击需要的模板，在弹出的快捷菜单中选择“应用于选定幻灯片”命令，此时，该模板将应用于所选中的幻灯片，如图 4-13 所示。

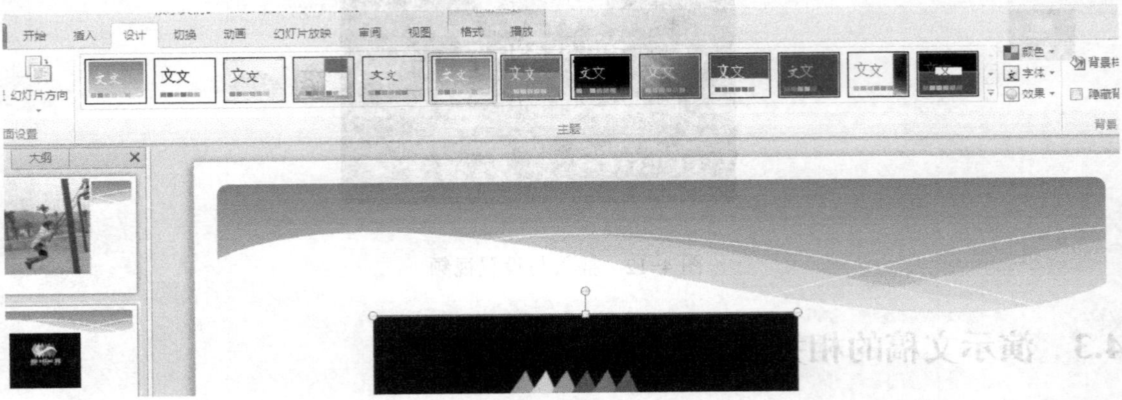

图 4-13 设计主题

3. 为幻灯片配色

PowerPoint 2010 中自带的主题颜色可以直接设置幻灯片的颜色，如果感到不满意，还可对其进行修改，使用十分方便。

4. 设置幻灯片背景

在 PowerPoint 中，除了可以使用设计模板或主题颜色来更改幻灯片的外观，还可以通过设置幻灯片的背景来实现。用户可以根据需要任意更改幻灯片的背景颜色和背景设计，如删除幻灯片中的设计元素、添加底纹、图案、纹理或图片等。

5. 设置页眉和页脚

在制作幻灯片时，用户可以利用 PowerPoint 提供的页眉页脚功能，为每张幻灯片添加相对固定的信息，如在幻灯片的页脚处添加页码、时间和公司名称等内容。

图 4-14 所示为设置页眉和页脚后的幻灯片效果。

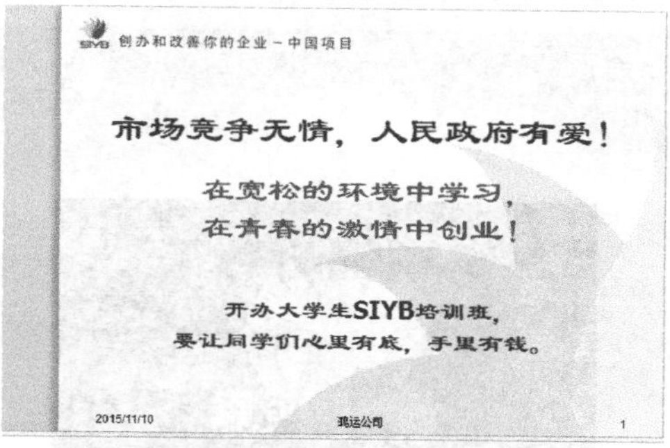

图 4-14 设置页眉和页脚后的幻灯片效果

4.3.2 幻灯片动画设计

动画是为文本或其他对象添加的，在幻灯片放映时产生的特殊视觉或声音效果。在 PowerPoint 中，演示文稿的动画有两种主要类型：一种是幻灯片切换效果，另一种是对象的动画效果。

1. 设置幻灯片切换效果

幻灯片切换效果是指一张幻灯片从屏幕上消失，以及另一张幻灯片显示在屏幕上的方式。幻灯片切换方式可以是简单地以一个幻灯片代替另一个幻灯片，也可以创建一种特殊的效果，使幻灯片以不一样的方式出现在屏幕上。用户既可以为一组幻灯片设置同一种切换方式，也可以为每张幻灯片设置不同的切换方式，如图 4-15 所示。

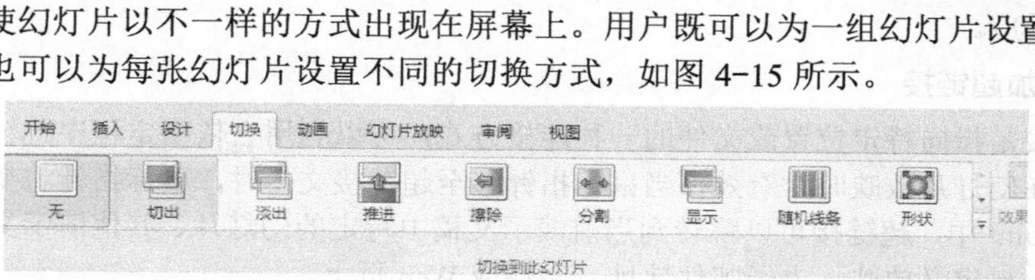

图 4-15 设置幻灯片切换效果

2. 为幻灯片中的对象添加动画效果

PowerPoint 中除了幻灯片切换动画外，还包括幻灯片的动画效果，即为幻灯片内部各个对象设置的动画效果。用户可以对幻灯片中的文本、图形和表格等对象添加不同的动画效果，如进入动画、强调动画、退出动画和动作路径动画等。

选中对象后，切换至“动画”选项卡，单击“动画”选项组中的“其他”按钮，在弹出列表框中选择一种效果即可为对象添加该动画效果；在“高级动画”选项组中单击“添加动画”按钮，同样可以在弹出的列表框中选择内置的动画效果。

3．设置动画效果选项

为对象添加了动画效果后，该对象就应用了默认的动画格式。这些动画格式主要包括动画开始运行的方式、变化方向、运行速度、延时方案和重复次数等，如图 4-16 所示。

图 4-16 设计动画效果

4.3.3 创建交互式演示文稿

在 PowerPoint 中，用户可以为幻灯片中的文本、图形和图片等对象添加超链接或者动作。当放映幻灯片时，单击链接和动作按钮，程序将自动跳转到指定的幻灯片页面，或者执行指定的程序。此时演示文稿具有了一定的交互性，在适当的时候放映所需内容，或做出相应的反应。

1．添加超链接

超链接是指向特定位置或文件的一种连接方式，可以利用它依指定程序跳转位置。超链接只有在幻灯片放映时才有效，当鼠标指针移至超链接文本时，鼠标指针将变为手形。在 PowerPoint 中，超链接可以跳转到当前演示文稿中特定的幻灯片、其他演示文稿中特定的幻灯片、自定义放映、电子邮件地址、文件或 Web 页上。

插入超链接的方法：在幻灯片中选择要添加链接的对象，切换到“插入”选项卡，单击“链接”选项组中的“超链接”按钮，弹出“插入超链接”对话框，在“链接到”列表框中选择链接位置，如“本文档中的位置”，在“请选择文档中的位置”列表框中选择链接的目标位置，单击“确定”按钮即可。

2. 添加动作按钮

动作按钮是 PowerPoint 中预先设置好的一组带有特定动作的图形按钮，这些按钮被预先设置为指向前一张、后一张、第一张、最后一张幻灯片，播放声音及播放电影等链接，用户可以方便地应用这些预置好的按钮，实现在放映幻灯片时跳转的目的。

3. 隐藏幻灯片

通过添加超链接或动作将演示文稿的结构设置得较为复杂时，有时希望某些幻灯片只在单击指向它们的链接时才会被显示出来。要达到这样的效果，用户可以使用幻灯片的隐藏功能。在普通视图模式下，右击幻灯片预览窗格中的幻灯片缩略图，从弹出的快捷菜单中选择“隐藏幻灯片”命令，或者切换至“幻灯片放映”选项卡，在“设置”选项组中单击“隐藏幻灯片”按钮，即可将正常显示的幻灯片隐藏。被隐藏的幻灯片编号上将显示一个带有斜线的灰色小方框，表示幻灯片在正常放映时不会被显示，只有当用户单击指向它的超链接或动作按钮后才会显示。

4.3.4 幻灯片的放映

PowerPoint 提供了灵活的幻灯片放映控制方法和适合不同场合的幻灯片放映类型，使演示更为得心应手，更有利于主题的阐述及思想的表达。

PowerPoint 2010 提供了多种演示文稿的放映方式，最常用的是幻灯片页面的演示控制，主要有幻灯片的定时放映、连续放映及循环放映。图 4-17 所示为对幻灯片的放映进行设置。

图 4-17　对幻灯片的放映进行设置

1. 设置幻灯片放映类型

PowerPoint 2010 为用户提供了演讲者放映、观众自行浏览及在展台浏览三种不同的放映类型，供用户在不同的环境中选用。

2. 排练计时

当完成演示文稿内容的制作之后，运用 PowerPoint 2010 的排练计时功能可以排练整个演示文稿的放映时间。在排练计时的过程中，演讲者可以确切了解每一页幻灯片需要讲解的时间，以及整个演示文稿的总放映时间。

3. 控制幻灯片的放映过程

在放映演示文稿的过程中，用户可以根据需要按放映次序依次放映、快速定位幻灯片、为重点内容添加墨迹、使屏幕出现黑屏或白屏和结束放映等。

如果需要按放映次序依次放映，则可以进行如下操作：在右下角状态栏中单击“幻灯片放映”按钮即可放映，如需要放映下一张幻灯片，单击鼠标左键即可。结束时单击鼠标右键，在弹出的快捷菜单中选择“结束放映”命令。

4．添加墨迹注释

使用PowerPoint 2010提供的绘图笔可以为重点内容添加墨迹。绘图笔的作用类似于板书笔，常用于强调或添加注释。用户可以选择绘图笔的形状和颜色，也可以随时擦除绘制的笔迹。

5．录制旁白

在PowerPoint中，用户可以为指定的幻灯片或全部幻灯片添加录音旁白。使用录制旁白可以为演示文稿增加解说词，使演示文稿在放映状态下主动播放语音说明。

6．打印输出演示文稿

对当前的打印设置及预览效果满意后，可以连接打印机开始打印演示文稿。单击“文件”按钮，从弹出的菜单中选择“打印”命令，打开Microsoft Office Backstage视图，在中间的“打印”窗格中进行相关设置。

7．输出演示文稿

用户可以方便地将PowerPoint制作的演示文稿输出为其他形式，以满足用户多用途的需要。在PowerPoint中，用户可以将演示文稿输出为视频、多种图片格式、幻灯片放映以及RTF大纲文件。

8．打包演示文稿

PowerPoint 2010中提供了打包成CD功能，在有刻录光驱的计算机上可以方便地将制作的演示文稿及其链接的各种媒体文件一次性打包到CD上，轻松实现演示文稿的分发或转移到其他计算机上进行演示，如图4-18所示。

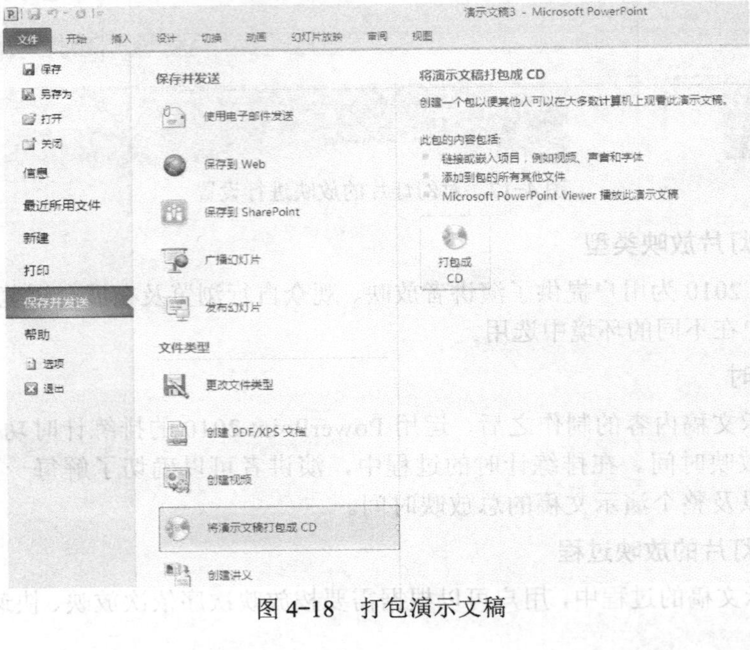

图4-18 打包演示文稿

4.4 论文答辩文稿的设计

在制作论文答辩文稿之前，我们要对论文的内容进行概括性的整合，将论文分为引言、试验设计的目的和意义、材料和方法、结果、讨论、结论、致谢几部分。制作文稿的原则是图的效果好于表的效果，表的效果好于文字叙述的效果。最忌讳屏幕上都是长篇大论，的确需要文字的地方，要将文字内容高度概括，简洁明了，用编号标明。幻灯片的内容和基调，背景适合用深色调，如深蓝色，字体用白色或黄色的黑体字，显得很庄重。值得强调的是，无论用哪种颜色，一定要使字体和背景显成明显反差。

1．启动 PowerPoint 2010

选择“开始”→“程序”→“Microsoft Office”→“Microsoft PowerPoint 2010”命令；双击桌面的 Microsoft PowerPoint 2010 快捷图标；在“我的电脑”文件夹或资源管理器中找到已经创建的演示文稿，然后双击文稿图标自动启动 PowerPoint。

2．选择 PowerPoint 2010 的视图模式

打开“视图”选项卡，在“演示文稿视图”选项组中单击相应的视图按钮，或者在视图栏中单击视图按钮，即可将当前操作界面切换至对应的视图模式。

3．选择幻灯片的版式

打开“开始”选项卡，在“版式”选项组中单击相应的幻灯片模板，如图 4-19 所示。

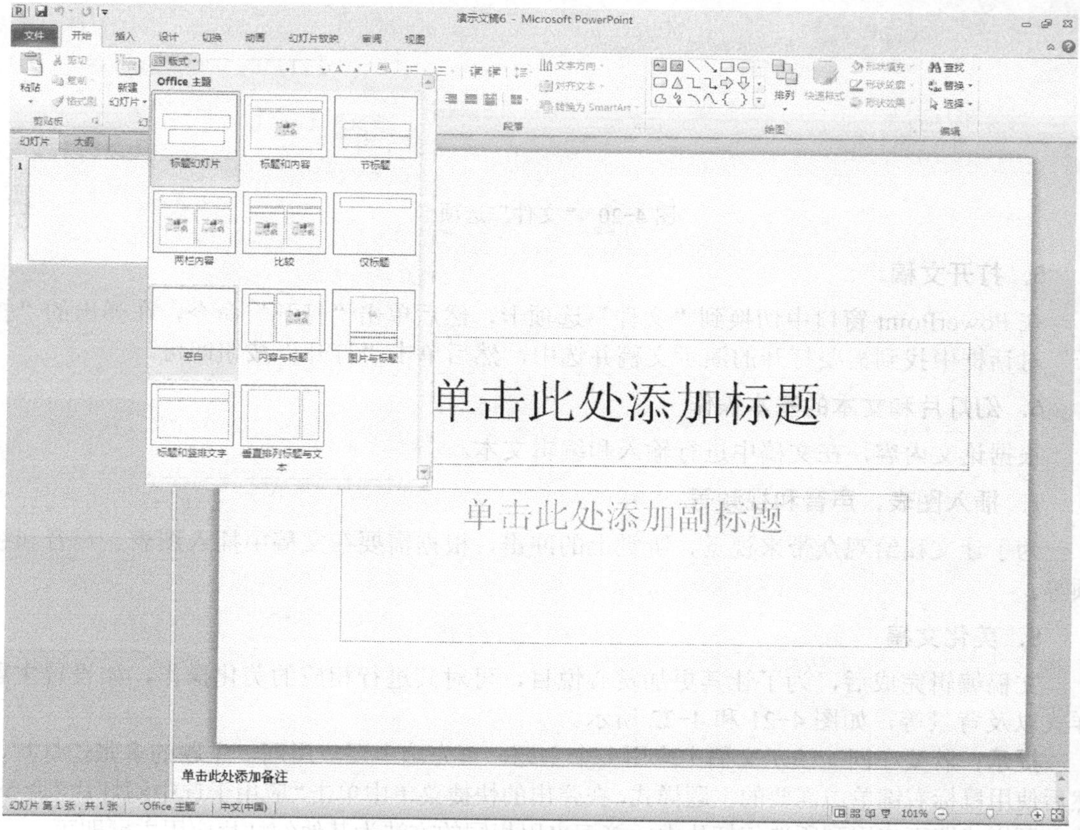

图 4-19 选择幻灯片的版式

4. 保存文稿

在处理文稿的过程中，保存演示文稿也是比较重要的一步，通过保存便可在其他计算机上再次查看已经编辑好的演示文稿。图 4-20 所示为在 PowerPoint 窗口中切换到“文件”选项卡，然后单击“保存”命令，在弹出的“另存为”对话框中设置保存位置和文件名等，单击“保存”按钮进行保存即可。

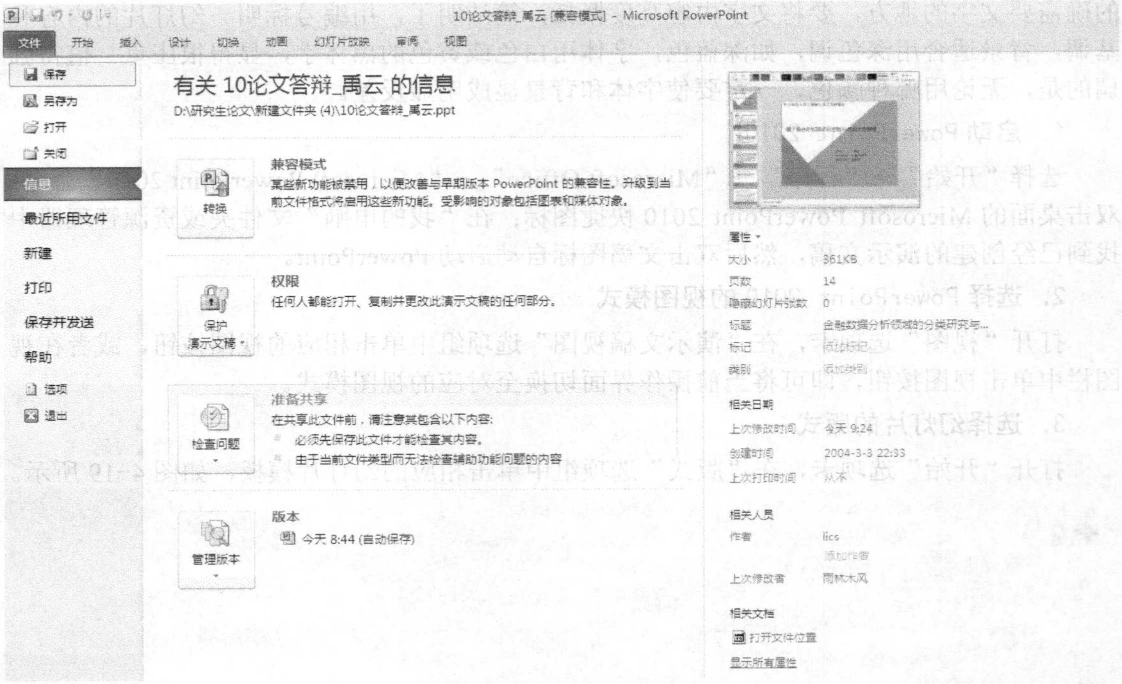

图 4-20 “文件”选项卡

5. 打开文稿

在 PowerPoint 窗口中切换到“文件”选项卡，然后单击“打开”命令，在弹出的“打开”对话框中找到需要打开的演示文稿并选中，然后单击“打开”按钮即可。

6. 幻灯片和文本的基本操作

根据论文内容，在文稿中进行输入和编辑文本。

7. 插入图表、声音和视频等

为了让文稿给观众带来视觉、听觉上的冲击，根据需要在文稿中插入图表、声音和视频等。

8. 美化文稿

文稿编辑完成后，为了让其更加赏心悦目，可对其进行相应的美化操作，如设置主题样式以及背景等，如图 4-21 和 4-22 所示。

提示：若要在同一演示文稿中应用多个主题，可先选中要应用同一主题的多张幻灯片，然后使用鼠标右键单击需要的主题样式，在弹出的快捷菜单中单击“应用于选中幻灯片”命令，该主题样式即可应用到所选幻灯片中，接下来用相同的方法为其他幻灯片应用主题即可。

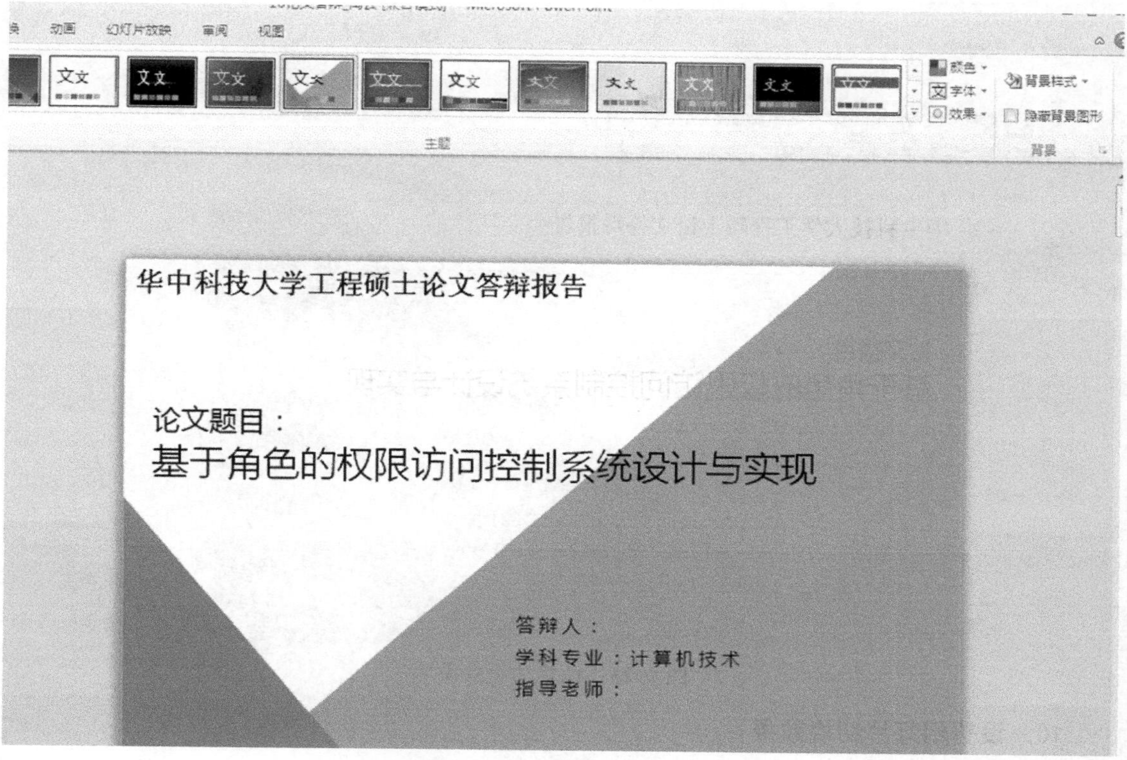

图 4-21 设置主题样式

图 4-22 设置背景

9．为对象添加动画效果

为了使文稿更具有观赏性，可以对文稿中的标题、文本和图片等对象设置动画效果，从而使这些对象以动态的方式出现在屏幕中，如图 4-23 所示。

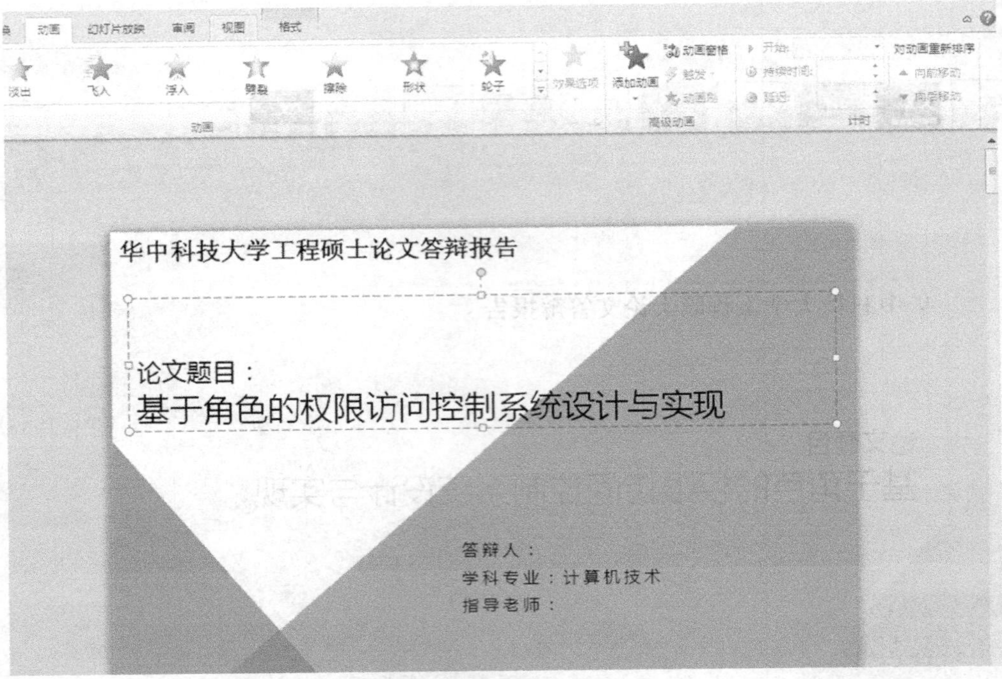

图 4-23　设置动画效果

10．设置幻灯片切换效果

对幻灯片设置切换效果后，可进一步丰富放映时的动态效果，如图 4-24 所示。

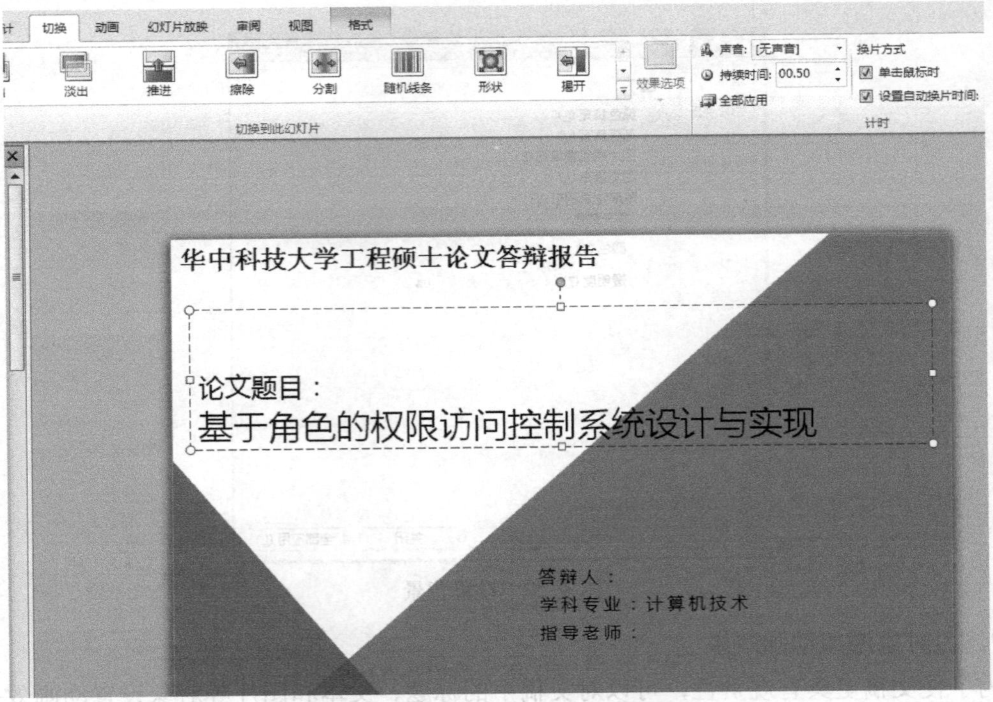

图 4-24　设置幻灯片切换效果

11．放映文稿

制作文稿的最终目的是为了放映，因此对幻灯片编辑完成后，设置放映方式就可以开始放映了。图 4-25 所示为设置幻灯片的放映。

提示：做好 PowerPoint 是答辩的重要环节。一般有下列注意事项，每页幻灯片 8～10 行字或一幅图，只列出要点和关键技术，突出自己的工作，不要在介绍背景及前人工作上花过多时间，毕业论文篇幅可以大致分配为提纲 1 页、背景 1～2 页、提出问题并分析问题 5 页、解决问题 10～15 页、小结 1 页，内容包括介绍主要成果、工作、程序量和效益等。

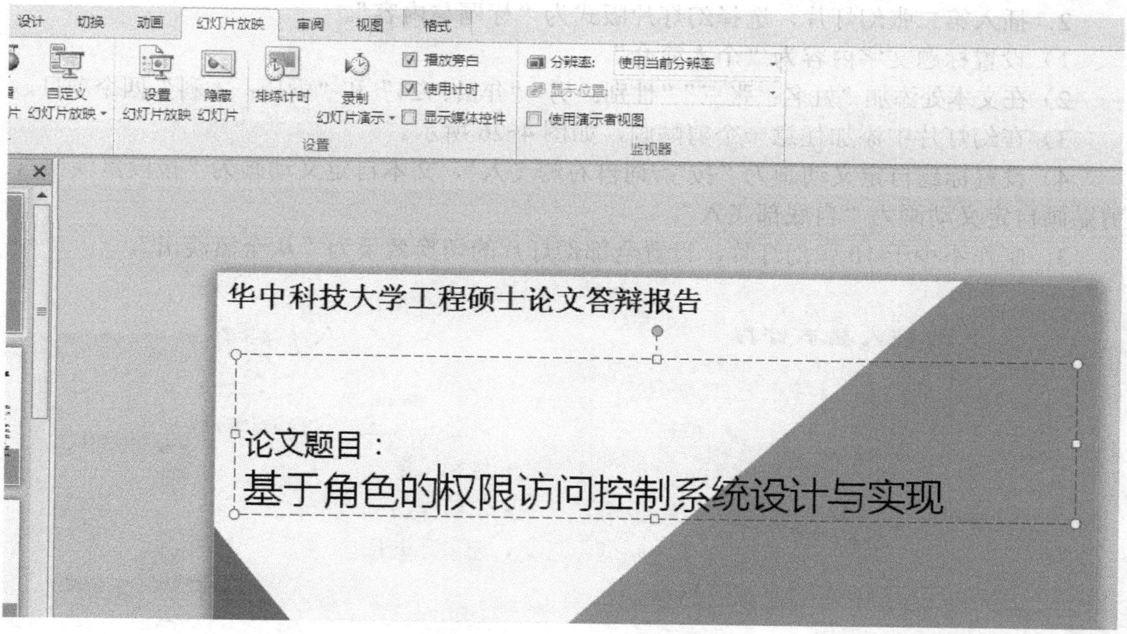

图 4-25 设置幻灯片放映

习题与思考题

一、填空题

1．PowerPoint 演示文稿的扩展名是______。

2．PowerPoint 中主要的编辑视图是______。

3．PowerPoint 幻灯片浏览视图中，选定多张不连续幻灯片，在单击选定幻灯片之前应该按住______键。

4．在 PowerPoint 中，若要更换另一种幻灯片的版式，操作步骤是______。

5．在 PowerPoint 中，将某张幻灯片的版式更改为“垂直排列标题与文本”时，应选择的选项卡是______。

6．在 PowerPoint 中，格式刷位于______选项卡中。

7．为所有幻灯片添加编号，要单击______选项卡中的______按钮。

8．在 PowerPoint 中，若想设置幻灯片中“图片”对象的动画效果，在选中“图片”对象后，应单击______选项卡下的______按钮。

二、操作题

1．插入一张幻灯片，幻灯片版式为“空白”。

1）插入一个横排文本框，设置文字内容为“应聘人基本资料”，字体为“隶书”，字号为“36”，字形为“加粗”“倾斜”，字体效果为“阴影”。

2）设置幻灯片背景填充纹理为“粉色面巾纸”。

3）在幻灯片中添加任意一个剪贴画。

2．插入第二张幻灯片，选择幻灯片版式为“标题与内容”。

1）设置标题文字内容为“个人简介”。

2）在文本处添加“姓名：张三”“性别：男”“年龄：24”和“学历：本科”四个项目。

3）在幻灯片中添加任意一个剪贴画，如图 4-26 所示。

4）设置标题自定义动画为“按字/词自右侧飞入”，文本自定义动画为“按段落淡出”，剪贴画自定义动画为“自底部飞入”。

3．制作不少于 10 张幻灯片，设置全部幻灯片的切换效果为“从全黑淡出”。

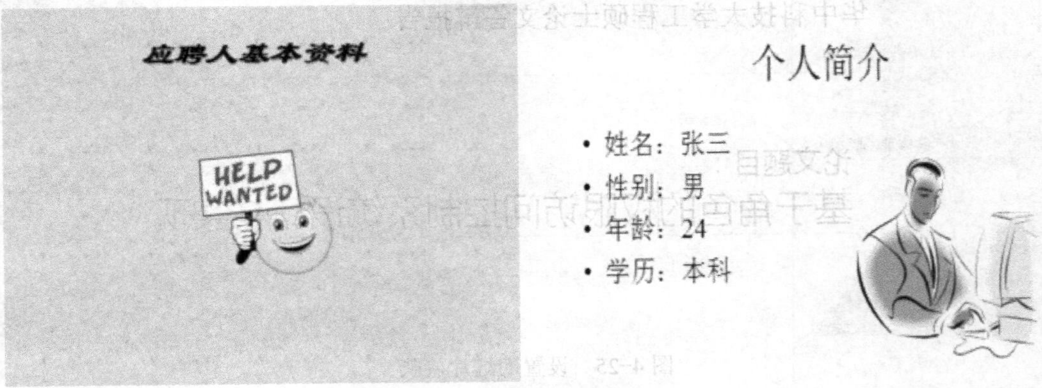

图 4-26 制作效果

第 5 章　办公设备的使用和维护

随着计算机和通信技术的飞速发展，现代化办公设备的档次不断提高，作为办公人员会使用到大量的办公设备，如计算机、打印机、复印机、数字照相机、数码摄像机等，因此，掌握基本的办公设备使用和维护常识是很必要的。

5.1　办公计算机的使用与维护

计算机不仅是我们工作和学习的工具，也是日常生活中不可缺少的伙伴。为了减少计算机因操作使用不当而造成的损坏以及因病毒原因造成网络瘫痪等问题，提高计算机的使用效益，本节将重点介绍计算机的日常使用和维护方式。

5.1.1　日常使用与维护

（1）日常使用原则　在日常使用过程中，办公计算机要遵循以下几项原则，注意日常清洁与维护。

1）不要长时间开机，特别是散热困难的夏天，注意每天下班时关闭计算机，办公时段如长时间离开也请注意关闭计算机。

2）关机时采用程序关机，从“开始”菜单处关闭，不要硬性关机。

3）注意经常清洁计算机，特别是显示器、键盘和鼠标，但不能用水去清洗，可用专门清洁计算机清洁剂或稀释酒精，用牙膏清洁机箱上的污垢效果也很不错。注意清洁前先关机断电。

4）不要在计算机前吃东西、喝水，以免将碎屑残物和水弄到键盘和鼠标里。

5）不要经常插拔计算机上的插头，包括键盘鼠标和网线等，以免造成接触不良，影响使用。

6）共用机器注意协商合用，共同维护。

7）工作计算机严禁内外网同时连接。

（2）文件存放　不要将工作或个人重要文件存放到系统盘。所谓系统盘就是安装操作系统的那一个分区，一般就是指 C 盘，当然也可能是其他盘。哪一个分区中有“WINDOWS”和“Program Files”两个文件夹，哪个分区就是系统盘。在日常使用中，不要为了方便，把自己的文档放在“我的文档”或在桌面的一个文件夹中。因为一旦系统崩溃，这些文件很可能丢失，即使没有丢失，重装系统前也需要先把这些文件复制到其他分区去，如果这时操作系统不能启动，就很难复制出来。所以，用户应在其他分区建一个文件夹，存放自己使用的文件。

（3）系统更新　及时用微软自带的自动更新或者360安全卫士等软件给系统漏洞打补丁。

（4）重要文件使用规范

- 对于重要文件，需要进行专门的备份处理或者加密处理，如Word或者Excel文件可以通过密码设定保证文件的安全。禁止跨越自己职责范围查看秘密文件。个人必须保护好自己的秘密文件并进行安全加密。
- 严禁在外网中查看内网的涉密文件。

5.1.2 用户安全设置

1. 用户账户设置

在日常使用过程中，为了安全操作，确保计算机的资料不被破坏，需要对用户账户进行设置，注意以下几点：

1）禁用Guest账号：在计算机管理的用户里面把Guest账号禁用，如图5-1所示。为了保险起见，最好给Guest加一个复杂的密码。你可以打开记事本，在里面输入一串包含特殊字符、数字和字母的长字符串，然后把它作为Guest用户的密码复制进去。

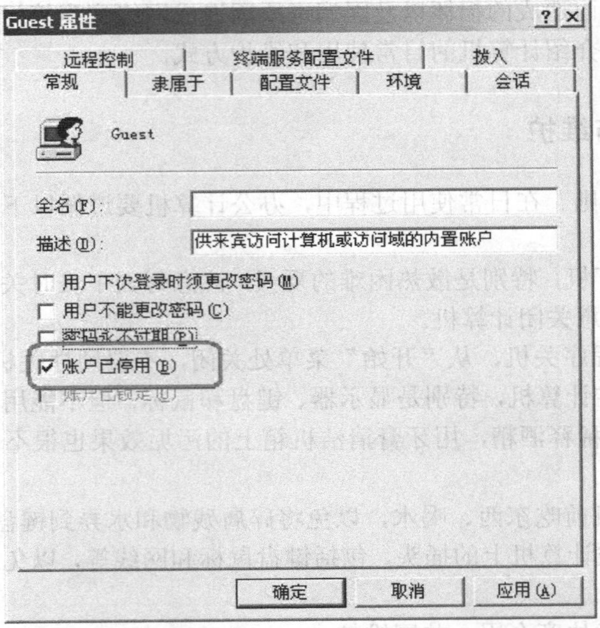

图5-1　Guest属性设置

2）限制不必要的用户：去掉所有的Duplicate User用户、测试用户和共享用户等。用户组策略设置相应权限，并且经常检查系统的用户，删除已经不再使用的用户，如图5-2所示。

3）创建两个管理员账号：创建一个一般权限用户用来处理一些日常事务，另一个拥有Administrator权限的用户只在需要的时候使用。

4）把系统Administrator账号改名：Windows的Administrator用户是不能被停用的，这意味着别人可以一遍又一遍地尝试这个用户的密码。尽量把它伪装成普通用户，如改成Guesycludx。

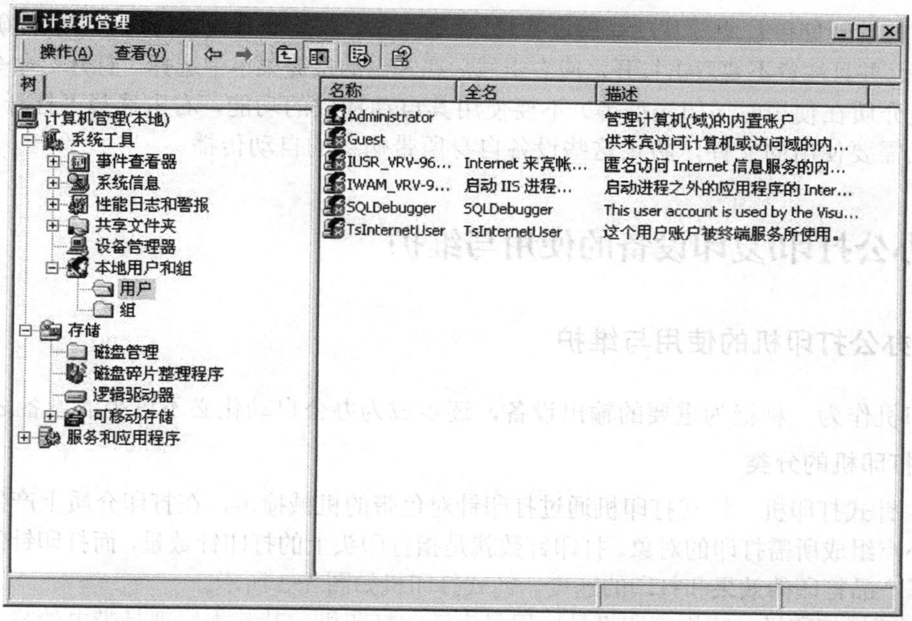

图 5-2 “计算机管理”窗口

5）把共享文件的权限从 Everyone 组改成授权用户：任何时候都不要把共享文件的用户设置成“Everyone”组，包括打印共享，默认的属性就是“Everyone”组的。

6）开启用户策略：使用用户策略，分别设置复位用户锁定计数器的时间为 20 分钟，用户锁定时间为 20 分钟，用户锁定阈值为 3 次。

2．用户账户密码设置

除了设置安全账户外，还要设置用户账户密码。

1）使用安全密码：创建账号的时候不要使用公司名和计算机名作为用户名，注意密码，不要设置过于简单。因此，要注意密码的复杂性，还要记住经常修改密码。

2）设置屏幕保护密码：设置屏幕保护密码也是防止内部人员破坏服务器的一个屏障。

3）开启密码策略：注意应用密码策略，如启用密码复杂性要求，设置密码长度最小值为 6 位，设置强制密码历史为 5 次，时间为 42 天。

5.1.3 计算机其他硬件设施的使用和维护

1．鼠标和键盘

如果鼠标和键盘不灵活、无反应，不要敲打它们。如果它一点反应都没有，则检查后面的插口是否插牢，对于非 USB 接口的鼠标和键盘，检查时需关机，插时一定要沿插头上的箭头方向对准再插，否则可能将里面的针弄歪。如果还不好用，则可能是损坏了，需要与管理员联系。

2．移动存储设备

使用陌生 U 盘前一定要问清楚是否涉密，禁止在单位外网计算机上使用单位内网中的涉密安全 U 盘。

使用移动硬盘和U盘等移动存储设备前，一定注意先用刚升级更新过的杀毒软件确认无毒后再使用，并且注意不要双击打开，应右击然后在弹出的快捷菜单中选择“打开”命令。

其他介质在使用时（如光盘等）不要使用其自动播放的功能，右击选择“打开”命令，查找自己需要使用的文件，防止这些设备自身所带病毒的自动传播。

5.2 办公打印/复印设备的使用与维护

5.2.1 办公打印机的使用与维护

打印机作为一种极为重要的输出设备，逐步成为办公自动化必不可少的设备之一。

1．打印机的分类

（1）针式打印机　针式打印机通过打印针对色带的机械撞击，在打印介质上产生小点，最终由小点组成所需打印的对象。打印针数就是指打印头上的打印针数量，而打印针的数量直接决定了产品打印的效果和打印的速度。针式打印机如图5-3所示。

（2）喷墨打印机　喷墨打印机是应用最广泛的打印机。其基本原理是带电的喷墨雾点经过电极偏转后，直接在纸上形成所需字形。其优点是组成字符和图像的印点比针式打印机小得多，因而字符点的分辨率高，印字质量高且清晰，可灵活方便地改变字符尺寸和字体，印刷采用普通纸，还可利用这种打字机直接在某些产品上印字。喷墨打印机如图5-4所示。

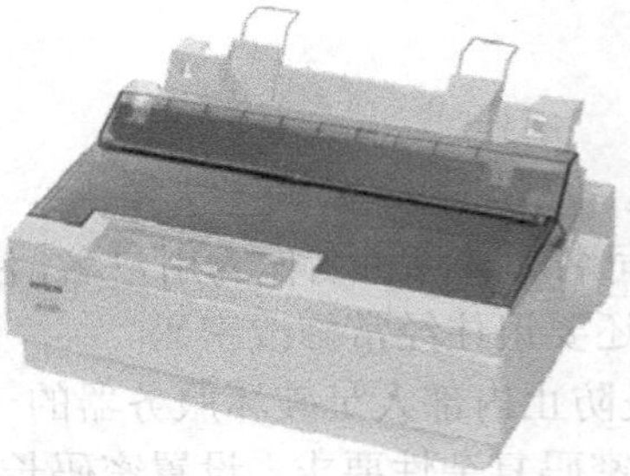

图5-3　针式打印机

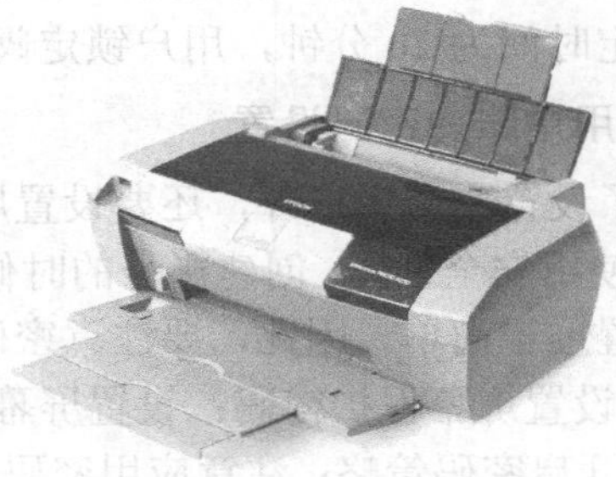

图5-4　喷墨打印机

（3）激光打印机　激光源发出的激光束经由字符点阵信息控制的声光偏转器调制后，进入光学系统，通过多面棱镜对旋转的感光鼓进行横向扫描，于是在感光鼓的光导薄膜层上形成字符或图像的静电潜像，再经过显影、转印和定影，便可在纸上得到所需的字符或图像。其主要优点是打印速度高，可达20000行/分钟以上。激光打印机如图5-5所示。

图5-5　激光打印机

2．打印机的安装与使用

以爱普生LQ-690K针式打印机为例。

1）在打印机驱动安装盘中找到相应的驱动安装文件，双击该图标，启动驱动安装程序，如图5-6所示。

2）启动后，如图5-7所示，单击“下一步”按钮。

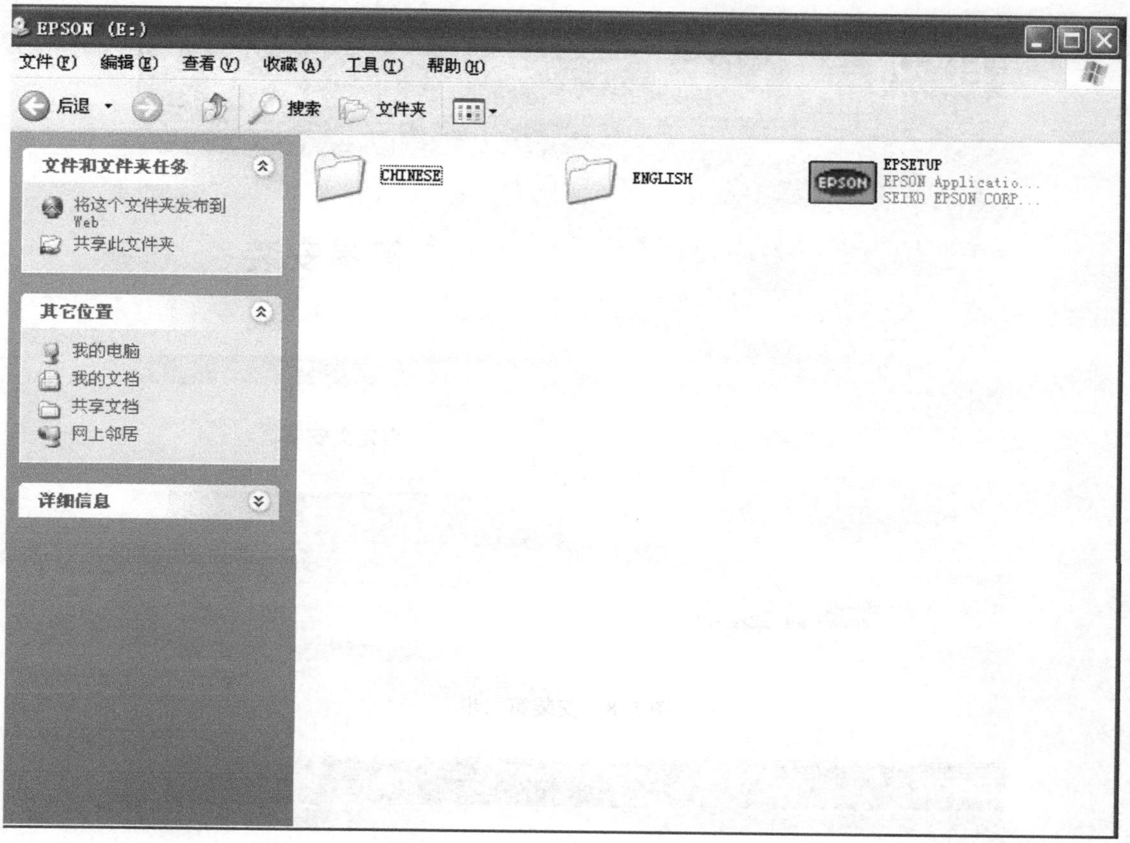

图 5-6　驱动安装文件

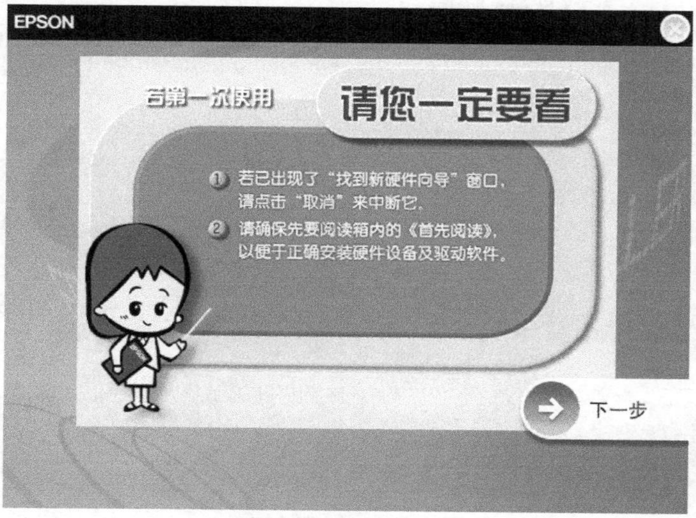

图 5-7　安装第一步

3）在弹出的界面中选择“简易安装”，如图 5-8 所示。

4）单击“安装”按钮，如图 5-9 所示。

图 5-8 安装第二步

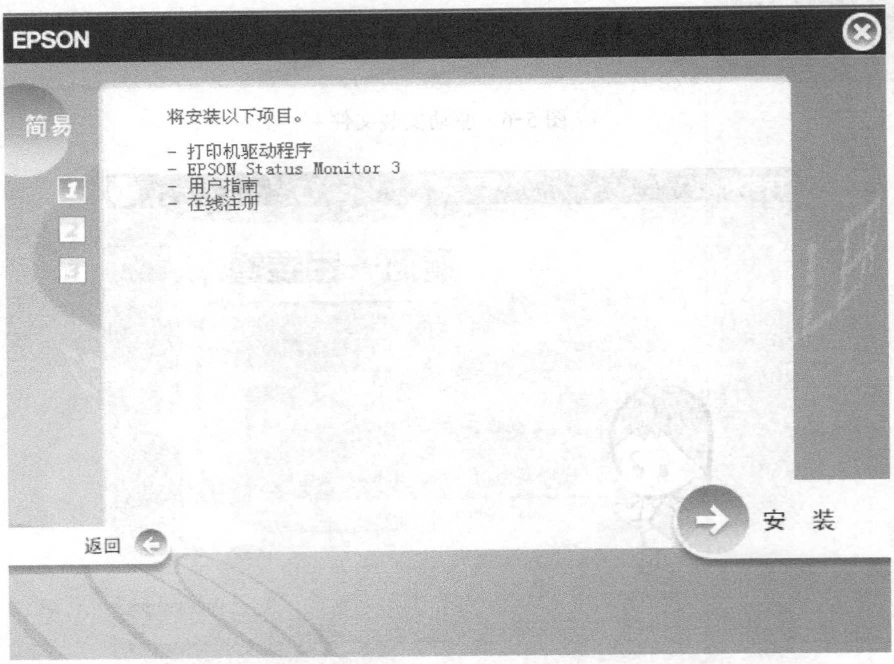

图 5-9 安装第三步

5）在弹出的安装协议对话框中，单击“同意”按钮，如图 5-10 所示，系统开始安装打印机驱动程序，如图 5-11 所示。

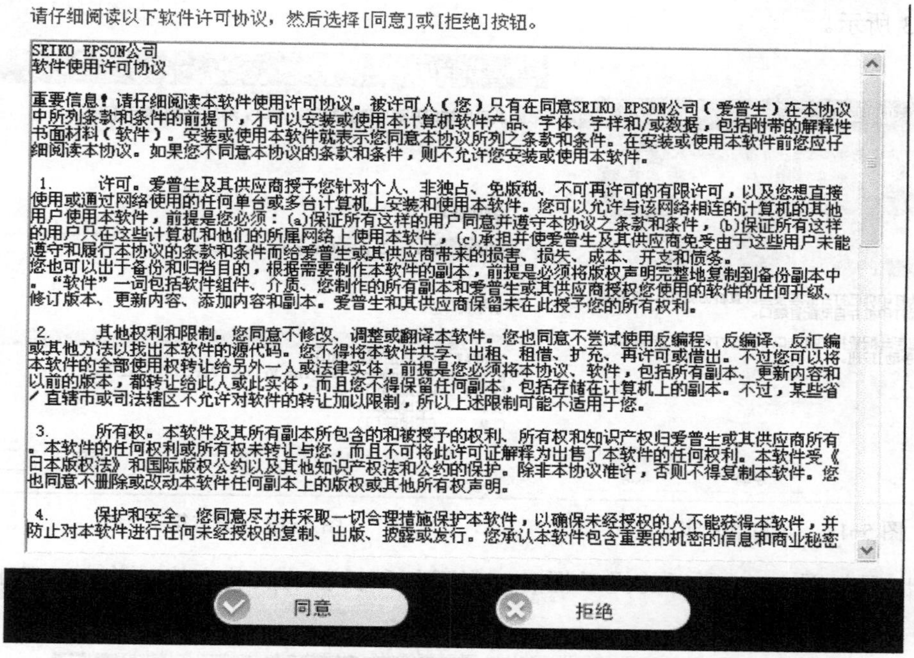

图 5-10 安装第四步

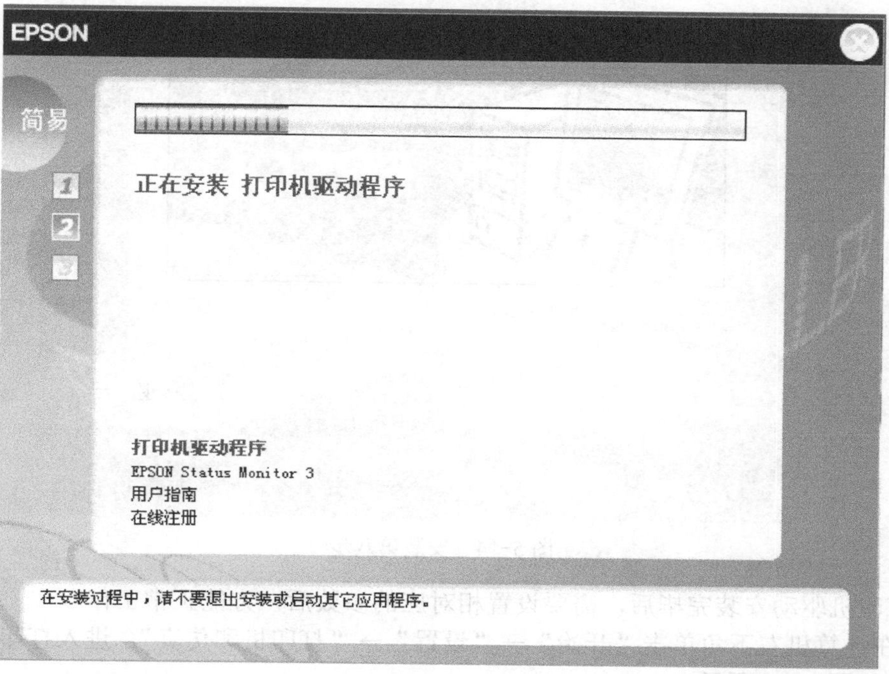

图 5-11 安装第五步

6）在出现选择打印端口时，单击“手动”按钮，如图 5-12 所示。

7）“当前端口”选择“USB001（Virtual printer port for USB）”，单击“确定”按钮，如图 5-13 所示。

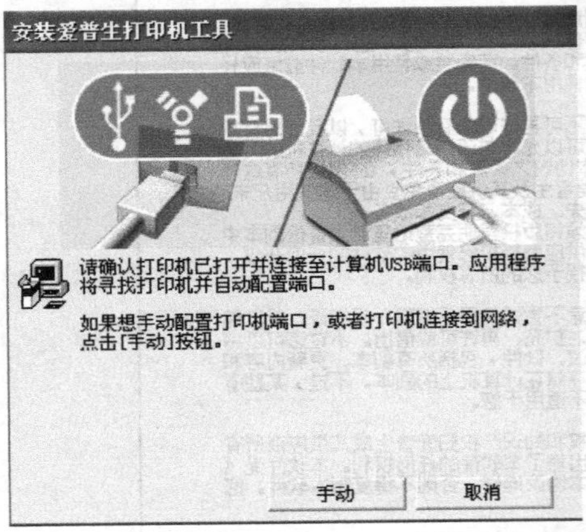

图 5-12 安装第六步

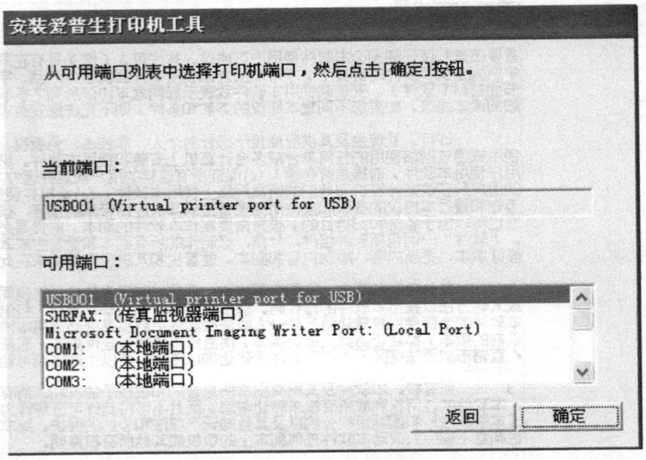

图 5-13 安装第七步

8）出现如图 5-14 所示的提示框时，表示打印机驱动安装完毕，单击“退出”按钮即可。

图 5-14 安装第八步

在打印机驱动安装完毕后，需要设置相对应的参数后，方能正常工作。

9）在计算机左下角单击“开始”→“设置”→“打印机和传真”，进入打印机属性设置窗口，如图 5-15 所示。

10）在窗口空白处右击，在弹出的快捷菜单中选择“服务器属性”命令，如图 5-16 所示。

图 5-15　设置第一步

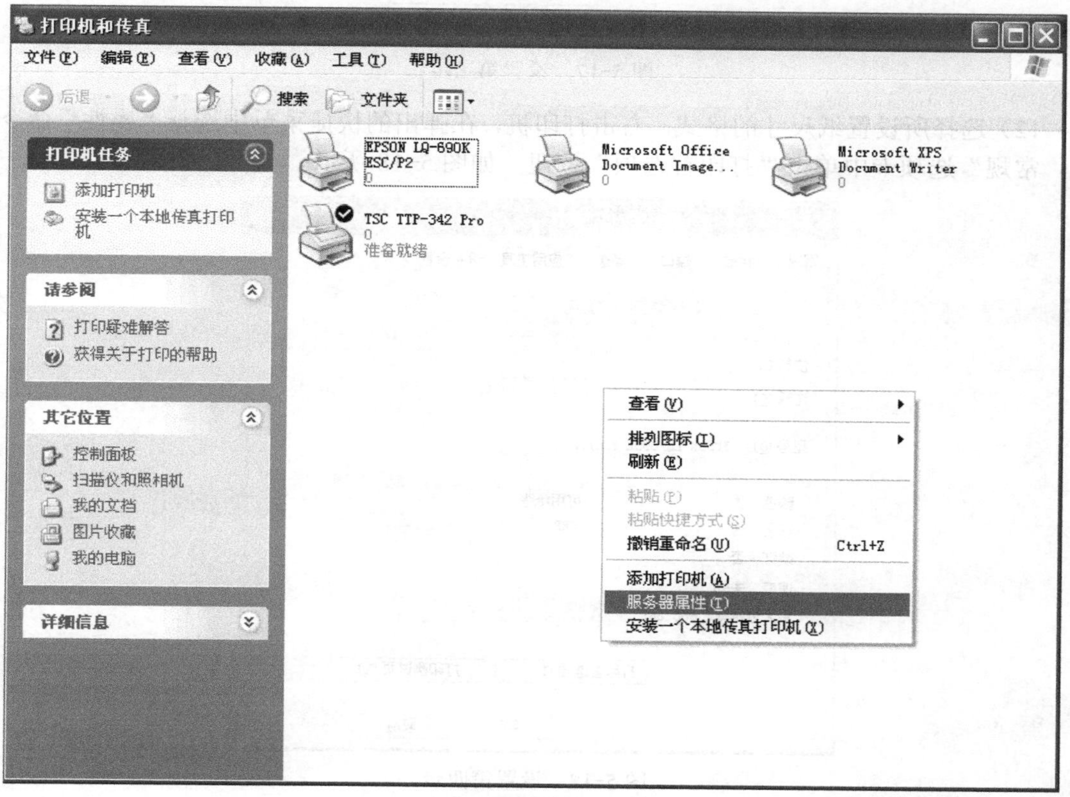

图 5-16　设置第二步

11）设置打印纸张尺寸大小。在“打印服务器属性”对话框中，新建一个“表格名”，如“ERP”，在“格式描述（尺寸）”选项组中，选中“公制”单选按钮，设置一下纸张大小即可，如果所要打印的三联或五联纸为 10×12.5cm，以纸的撕裂线为准，单击“确定”按钮，就完成了打印纸参数的设置，如图 5-17 所示。

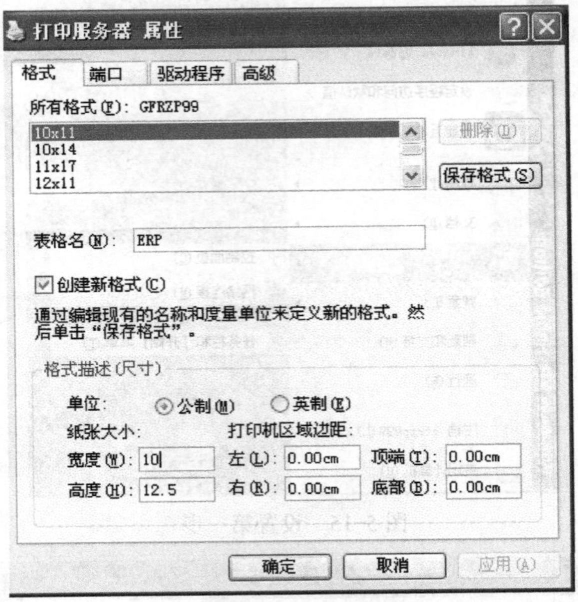

图 5-17　设置第三步

12）选择所设置纸尺寸的格式。右击打印机，在弹出的快捷菜单中选择“属性”命令，在“常规”选项卡中单击“打印首选项”按钮，如图 5-18 所示。

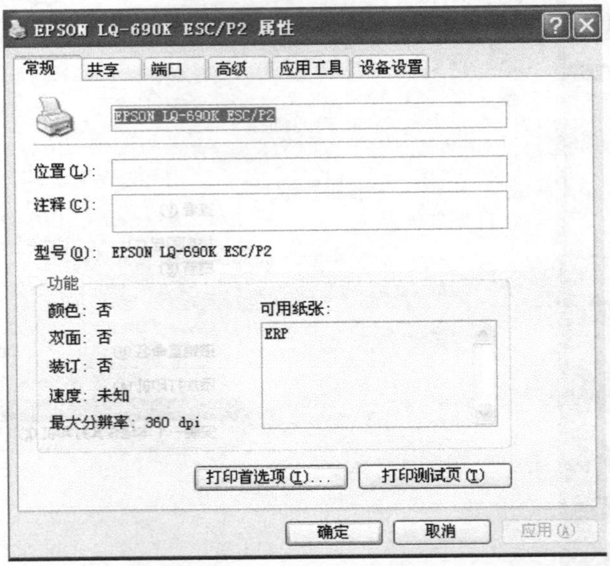

图 5-18　设置第四步

在弹出的对话框中单击“高级”按钮，如图 5-19 所示。

在高级选项卡中选择所设置的打印纸的尺寸名称，如 ERP，单击“确定”按钮即可，如图 5-20 所示。

在打印机属性中切换至“设备设置”选项卡，设置“手动进纸”为“ERP”，单击“确定”按钮即可，如图 5-21 所示。

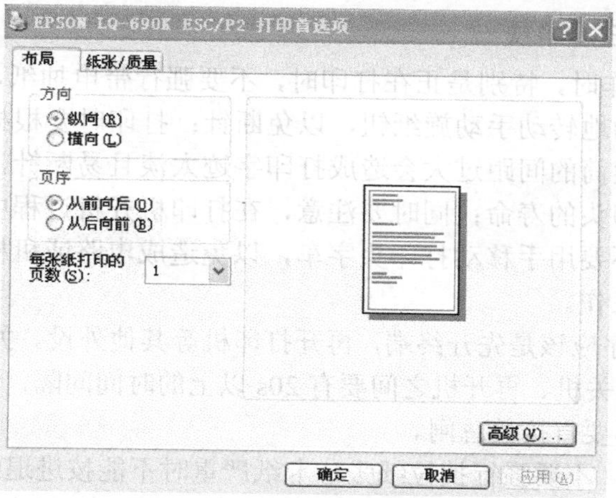

图 5-19　设置第五步

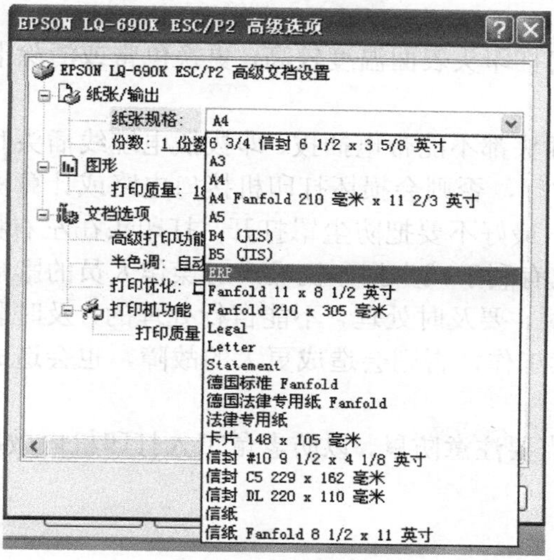

图 5-20　设置第六步

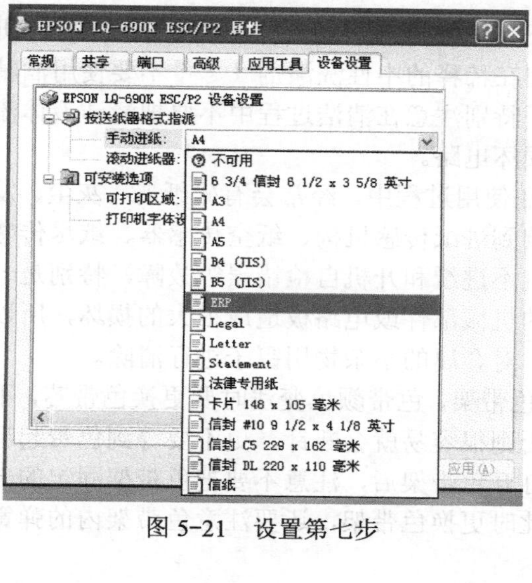

图 5-21　设置第七步

3. 使用打印机的注意事项

1）打印机正在工作时，特别是正在打印时，不要强行带电抽纸，以免挂断打印针；在打印过程中，严禁人为地转动手动旋纸钮，以免断针；打印时要根据所用纸的厚度调节纸厚调整杆，打印头与滚筒的间距过大会造成打印字迹太淡且易断针，间隙过小，会因冲击力大而缩短色带和打印头的寿命；同时要注意，在打印机开机过程中，不能用手拨动打印头字车，开机后，也不要用手移动打印头字车，以免造成电路或机械部件的损坏，不要让打印机长时间地连续工作。

2）正确的开机顺序应该是先开终端，再开打印机等其他外设。关机顺序是先关打印机，再关终端。每次开机、关机、再开机之间要有20s以上的时间间隔，注意每次结束营业时要挨个关掉设备电源，不要直接关总闸。

3）打印机卡纸时，不要强行拽拉纸张，卡纸严重时不能按进退纸键，否则容易损坏某些部件，应该先关闭打印机电源，将机盖打开，使用旋转手柄将被卡的纸旋转出来，并注意把一些碎屑也清理出来。

4）打印机工作后，其打印头表面温度较高，更换色带或清除卡纸时不要用手随意触摸打印头表面。

5）各种接口电缆线插头都不能带电插拔，即拔插电缆线插头时必须将打印机和计算机（终端）的电源都关掉才行，否则会损坏打印机接口电路或计算机（终端）打印接口。

6）打印机在工作时，最好不要把防尘罩打开，打印头在左右移动的过程中，会吸入更多的灰尘，关闭防尘罩也有利于减少打印机噪声对操作人员的影响。

7）打印机出现故障时，要及时处理，不能自行处理的，及时联系设备维修人员进行维修，不要勉强打印机继续工作，否则会造成更大的故障，也会造成某些无法修复的机械部件损伤。

8）打印机的使用地点要注意防鼠，以防老鼠窜入打印机内撒尿或啃断电线，导致打印机损坏。

4. 日常维护打印机

（1）日常清洁保养

1）日常清洁就是每日打印结束后，关闭打印机电源，对打印机外部使用干净的抹布进行灰尘和污渍的清洁，用在稀释的中性洗涤剂（尽量不要使用酒精等有机溶剂）中浸泡过的软布擦拭打印机机壳，特别注意在清洁过程中不要把清洁液体流进打印机内部，以防腐蚀打印机的机械部件或损坏电路。

2）常保养，打印机在使用过程中，经常会有碎纸屑、灰尘、发丝和小杂物掉入打印机内部，长期积累，会影响到进纸传感机构、纸空传感器、纸尽传感机构及原始位置传感机构的灵敏度，造成打印机不进纸和开机自检错误等故障，特别是一些金属的小杂物掉入打印机内部，会对打印机的机械部件或电路板造成很大的损坏，所以要经常用干净毛刷清理打印机内的纸屑和灰尘，对金属的小杂物用镊子进行清除。

3）定期检查色带和色带架，色带颜色变浅时要更换色带芯，不要强行调节打印头与滚筒的间距或加重打印，否则很容易就会断针，更不要等到色带起毛及破损时，才去更换色带芯。更换色带芯时，打开色带架后，注意不要把色带架固定的卡子弄断，弄断了也不要用胶带粘连后再使用，此时更换色带架，还要注意色带架内的弹簧和齿轮等小配件，在更换色带芯时不要弄丢了。更换色带芯还要注意和打印机型号相匹配。色带架在更换三次色带芯之后，弹簧片就会失去弹性，需要更换新的色带支架。若发现色带架太紧，应及时更换，以免对打印头造成更大的损害。

4）字车导轴、传动齿轮及输纸机构的输纸链轮等部件也要保持清洁，字车移动阻力过大时，用软布擦拭打印头字车导轨，清洁完后加少量的高级润滑油，加注润滑油后，要注意手工左右移动打印头，使润滑油均匀地分布到整个字车导轴的表面。传动齿轮和输纸机构的输纸链轮可以用干净毛刷进行除尘。

（2）故障的简单判断处理　打印机的故障虽然很多，但常见的故障大体上也就分为几大类。

1）打印机通电后无任何反应。

故障现象：开机后打印机没有任何反应，不进行自检。

故障处理：首先要查看打印机的电源指示灯，如果电源指示灯不亮，则检查电源开关是否打开，若没有则打开打印机电源；若电源已打开（即电源开关置于 ON 位置），则检查电源线与打印机的电源接口、电源线插头与电源插板之间的连接是否正常。

2）打印机能正常开机，但不能正常工作。

故障现象：开机后打印机自检正常，打印机可自动进纸，但在打印单据时不能联机打印。

故障处理：首先关闭终端和打印机的电源，检查终端与打印机的连接电缆线是否松动，并重新插拔连接电缆线，按顺序打开终端和打印机，按“Print Screen Sys Rq”键进行屏幕打印测试，若正常则可以进入工作界面打印单据测试；如果仍然不能正常工作，先关闭终端与打印机电源，换另外一根连接电缆线，按上述方法再次进行测试。如果进纸不打印，首先检查打印机的“联机”灯是否亮，若不亮，按“联机”键，若亮则关闭终端与打印机的电源后，检查打印机与终端连接电缆线是否连接可靠，重新连接可靠后，按上述方法进行打印测试。

3）打印机不进纸。

故障现象：打印机开机自检正常，放打印纸到进纸通道，不能完成自动进纸。

故障处理：首先检查打印机“单页/连续纸”切换杆的位置是否正确，对于营业柜台所使用的平推式票据打印机，工作时切换杆的位置应是单页纸，将切换杆的位置拨到单页纸处，放打印纸到进纸通道进行测试；如果正确，检查打印机的缺纸灯是否亮起，如果不亮，按一下“联机”键，待打印机完成自检后，观察缺纸灯是否亮起，亮起后可以放打印纸到进纸通道进行测试；如果仍不进纸，用干净毛刷清理进纸通道，检查进纸通道中是否卡有异物和灰尘，清除异物和灰尘后再次进行测试，若卡死则用镊子清除异物后再测试。检查搓纸轮上是否粘有异物，用软布沾上清洁剂进行清除。在发生不进纸的故障时，打印机指示灯会有闪灯报警，指示灯的闪烁分为主闪烁和次闪烁，主闪烁为联机灯、缺纸灯同时闪烁，次闪烁为仅联机灯单独闪烁，先主闪烁后次闪烁，循环往复直至关机，根据主、次闪烁的次数，就可以判断打印机的故障部件，还可以通过观察缺纸灯和联机灯的闪烁情况，指明出错的传感器。

4）打印不显。

故障现象：打印机联机打印正常，打印完后，在打印纸上不显示所打印的内容。

故障处理：一般是色带问题。首先关闭打印机电源，检查色带架是否安装到位、位置是否正确，调整色带架，将色带架正确安装在色带机构的转动轴上，左右移动打印头，色带架的旋钮应旋转自如；检查色带在打印头下是否安装到位，左右移动打印头，检查色带是否可以正常顺畅转动，若故障是色带不走，则检查打印色带架的拉线是否松开或已断，若断开则应通知维护人员更换色带拉线；检查色带是否被拉断，色带是否卡在色带盒内，打开色带盒检查色带，色带是否老化或色浅，若是则重新安装色带或更换色带；检查色带架上的色带卷带旋钮转动是否灵活，若不灵活易打滑，则应该更换色带架；检查色带盒内的色带转动齿轮是否磨损，受到磨损要更换色带齿轮或更换色带架；检查驱动色带左右移动的色带传动轴是否被磨损，若磨损则通知维护人员更换；如果色带完好，检查打印头和胶辊之间的间隙是否过大，调节间隙到合适位置就可以了。

5）打印机打印乱码。

故障现象：打印机联机打印正常，但所打印的内容错乱，或所打印的内容为不认识的字符。

故障处理：首先关闭终端与打印机的电源，检查打印机与终端的连接电缆线是否连接可靠、是否松动，并重新插拔打印电缆线，按顺序打开终端和打印机，按“Print Screen Sys Rq”键进行屏幕打印测试，若正常则可以进入工作界面打印单据测试；如果仍然打印乱码，则先关闭终端与打印机电源，换另外一根打印电缆线，按上述方法再次进行测试；检查终端和打印机的打印机仿真类型是否匹配，先按<Alt+S>快捷键进入终端设置，查看终端设置中的打印机类型，再查看打印机控制面板上的仿真指示灯，若不匹配则调整使二者相匹配。

6）打印错位。

故障现象：打印机联机打印正常，但所打印的内容错位，如汉字的竖线上下不能对齐，即竖线不直、邮政营业打印的日戳失圆、日戳的外圆周有左右错位的现象。

故障处理：该故障一般是打印头（字车机构）左右移动不畅造成的。首先关闭打印机电源，打开防尘罩，检查打印机的字车轴上是否有污垢，可以用柔软的棉纱布或棉签轻轻地擦拭字车轴，擦除干净之后再加注少量的高级润滑油，手动左右移动打印头，使润滑油均匀地分布到字车轴的表面，左右移动打印头后，若发现字车轴上还有污垢，可以再次用柔软的棉纱布或棉签轻轻地擦拭字车轴，把所有的污垢清除干净后再次加注少量的高级润滑油，左右移动打印头，检查打印头（字车机构）在导轴上的移动是否顺畅、移动阻力是否较未清洁前有明显减小，可视情况多次重复上述操作，直到打印头（字车机构）在导轴上顺畅移动为止；打印机出现打印错位，注意检查色带架上的色带卷带旋钮是否能灵活转动，若不灵活，会造成色带太紧而移动困难，从而影响打印头的左右移动，造成打印错位，更换新色带架就可以排除故障，还要注意检查打印头和胶辊之间的间隙是否过小，间隙过小也会影响打印头的左右移动，调节间隙到合适位置就可以排除故障。

5.2.2 办公复印机的使用与维护

1. 使用前的注意事项

1）选择合适的地点安装复印，要注意防高温、防尘、防震及防阳光直射，同时要保证通风换气环境良好，因为复印机会产生微量臭氧，而操作人员更应该每工作一段时间就到户外透透气、休息片刻。平时尽量减少搬动复印机，要移动的话一定要水平移动，不可倾斜。为保证最佳操作，至少应在机器左右各留出 90cm，背面留出 13cm 的空间（如机器接有分页器，大约需要 23cm 的距离），操作和使用复印机应小心谨慎，应使用稳定的交流电，电源的定额应为 220～240V、50Hz、15A。

2）每天早晨上班后，要打开复印机预热半小时左右，使复印机内保持干燥。

3）保持复印机玻璃稿台清洁、无划痕，不能有涂改液、手指印之类的斑点，不然的话会影响复印效果。如有斑点，使用软质的玻璃清洁物进行清洁。

4）在复印机工作过程中一定要盖好上面的挡板，以减少强光对眼睛的刺激。

5）如果需要复印书籍等需要装订的文件，选用具有“分离扫描”（Split Scan Feature）性能的复印机。这样可以消除由于装订不平整而产生的复印阴影。

6）如果复印件的背景有阴影，那么复印机的镜头上有可能进入了灰尘。此时需要对复印机进行专业的清洁。

7）当复印机面板显示红灯加粉信号时，用户就应及时给复印机添加碳粉，如果加粉不及时可造成复印机故障或产生加粉撞击噪音。加碳粉时应摇松碳粉并按照说明书进行操作，切不可使用代用粉（假粉），否则会造成飞粉、底灰大、缩短载体使用寿命等问题，而且由于它产生的废粉率高，实际的复印量还不到真粉的 2/3。

8）添加复印纸前先要检查一下纸张是否干爽、洁净，然后理顺复印纸叠，整齐地放到纸张大小规格一致的纸盘里。纸盘内的纸不能超过复印机所允许放置的厚度，请查阅手册来确定厚度范围。为了保持纸张干燥，可在复印机纸盒内放置一盒干燥剂，每天用完复印纸后应将复印纸包好，放于干燥的柜子内。

9）每次使用完复印机后，一定要及时洗手，以消除手上残余粉尘对人体的伤害。

10）工作下班时要关闭复印机电源开关，切断电源。不可未关闭机器开关就去拔电源插头，这样会容易造成机器故障。

11）如果出现以下情况，应立即关掉电源，并通知维修人员。

- 机器发出异响。
- 机器外壳过热。
- 机器部分有损伤。
- 机器被雨淋或机器内部进水。

2．复印机的基本操作

不同公司的不同型号机器操作方法不尽相同，不过大体上共通。下面以京瓷 KM1620 为例来说明复印机的基本操作流程。图 5-22 所示为该款复印机。

图 5-22　复印机

1）预热：打开电源开关，如图 5-23 所示。在预热完成后，开始键将亮起。

2）放入原稿，需复印的一面朝下，如图 5-24 所示。

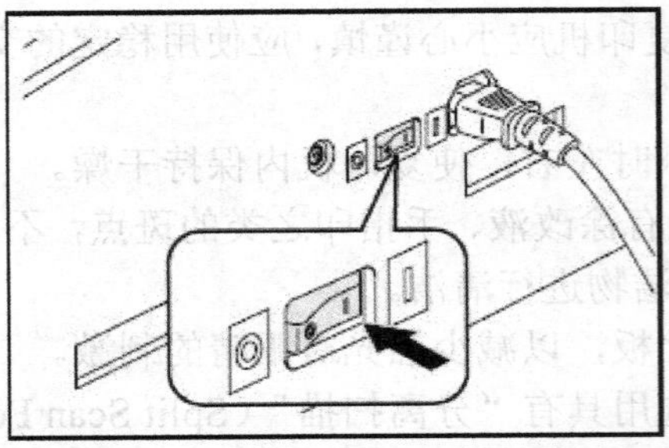

图 5-23 接通电源

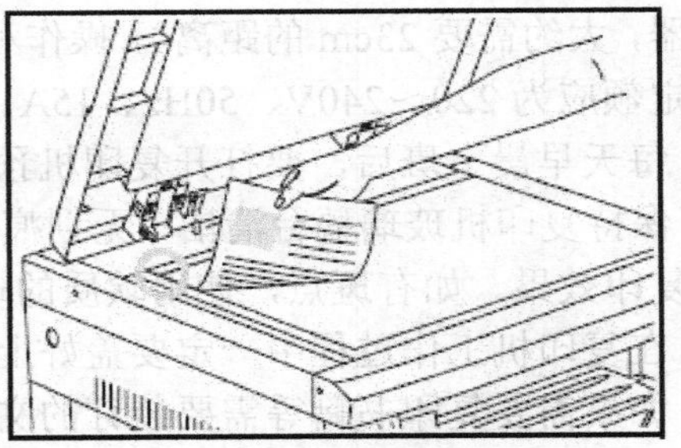

图 5-24 放入原稿

3）选择各功能，如图 5-25 所示。

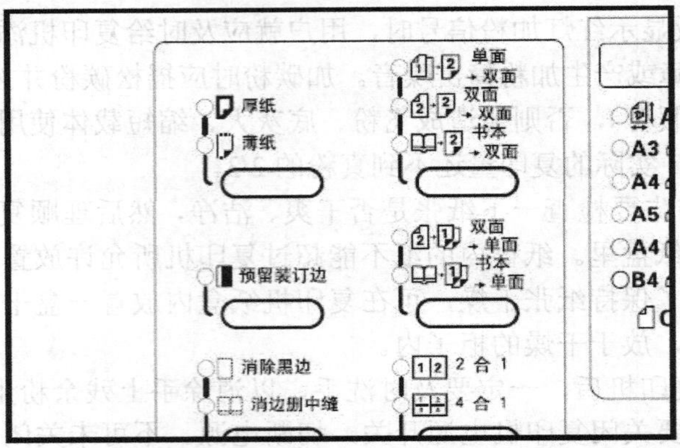

图 5-25 选择功能

4）纸张选择：当自动选择灯亮起时，将自动选择与原稿尺寸相同的纸张。按“纸张选择”键可以选择不同的纸张尺寸进行复印，如图 5-26 所示。

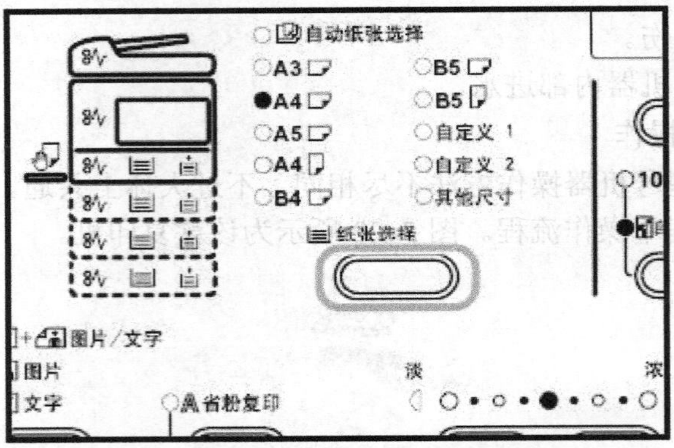

图 5-26 纸张选择

5）原稿类型选择：可对原稿类型进行选择以符合要复印的图像质量。按“原稿选择”键可使要用的原稿类型模式亮起。

6）图片/文字模式：在原稿混有文字和图片时使用该模式，如图 5-27 所示。

7）图片模式：在复印相机拍摄的图片时使用该模式。

8）文字模式：在复印含有大量文字的原稿时使用该模式。

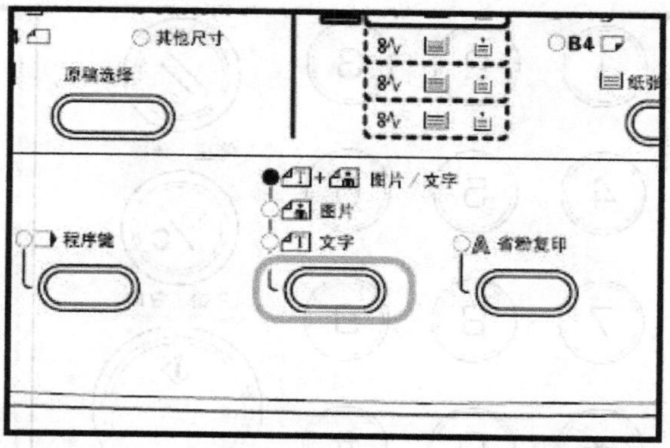

图 5-27　模式选择

9）调节复印浓淡：可手动调节复印浓淡。使复印变浓，按右侧的浓淡调节键，将浓淡标度移至右侧；使复印变淡，按左侧的浓淡调节键，将浓淡标度移至左侧。按“自动浓淡”键将自动检测复印的浓淡，并将其自动设为最佳设定，如图 5-28 所示。

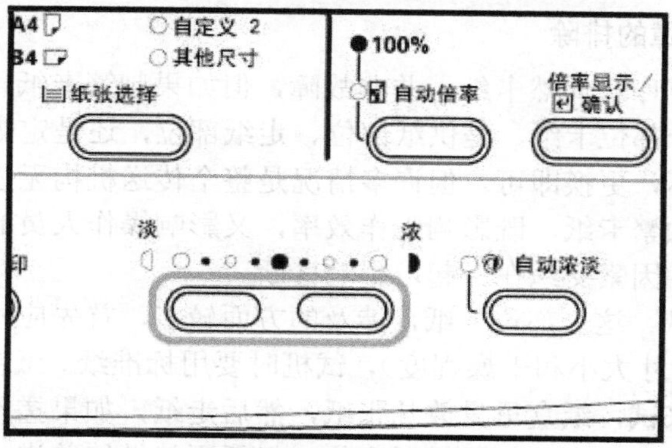

图 5-28　调节复印浓淡

10）设定复印份数：按数字键盘可输入和显示所需的复印份数，如图 5-29 所示，一次最多可设定 250 份。

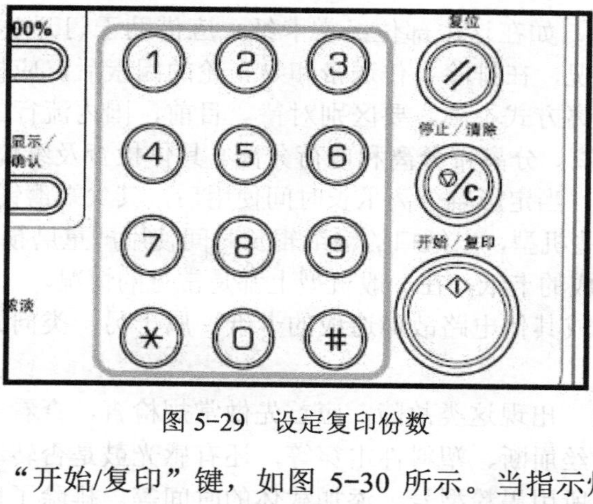

图 5-29　设定复印份数

11）开始复印：按“开始/复印”键，如图 5-30 所示。当指示灯呈绿色亮起时即可开始复印。

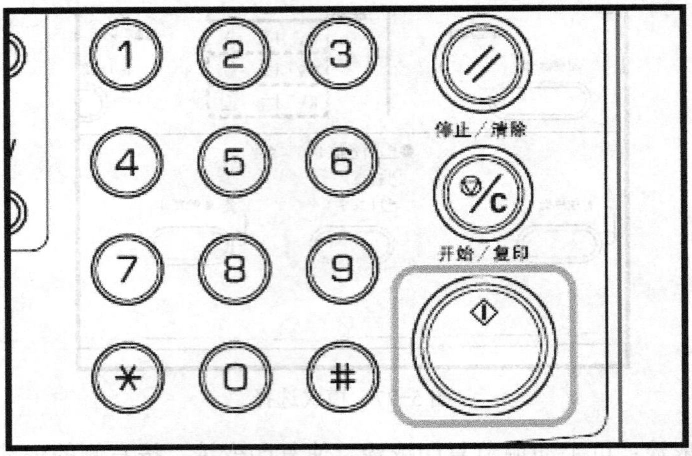

图 5-30 设置完毕

12）完成复印：印好的复印件输出至存储部。

3. 复印机常见故障的排除

（1）卡纸故障 复印机偶然卡纸，并非故障，但如果频繁卡纸，就需要检查维修了。首先，应搞清楚在哪个部位卡纸，是供纸部位、走纸部位，还是定影部位。当然，这三个部位如有零件明显损坏，更换即可。但许多情况是整个传送机构无任何零件明显损坏，也无任何阻碍物，但却频繁卡纸，既影响工作效率，又影响操作人员的工作情绪。对维修人员来说，有时往往几种因素交织在一起，影响诊断。

（2）供纸部位卡纸 这个部位卡纸，涉及的方面较多，首先应检查所用的纸是否合乎标准（如纸张重量、尺寸大小和干燥程度），试机时要用标准纸。纸盒不规矩，也是造成卡纸的原因。可以这样来试，纸盒里只放几张纸，然后走纸，如果搓不进或不到位，可判定是搓纸轮或搓纸离合器的问题；如果搓纸到位，但纸不能继续前进，则估计是对位辊打滑或对位离合器失效所致。对于有些机型，搓纸出现歪斜，可能是纸盒两边夹紧力大小不等引起的。另外，许多操作人员在插放纸盒时，用力过大，造成纸盒中上面几张纸脱离卡爪，也必然会引起卡纸。

（3）走纸部位卡纸 如在这个部位经常卡纸，应借助于门开关压板（一种工具），仔细观察这一部位运转情况，在排除了传送带和导正轮的因素后，应检查分离机构。由于不同型号的复印机，其分离方式不同，要区别对待。目前，国内流行的几种机型，其分离方式大致有三种：负压分离、分离带分离和电荷分离。具体检查及维修方法，这里不再赘述。

（4）定影部位卡纸 当定影辊分离爪长时间使用后，其尖端磨钝或小弹簧疲劳失效后，都会造成卡纸。对于有些机型，出纸口的输纸辊长时间使用严重磨损后，也会频繁卡纸。至于定影辊严重结垢后造成的卡纸，在一般机型上都是常见的情况。

因纸路传感器失效或其他电路故障造成的卡纸，属于另一类问题，应对照维修手册，借助仪器，做相应检查。

（5）复印品无图像 出现这类故障，应首先做常规检查，查看主带电器和转印带电器是否明显损坏，如电晕丝崩断、塑料件击穿等，还有感光鼓是否转动，扫描灯亮度如何，同时还要询问操作人员所用墨粉型号、添加载体的时间等。排除了以上因素后，应做如下操作：打开前盖，用开关压板将门开关接通，使复印机处于正常通电状态。在玻璃板上放好原稿，开机走纸，当纸输送到感光鼓下方时，关掉机器，卸下感光鼓，检查鼓上是否有图像，如有图像，说明问题出在转印部分，如无图像，说明问题出在主带电器部分和显影部分。

对转印部分和主带电器部分的故障，都有一套相应的检查处理方法，这里不再赘述。显影部分出现故障，主要有以下两方面的原因。

① 显影辊驱动离合器失效，显影辊无法转动，也可能是由于调整不当，造成刮刀与显影辊之间的间隙过小，致使离合器无法带动显影辊旋转。

② 对有些型号的复印机，如 NP-270，显影器是由于锁紧杆压靠在感光鼓上的（保持一定间隙），由于操作人员转动锁紧杆时，动作过快过猛，造成锁紧杆扭曲变形，不能锁紧显影器，显影辊与感光鼓的间隙过大，墨粉不能跳到感光鼓上，也就出现了空白复印。

以上所述仅是复印机故障中的两例。实际上，复印机的故障多种多样，有些故障，依据复印机本身的自诊断功能即可确定，而有些故障必须经过观察和分析后，才能确定。面对一台有故障的复印机，怎样才能做出正确诊断并尽快修复？

1）先问。询问操作人员机器出现故障后，其他人修过没有，动过哪些部位，根据操作人员的提示，仔细检查这些部位，有无误装等。

2）遵循先易后难的原则。首先排除较明显、较常见的因素，不要盲目大拆大卸，根据理论和经验，仔细观察、认真分析、去伪存真，最后确定故障源。

3）卸下的零部件，要妥善摆放，以防自己或他人在忙乱中损坏零部件。

4）对于带磁性的零部件，重装前一定要检查是否带上了如大头针、曲别针之类的小金属物。由于机内进入异物而造成更大故障的事例，屡见不鲜。

对于未曾接触过的机型，动手检查前一定要阅读随机资料，尽管多数复印机的结构大同小异，但机型不同，必然有其特殊性。对于拆卸量较大的维修，如无详细资料，动手拆卸前最好先画一张局部装配草图，或在零部件上做一个简单标志，以防误装。要成为一个优秀的维修人员，关键在于对故障的诊断能力，要具备这种能力，必须有一定的理论和经验，勤奋学习，大胆细致地实践，才会事半功倍。

（6）输送带打滑　这是由于机内长时间处于高温状态，致使输送带变长。卸下硒鼓组件、显影器和转印电极架，用镊子取下输送带的从动轴卡簧，使输送带处于松弛状态，双手伸入机内，小心地把每根输送带翻一个面，或卸下输纸部件，将输送带翻面，便能正常使用。

（7）清洁辊被墨粉污染　卸下清洁辊，将其浸入去污力强的洗衣粉水中，用手轻轻揉洗毛毡，洗去上面的墨粉，反复漂洗干净，放入洗衣机内脱水，烘干（或晾干），涂上硅油，又可当一支半新的清洁辊使用。

（8）复印品上出现一条与扫描同向的细黑线　检查复印机的硒鼓、电晕丝和定影部分，无异常。再检查清洁刮板，这时发现清洁刮板的刃口上有一细小伤痕。这一伤痕造成清洁刮板不能清除经转印后感光鼓上的残余色粉。处理方法为取出清洁器，拆下清洁刮板，将它翻转 180° 后继续使用。如果 4 个刃口都有伤痕，则应更换新刮板。另外，清洁刮板与硒鼓接近的边缘卡有纸屑时，在复印品上也会产生细黑线，只要取出纸屑，故障即可排除。

5.3 打印服务器的配置及打印机驱动程序安装

5.3.1 服务器配置

如果想为网络中的计算机提供共享打印服务，首先需要将打印机设置为共享打印机。以在 Windows Server 2003（SP1）安装设置打印服务器为例，操作步骤如下所述。

1）在“开始”菜单中依次单击“管理工具”→“配置您的服务器向导”，打开“配置您的服务器向导”对话框。在“欢迎”界面和“预备步骤”界面中直接单击“下一步”按钮，系统开始检测网络配置。如未发现问题则打开“服务器角色”对话框，在“服务器角色”列表中选择“打印服务器”选项，并单击“下一步”按钮，如图 5-31 所示。

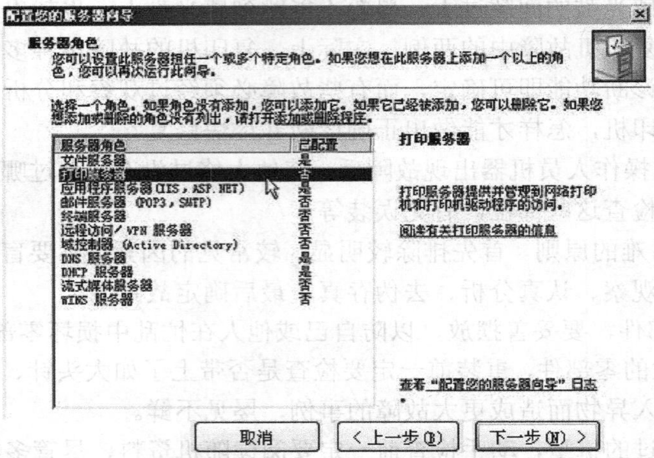

图 5-31 选择“打印服务器”选项

打开“打印机和打印机驱动程序”界面，在该对话框中可以根据局域网的客户端计算机所使用 Windows 系统版本来选择要安装的打印机驱动程序。建议选中“所有 Windows 客户端”单选按钮，并单击“下一步”按钮，如图 5-32 所示。

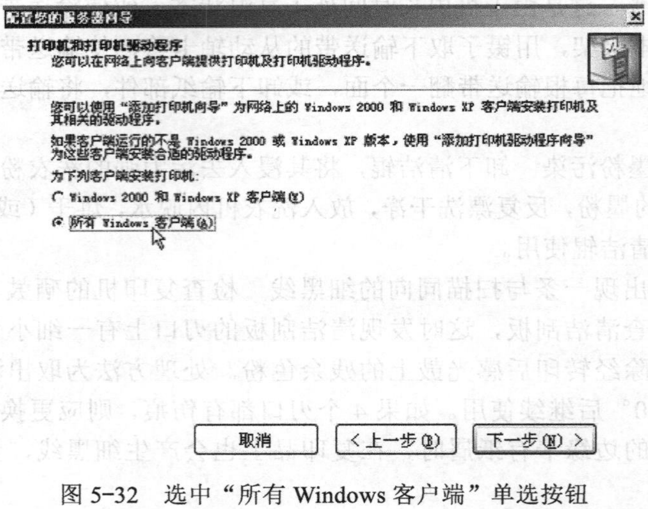

图 5-32 选中“所有 Windows 客户端”单选按钮

2）在打开的“选择总结”对话框中直接单击“下一步”按钮，打开“添加打印机向导”对话框。在欢迎对话框中单击“下一步”按钮，打开“本地或网络打印机”对话框。在这里可以选择打印机的连接方式，选中“连接到此计算机的本地打印机”单选按钮，并取消勾选“自动检测并安装即用打印机”复选框。单击“下一步”按钮，如图 5-33 所示。

提示：如果与计算机连接的打印机不属于即插即用设置，则建议取消勾选“自动检测并安装即插即用打印机”复选框。

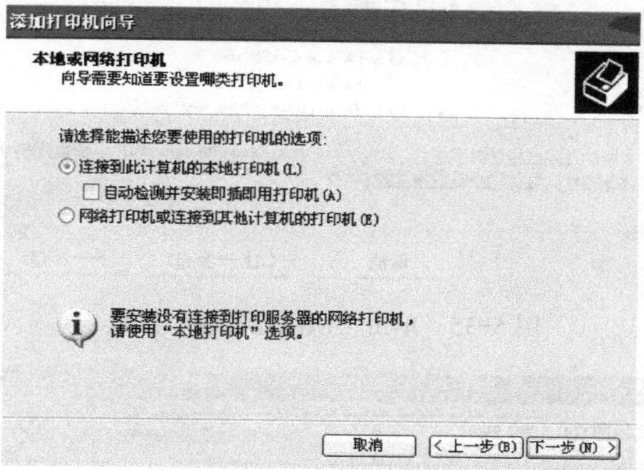

图 5-33　“添加打印机向导”对话框

3）打开“选择打印机端口”界面，此处需要设置打印机的端口类型。目前办公使用的打印机主要为 LPT（并口）或 USB 端口，其中以 LPT 端口居多。本例所使用的打印机为 LPT 端口，选中“使用以下端口”单选按钮，并在下拉列表中选择“LPT（推荐的打印机端口）”选项，单击“下一步”按钮，如图 5-34 所示。

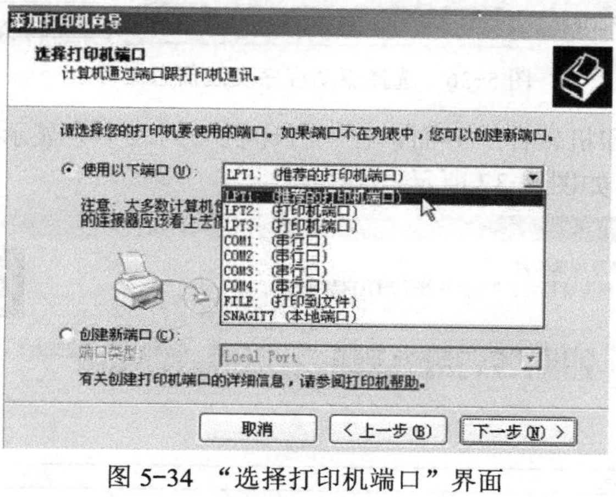

图 5-34　“选择打印机端口”界面

提示：如果打印机为 USB 端口（或者是网卡接口），则应该选中“创建新端口”单选按钮，并根据需要创建合适的端口。

4）打开“安装打印机软件”界面，在“厂商”和“打印机”列表中选择合适的打印机型号。如果列表中没有合适的打印机型号，则可以单击“从磁盘安装”按钮，如图 5-35 所示。

5）在弹出的“从磁盘安装”对话框中单击“浏览”按钮，打开“查找文件”对话框。在本地硬盘中找到该打印机在 Windows 2000/XP 系统中的安装驱动程序，并依次单击“打开”“确定”按钮，如图 5-36 所示。

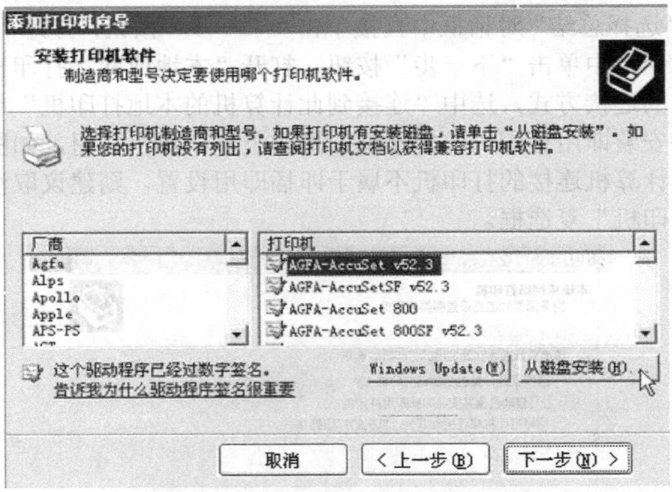

图 5-35　单击“从磁盘安装”按钮

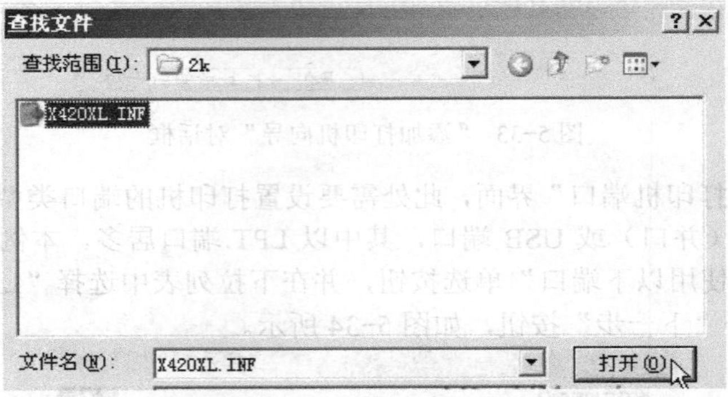

图 5-36　选择驱动程序安装信息文件

6）打开“安装打印机软件”界面，在“打印机”列表中会显示要安装的打印机名称，单击“下一步”按钮，如图 5-37 所示。

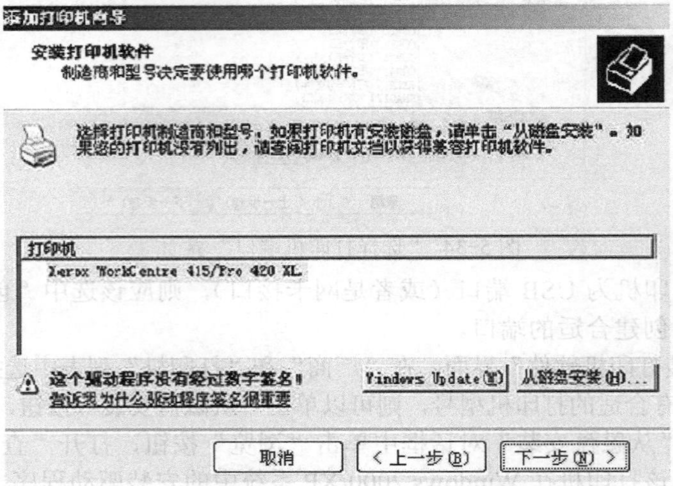

图 5-37　“安装打印机软件”界面

7）在打开的“命名打印机”界面中，用户可以为要安装的打印机设置一个名称。系统默认将打印机的完整名称作为打印机名，保持默认设置，并单击“下一步”按钮，如图 5-38 所示。

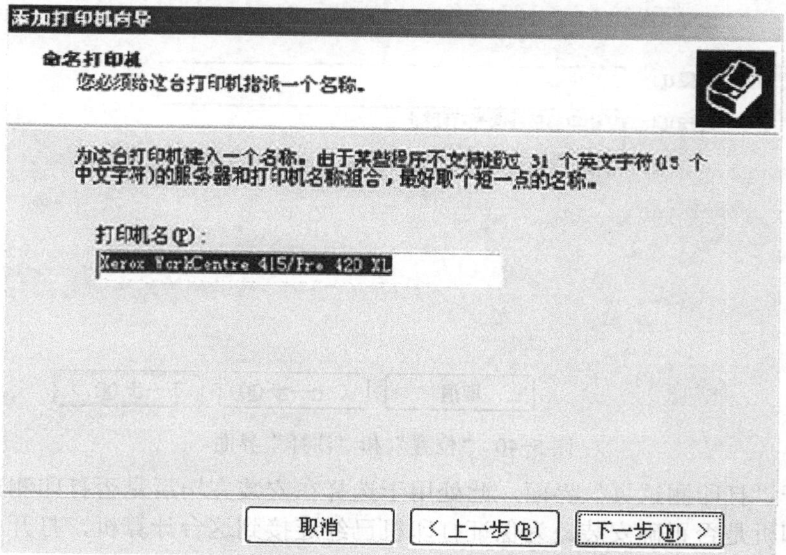

图 5-38 “命名打印机”界面

8）打开“打印机共享”界面，选中“共享名”单选按钮，并在其右侧的文本框中输入这台打印机在网上的共享名称。设置完毕后单击“下一步”按钮，如图 5-39 所示。

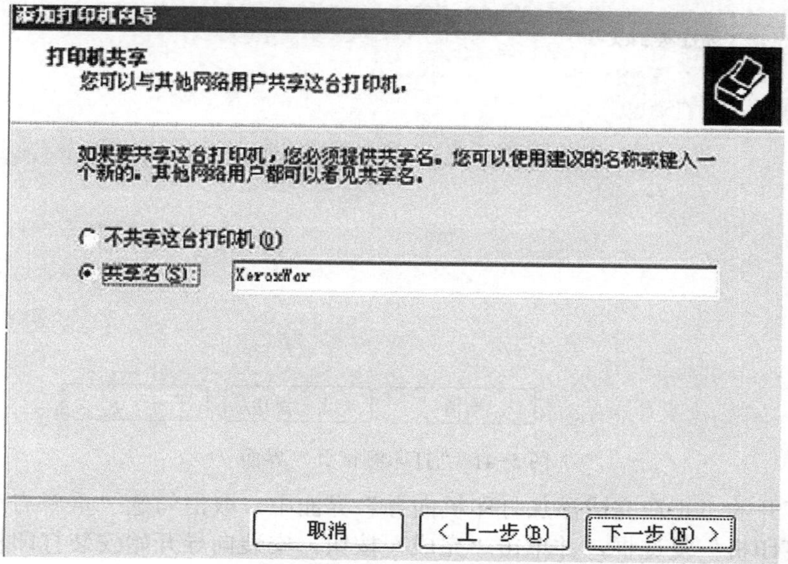

图 5-39 选中“共享名”单选按钮

9）在打开的“位置和注释”界面中用于输入对共享打印机的说明性文字，这对用户使用和管理共享打印机很有帮助。分别在“位置”和“注释”文本框中输入合适的文字信息，并单击“下一步”按钮，如图 5-40 所示。

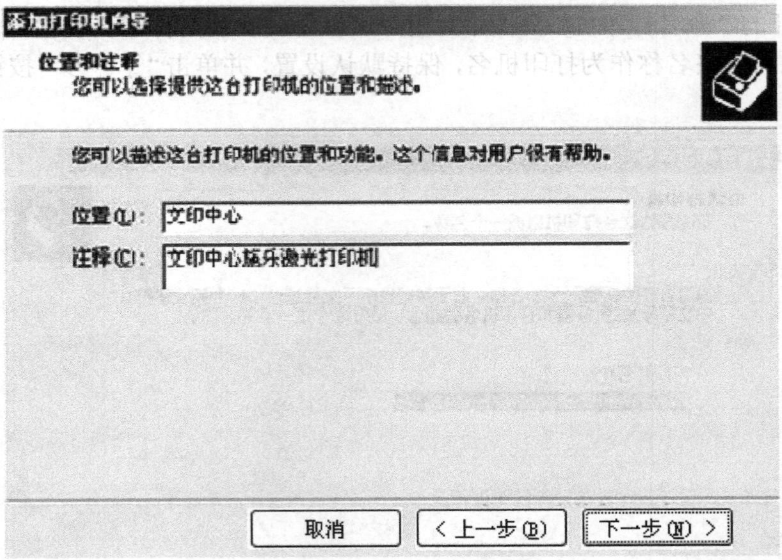

图 5-40 “位置”和“注释”界面

10）打开“打印测试页”界面，此处用于选择在安装完毕后是否打印测试页，以帮助用户确认打印机是否正确安装。为保证打印机已经连接到这台计算机，打开打印机电源并放好纸张，然后选中“是”单选按钮，并单击“下一步”按钮，如图 5-41 所示。

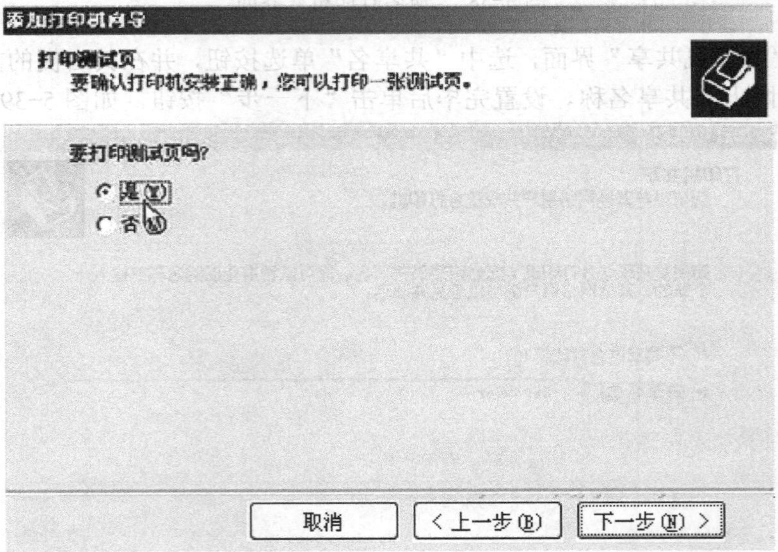

图 5-41 “打印测试页”界面

11）在打开的“正在完成添加打印机向导”界面中，取消勾选“重新启动向导，以便添加另一台打印机”复选框，并单击“完成”按钮。安装向导开始安装打印机驱动程序，完成安装后会自动打印测试页。如果打印机能成功打印测试页，说明打印机已经成功安装，并在打开的“测试页打印”对话框中单击“正确”按钮。

提示：在安装打印机驱动程序的过程中可能会出现软件未通过 Windows 徽标测试的“硬件安装”对话框，一般情况下单击“下一步”按钮即可，如图 5-42 所示。

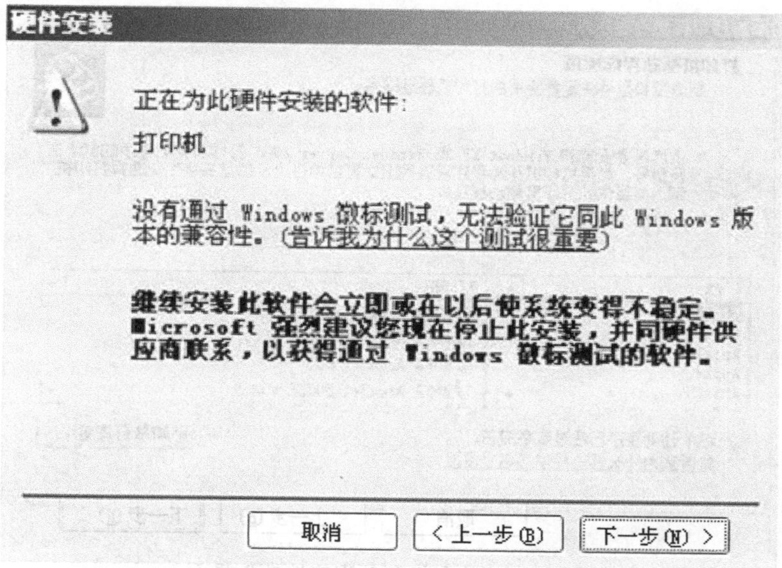

图 5-42 “硬件安装”对话框

12）因为在“打印机和打印机驱动程序”界面中选中了“所有 Windows 客户端”单选按钮，因此会弹出“添加打印机驱动程序向导”对话框，要求继续安装其他 Windows 版本的驱动程序。在“欢迎”对话框中直接单击“下一步”按钮。

13）在打开的“处理器和操作系统选择”界面中，勾选所有的 x86 处理器复选框，并单击“下一步”按钮，如图 5-43 所示。

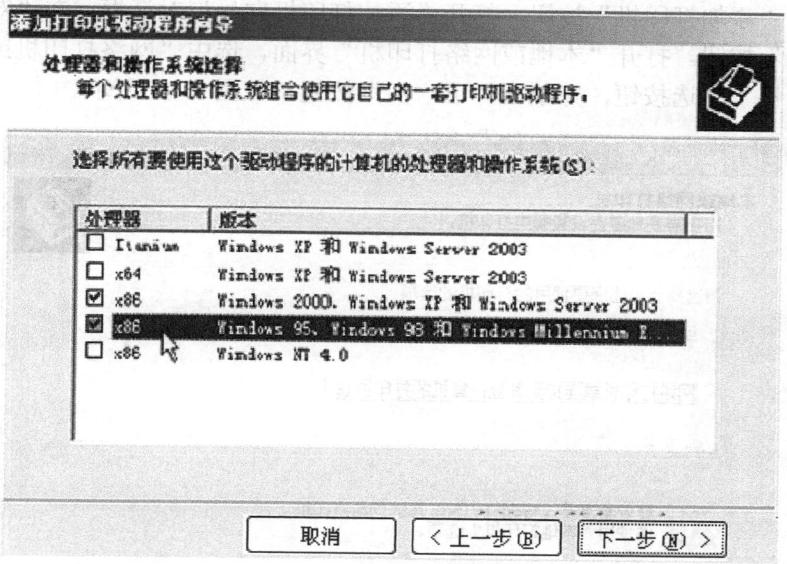

图 5-43 “处理器和操作系统选择”界面

14）打开“打印机驱动程序选项”界面，单击“从磁盘安装”按钮。在本地硬盘中选择该打印机在 Windows 9x 系统和 Windows NT 系统中的驱动程序，按照提示进行安装即可，如图 5-44 所示。完成安装后单击“完成”按钮关闭“配置您的服务器向导”对话框。

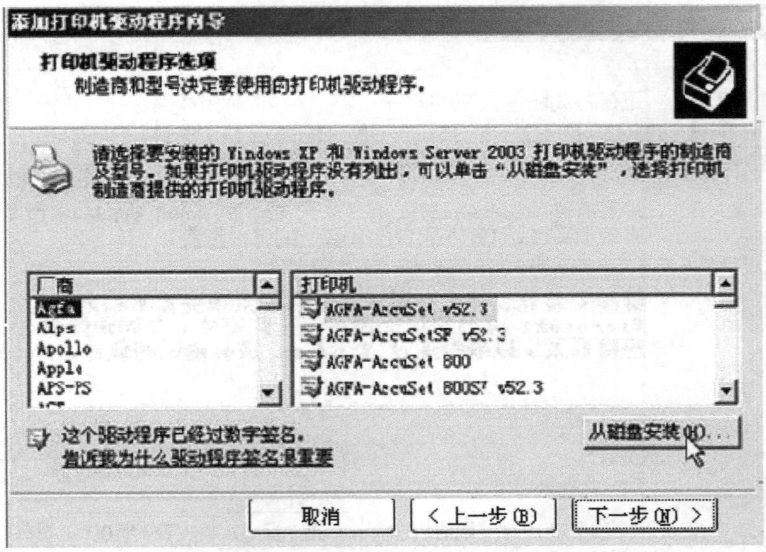

图 5-44 “打印机驱动程序选项”界面

5.3.2 客户端安装打印机驱动程序

完成打印服务器的安装设置以后，还需要在局域网的客户端计算机中安装共享打印机的驱动程序。以运行 Windows XP（SP2）系统的客户端计算机为例，操作步骤如下所述。

1）在“开始”菜单中单击“打印机和传真”选项，打开“打印机和传真”窗口。在任务列表中单击“添加打印机”按钮，打开“添加打印机向导”对话框，在“欢迎”界面中单击“下一步”按钮。打开“本地或网络打印机”界面，选中“网络打印机或连接到其他计算机的打印机”单选按钮，并单击“下一步”按钮，如图 5-45 所示。

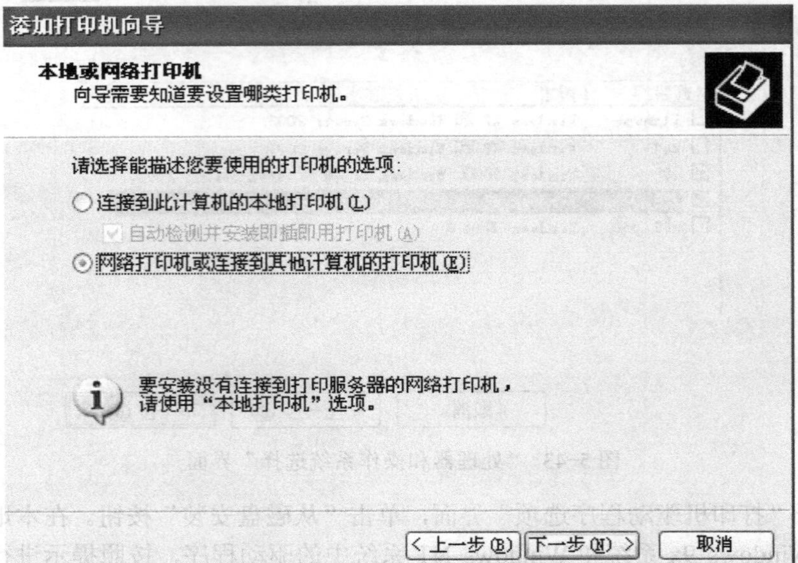

图 5-45 “添加打印机向导”对话框

2）打开“指定打印机”界面，选中“连接到这台打印机”单选按钮，并在“名称”文本框中输入共享打印机的 UNC 路径和共享名。单击“下一步”按钮，如图 5-46 所示。

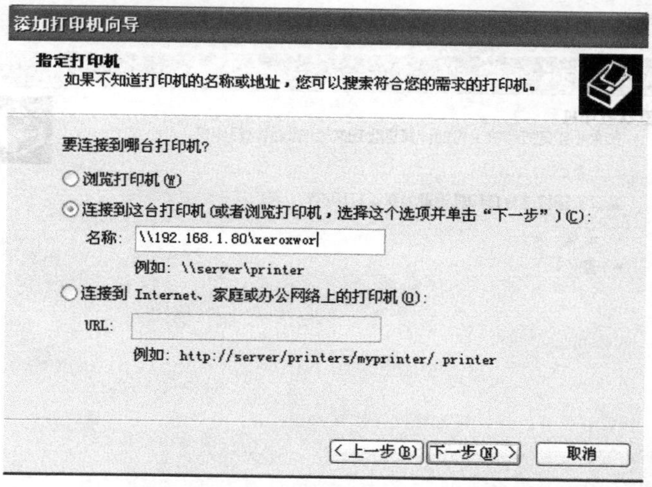

图 5-46　输入共享打印机 UNC 路径

提示：如果服务器端或客户端开启了防火墙，需要将防火墙暂时关闭或配置防火墙规则。

3）在弹出的“连接到”对话框中，分别在“用户名”下拉列表框和“密码”文本框中分别输入在打印服务器中设置的具有打印权限的用户名和密码，并单击“确定”按钮，如图 5-47 所示。

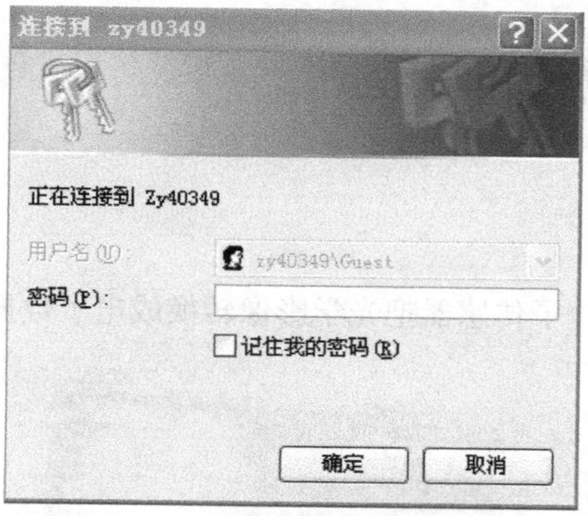

图 5-47　输入用户名和密码

4）通过用户身份验证后弹出“连接到打印机”对话框，提示用户将安装来自服务器上的打印机驱动程序，单击“是”按钮确认安装，如图 5-48 所示。

图 5-48　“连接到打印机”对话框

5）系统开始安装共享打印机驱动程序，在打开的“默认打印机”界面中选中“是”单选按钮，将该共享打印机设置为默认打印机。然后依次单击“下一步”和“完成”按钮完成共享打印机驱动程序的安装过程，如图 5-49 所示。

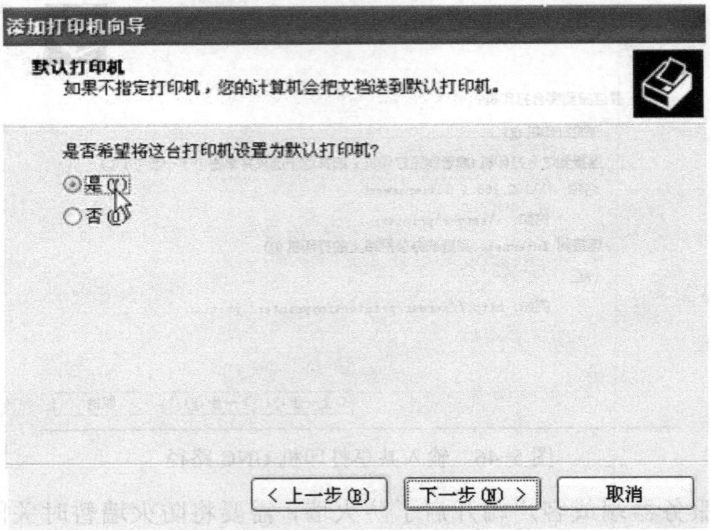

图 5-49 “默认打印机”界面

在客户端计算机中成功安装共享打印机的驱动程序以后，用户即可在客户端计算机中将打印作业直接提交给共享打印机进行打印。

5.4 办公数码设备的使用与维护

5.4.1 数字照相机

数字照相机是一种利用电子传感器把光学影像转换成电子数据的照相机，如图 5-50 所示。

图 5-50 数字照相机

1. 使用数字照相机

数字照相机的构造和普通相机基本上是一样的，只是大部分数字照相机在装有普通光学取景器的同时，还配置了一个高清晰度的液晶彩色显示屏，以方便用户使用。数字照相机的主要结构和使用中的情况如图 5-51～图 5-55 所示。

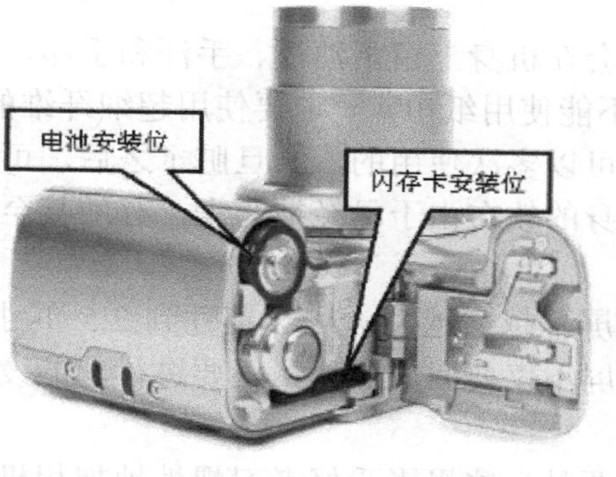

图 5-51　电池及存储卡安装位

图 5-52　模式转盘

图 5-53　快门及对焦环

图 5-54　对焦显示画面

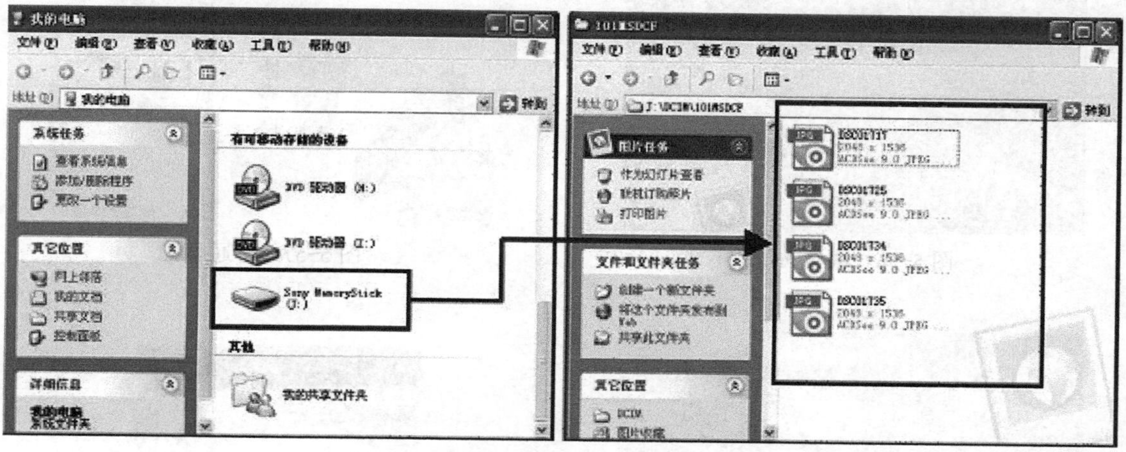

图 5-55　数字照相机与计算机进行连接

2. 数字照相机的保养及常见故障维修

数字照相机属于精密设备，正确的维护方法和保养措施，对于充分发挥它的性能、最大限度地发挥它的优势，都是必不可少的。而且数字照相机有着特殊结构与性能，因此在保养与维护过程中有许多新的要求。

数字照相机的保养维护方法有很多，但最重要的是好的摄影习惯。当拍照完毕后，要及时将相机装进“原配”的相机包；暂时不拍照时要盖好镜头盖，并且注意清洗镜头盖上的灰尘；装包时，要用吹气球吹下镜头；在潮湿多尘的环境下，要将相机装进塑料袋里。下面详细介绍一下保养维护方法。

（1）机身的保养　由于长时间握机，难免会在机身上留下油渍、手汗和手印，有碍美观，所以对机身表面进行清洁非常重要。千万不能使用纸巾，一定要使用超细纤维的软布。例如低成本的眼镜布（见图 5-56），它们都是可以多次使用的，一旦脏了之后，可以用水洗。不过在这里需要提醒大家的是，擦拭过机身的软布由于已经被污染，有的甚至沾染上油渍，所以千万不能擦拭镜头。

（2）液晶屏幕的保养　如今数字照相机的屏幕越来越大，从 2 英寸到 2.5 英寸、3 英寸的卡片机比比皆是。由于数字照相机的显示屏不仅要回放照片，还要进行功能设置和取景，因此重要性不言而喻，需要特别保护。

一方面，要避免显示屏被硬物刮伤。这主要是一些摄影爱好者习惯性地把相机直接放在包里，相机的屏幕与钥匙、手机等硬物产生摩擦所造成的，虽说很多机型的液晶屏幕上面都有一块有机玻璃保护，但划痕产生之后，总是觉得看得不舒服。由于后期无法将划痕除去，所以保护工作就需要前期来做。建议在购机的时候，购买一张相同尺寸的保护贴膜，如图 5-57 和图 5-58 所示。

另一方面，要清除表面油渍和灰尘。这多半出现在数字单反照相机上，由于不能使用液晶屏取景，所以脸部在取景的时候很容易碰到屏幕表面，从而遗留下油渍。对于这种情况，不建议经常擦拭，因为擦多了容易把屏幕刮花。屏幕表面如果有灰尘的话，最好先用气吹处理。气吹如图 5-59 所示。

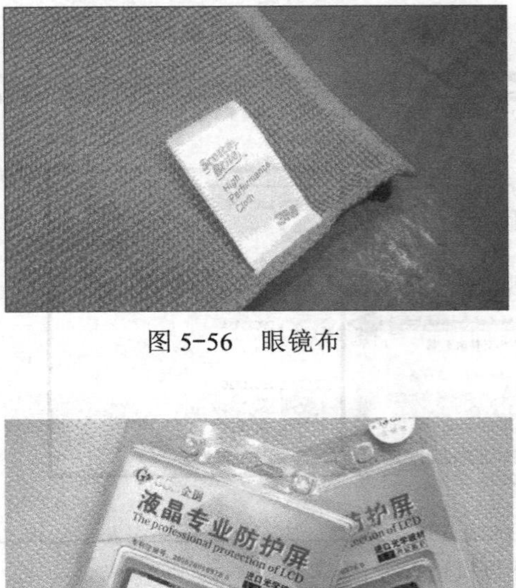

图 5-56　眼镜布

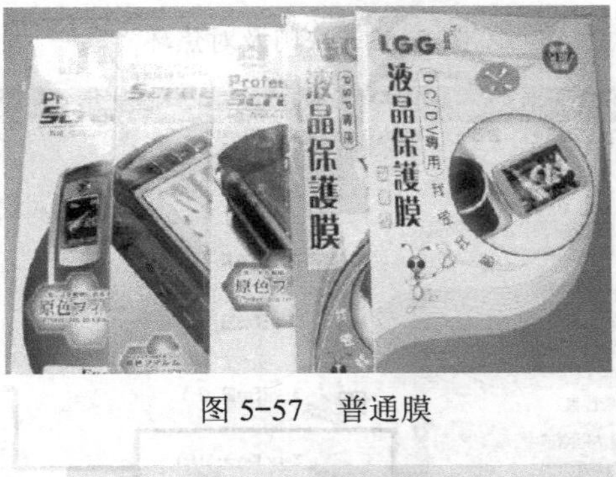

图 5-57　普通膜

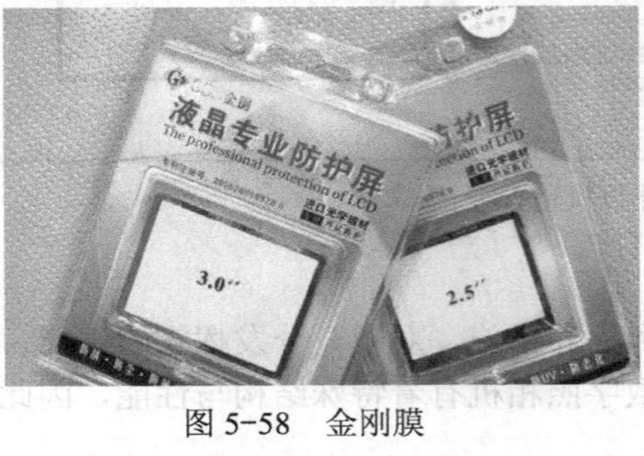

图 5-58　金刚膜

图 5-59　气吹

（3）镜头的保养　作为整个相机中最精密的部件之一，日常镜头的保养和输出高画质的照片之间有直接的联系，尤其是单反相机的镜头。通常在相机额镜头上会安装 UV 镜（Ultra

Violet，紫外线滤光镜），如图 5-60 所示。UV 镜能防止镜头沾上油渍和指纹，如图 5-61 所示。下面介绍镜头清洁的工具，及它们的用途。

图 5-60　UV 镜

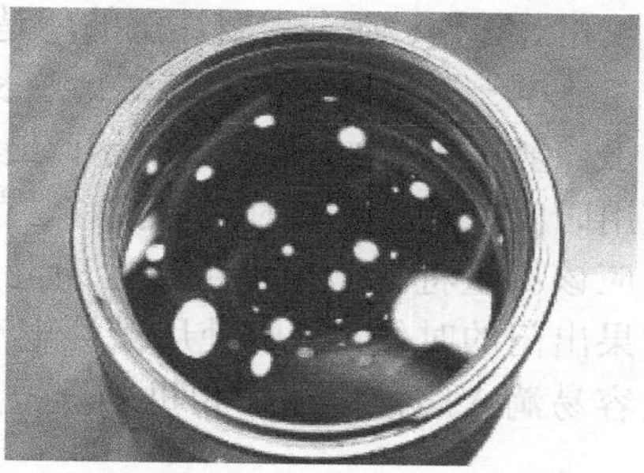

图 5-61　镜头沾上油渍或指纹

首先，数字照相机擦拭镜头最受欢迎的工具还是 3M 魔布，如图 5-62 所示。它采用进口超细纤维原料制成，去污力强，而且不伤表面。

其次，使用镜头笔处理污渍，如图 5-63 所示。镜头笔的工作原理是利用碳粉的研磨效果进行清洁，由于碳粉的硬度远远低于镜头镀膜，所以不会对镜头造成伤害，是目前最好用的镜头清洁工具。它的另外一头是毛刷。

图 5-62　3M 魔布

图 5-63　镜头笔

最后，清洁镜头最重要的工具还有气吹。它也是清洁镜头的第一道工序，是使用频率最高的工具。

日常镜头的保养，并不等于要天天擦镜头，镜头表面极小面积的灰尘、水渍，对于成像其实并无太大影响。对于口径比较小的数字照相机镜头，用气吹吹掉镜头表面的灰尘就可以，如果遇到吹不掉的大面积污渍，可以用镜头布轻轻擦拭（先吹后擦，顺序不能错，步骤也不能少）。如果是单反镜头，用镜头笔擦拭的效果更好，通常由镜头中间向外围、以螺旋绕圈的方式擦拭。这里有一点要提醒的就是，镜头笔是专门为光学镜头而设计的，不能用于湿的表面，尤其不能蘸水，否则会掉色。

（4）电池的保养　大部分摄影爱好者每次用完相机之后都习惯性地将相机放在摄影包或者柜子里面，电池并不拿出来单独保存，这种做法听起来似乎没有问题，但不利于电池的保护。

通常如果 15 天以上不使用相机的话，最好把电池从相机里面取出单独存放，保存的环境最好是干燥和阴凉的地方，而且不要将电池与金属物品存放在一起。

根据调查，目前在市面上可以买到的数字照相机大部分都使用锂电池，如图 5-64 所示。它的存放相对方便。唯一需要注意的就是长期不使用的话，最好每隔两个月，激活一次电池，也就是充放电一次，这样能够有效地延长电池寿命。

至于镍氢电池，如图 5-65 所示，最讨厌的就是记忆效应。这种效应会降低电池的总容量和使用时间，而且随着时间的推移，存储电荷会越来越少，电池也就会消耗得越来越快。因此，应该尽量将电力全部用完再充电，每次充电一定要充到最满才能断电。

如果出门的时候，临时使用碱性电池，一定要记得及时取出，否则一旦长时间不使用，电池很容易淌水腐蚀电路，相机难逃报废的命运。

图 5-64 锂电池

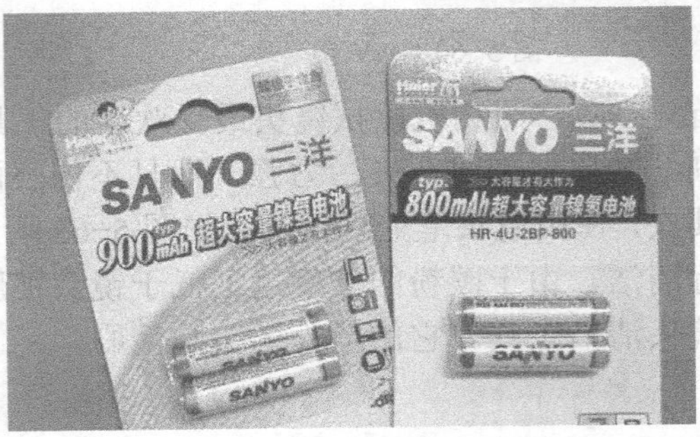

图 5-65 镍氢电池

（5）摄影器材的保存　北方天气风沙大，南方过于潮湿，如果将相机长时间放在相机包中，或者裸露地放在桌子上，久而久之对于相机的性能都会有影响，那么怎样才能为相机创造一个良好的保存环境呢？

1）干燥剂和保鲜盒，如图 5-66 所示。对于一般的数字照相机，用密封性比较好的餐盒来保存即可，到了梅雨季节可以买一小包干燥剂放在里面，起到除湿的作用（如果去海边或者空气相对潮湿的地方，回来之后最好也对相机进行除湿处理）。

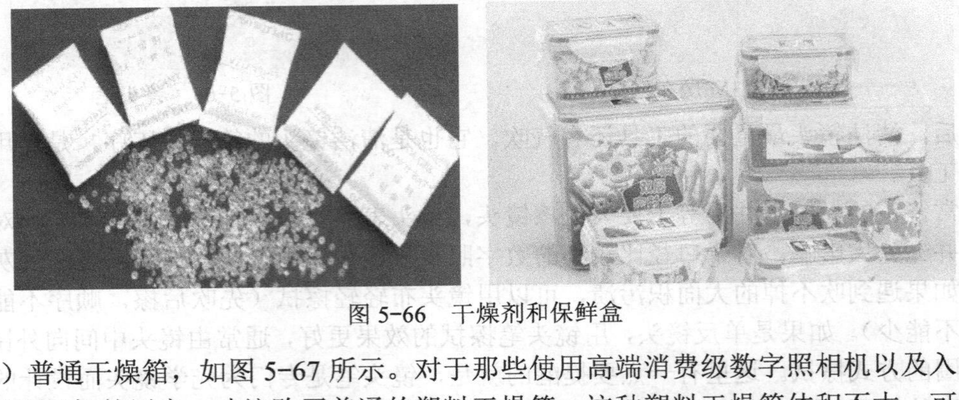

图 5-66 干燥剂和保鲜盒

2）普通干燥箱，如图 5-67 所示。对于那些使用高端消费级数字照相机以及入门级数字单反照相机的用户，建议购买普通的塑料干燥箱。这种塑料干燥箱体积不大，可以保存一机三头，密封性不错，而且售价较高的干燥箱通常还会配有湿度表。至于干燥问题，可以用变色硅胶来解决。它的外观为蓝色颗粒，吸湿后颜色由蓝色变为红色，一般摄影器材市场和化学商店都有销售，一大盒可以用半年。

3）电子干燥箱，如图 5-68 所示。国际相机工业协会指出，温度在 10℃以上或湿度

60%RH 以上，霉菌便会滋生，所以对于使用高端器材，特别是拥有高端镜头的发烧友来说，购买更加精密的电子干燥箱非常有必要。这类干燥箱分为低温电子防潮箱和常温电子防潮箱。常温电子干燥箱采用了抽吸式电子自动防潮系统，采用常温抽吸式除湿，具有除湿效率不受环境气温影响的特点，是目前市场上电子干燥箱的主流产品。

图 5-67　普通干燥箱

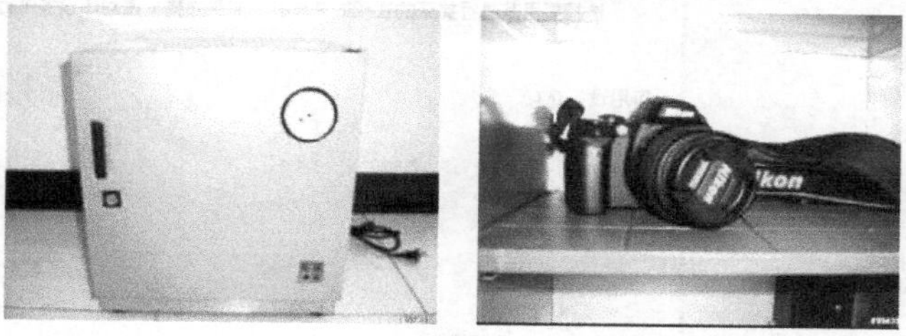

图 5-68　电子干燥箱

5.4.2　数码摄像头

数码摄像头是一种数字视频的输入设备，利用光电技术采集影像，如图 5-69 所示。其通过内部的电路把这些代表像素的“点电流”转换成为能够被计算机所处理的数字信号的 0 和 1。

图 5-69　数码摄像头

1. 使用数码摄像头

1）拍照是摄像头的基本功能，Windows XP 系统可以直接控制摄像头进行拍照，如图 5-70 所示。

图 5-70　Windows XP 系统中使用摄像头拍照

2）录制录像。使用 Windows XP 系统自带的 Movie Maker 软件，就可以完成摄像头的摄像操作，如图 5-71 所示。

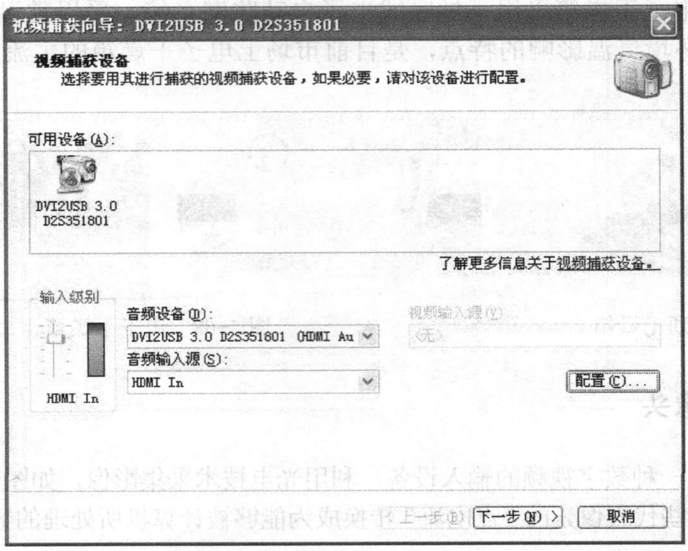

图 5-71 选择视频捕获设备

3）摄像头做监控设备。使用摄像头作为监控设备现在应用很广泛，只需要装一款 SupervisionCam 软件就可以实现监控功能，如图 5-72 所示。

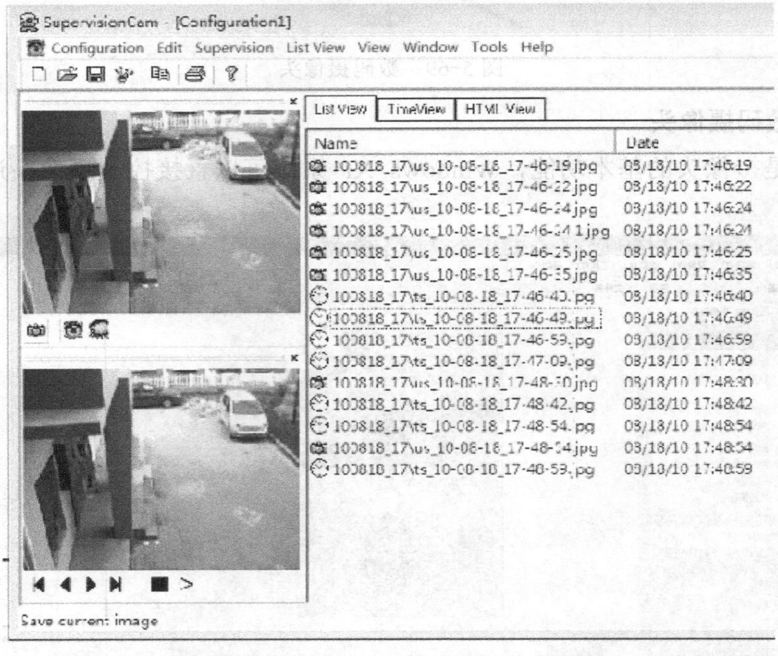

图 5-72 使用软件让摄像头变为监控器

2．数码摄像头保养

1）不要将摄像头直接对准阳光，以免损坏摄像头的图像感应器件。

2）避免摄像头和油、蒸汽、水汽、灰尘等接触。

3）不要使用普通的清洁剂或有机溶剂擦拭摄像头。

4）不要用手指触摸镜头，如果镜头需要清洁，可以用软刷和吹气球清除灰尘，再用镜头纸擦拭。

5）不要拉扯或扭转连接线，这样可能会对摄像头造成损伤。

6）长期不使用摄像头时，最好盖上镜头盖，或用布将摄像头罩起来。

习题与思考题

一、填空题

1．所谓______就是安装操作系统的那一个分区，一般就是指 C 盘。

2．在开启密码策略中注意应用密码策略，如启用密码复杂性要求，设置密码长度最小值为______位，设置强制密码历史为______次，时间为______天。

3．创建两个管理员账号：创建一个______用户用来处理一些日常事务，另一个______的用户只在需要的时候使用。

4．使用移动硬盘和 U 盘等移动存储设备前，一定注意先用______的杀毒软件确认无毒后再使用，并且注意不要______打开，使用______然后选择打开。

5．打印机分为针式打印机、______和______。

6．______直接决定了产品打印的效果和打印的速度。

7．应用最广泛的打印机是______。

8．激光打印机的原理是______发出的激光束经由字符点阵信息控制的声光偏转器调制后，进入______，通过______对旋转的感光鼓进行横向扫描，于是在______上的光导薄膜层上形成字符或图像的______，再经过显影、转印和定影，便在纸上得到所需的字符或图像。

9．正确的开关打印机顺序：应该是先开______，再开______。关机时应当先关______，再关______。每次开机、关机、再开机之间要有______秒以上的时间间隔，注意每次结束时要挨个关掉设备电源，不要直接关总闸。

10．打印机在工作时，最好不要把______打开，______在左右移动的过程中，会吸入更多的灰尘，关闭______也有利于减少打印机噪声对操作人员的影响。

11．如果需要复印书籍等需要装订的文件，选用具有“______”（Split Scan Feature）性能的复印机。这样可以消除由于装订不平整而产生的复印阴影。

12．由于不同型号的复印机，其分离方式不同，要区别对待。目前，国内流行的几种机型，其分离方式大致有三种：______、______、______。

13．复印品上出现一条与扫描同向的细黑线时，应该先检查复印机的______、______和______部分。

14．数字照相机是一种利用电子传感器把______转换成______的照相机。

15．数字照相机的屏幕表面如果有灰尘的话，最好先用______处理。

16．数字照相机擦拭镜头最受欢迎的工具是______。它采用进口超细纤维原料制成，去污力强，而且不伤表面。

17．目前最好用的镜头清洁工具是______，它的另外一头是毛刷。

18. 通常如果______以上不使用相机的话，最好把电池从相机里面取出单独存放，保存的环境最好是干燥和阴凉的地方，而且不要将电池与______存放在一起。

19. 数码摄像头是一种数字视频的输入设备，利用______采集影像，通过内部的电路把这些代表像素的“______”转换成为能够被计算机所处理的数字信号的______和______。

二、问答题

1. 在日常使用过程中，办公计算机要遵循哪些原则，注意日常清洁与维护？
2. 如何安全使用移动硬盘和U盘等移动存储设备？
3. 喷墨打印机的工作原理是什么？
4. 打印机卡纸时该如何处理？
5. 打印机的常见故障大体上分为哪几大类？
6. 如果出现哪些情况，需要立即关掉电源，并请维修人员？
7. 面对一台有故障的复印机，怎样才能做出正确诊断并尽快修复？
8. 清洁辊被墨粉污染的应急处理该如何操作？
9. 液晶屏幕会受到哪两方面的损害？
10. 镜头的保养可以用到哪些工具，它们分别有什么用途？
11. 摄影器材该如何保存？

三、操作题

1. 在用户账户设置中，实现禁用Guest账号。
2. 在用户账户密码设置中分别设置好屏幕保护密码和开机密码。
3. 从网上下载爱普生LQ-690K针式打印机的安装驱动，在计算机上实现打印机的安装。
4. 选择一台安装好了打印机的计算机进行打印服务器的配置，完成设置以后，另外选择在同一个局域网中的另一台计算机进行客户端的共享打印机的安装。

第6章 网络与办公自动化

在现代信息社会中，计算机已成为信息处理的主要工具。计算机网络的发展加快了全球信息化的步伐，计算机网络在办公自动化中的应用，使办公自动化发生了本质的变化。

互联网（Internet）的应用使办公自动化从一个单位的办公室延伸到全社会，硕大的地球因此成为信息网络意义上的地球村。掌握并熟练使用互联网是进入信息社会的通行证，网络可以给用户带来很大的方便，如在局域网中可以共享资源，使用 Internet 可以下载办公资源、发送与接收电子邮件、与客户进行网上即时聊天等。本章将详细介绍使用网络让办公操作变得更为快捷的方法。

6.1 Internet 基础

互联网是全球性的广域网，从结构角度来看，互联网是一个用路由器将分布在世界各地的计算机网络连接起来的超大型广域网，使各种网络连成一个整体。接入互联网的每一台计算机，都按照全球统一的规则命名，按照全球统一的协议来进行计算机之间的通信，每一台计算机都以平等的身份在互联网上访问数据，既可以是信息资源及服务的使用者，也可以是信息资源及服务的提供者，任何用户都不用担心谁控制谁的问题。

6.1.1 互联网的基本概念

互联网通信协议是 TCP/IP（Transmission Control Protocol / Internet Protocol，传输控制协议/互联网协议），由此产生的基本概念包括 IP 地址、域名、端口和 URL（Uniform Resource Locator，统一资源定位符）等。

（1）IP 地址　IP 地址用来唯一确定互联网上每台计算机的位置，在 TCP/IP 中，规定分配给每台主机一个 32 位二进制数字作为该主机的 IP 地址。互联网上发送的每个数据包都包含了 32 位的发送方地址和 32 位的接收方地址，网络中的路由器正是根据接收方的 IP 地址来进行路径选择的。在 Internet 中，一台主机至少有一个 IP 地址，而且这个 IP 地址是唯一的，如果一台主机有两个或多个 IP 地址，则该主机属于两个或多个逻辑网络。

为了使用方便，IP 地址的 32 位二进制数，采用点分十进制表示法来表示，即把 32 位从左到右分为 4 组，每组 8 位表示为一个十进制数，最小为 0，最大为 255，各组数间用圆点连接。这样，IP 地址的范围可表示为 0.0.0.0～255.255.255.255。例如 192.168.1.1 是一个有效的 IP 地址，而 192.168.1.300 则是一个无效的 IP 地址。

（2）域名　IP 地址的数字形式难以记忆，因此，人们采用一种更容易记忆的文字名称方式来表示 IP 地址，这种文字名称就叫作域名。

为了避免重复，采用由几部分（称为子域名）组合而成的字符串形式，其结构为“计算机名.组织机构名.网络名.最高层域名”，每一部分都有特定的含义。例如，英文字符串 www.gddx.gov.cn 就是广东行政学院的 Web 服务器域名，从右到左各子域名的含义是：最高层域名 cn 代表中国，子域名 gov 代表政府机构，子域名 gddx 代表广东行政学院，子域名 www 代表广东行政学院的 Web 服务器，对应的 IP 地址是 61.144.45.99。常见的组织域名有 com 代表商业系统，edu 代表教育系统，gov 代表政府机构。

（3）端口　TCP 应用中需要一个与某特定服务相互通信的方法，为此使用了端口号。一个 TCP 服务必须有一个端口号，且一个端口号在同一时刻只分给一个服务。TCP 端口不是物理设备（如串行端口），而是一个逻辑设备，只是在操作系统内部有意义。端口号采用十进制数，范围为 0～65535，其中 0～1024 为公共服务的端口号，如 FTP 服务的端口号是 21、Telnet 是 23、SMTP 是 25、HTTP 是 80、POP3 是 110、Newsgroup 是 119 等。

（4）URL　统一资源定位器是用于完整描述互联网上网页和其他资源地址的一种标识方法。它的格式为

协议名://域名:端口号/路径/文件名

其中若某种服务采用的端口号是默认端口号，则 URL 中可省略该端口号。例如，对于 WWW 服务，http://www.gddx.gov.cn/index.htm 代表位于域名 www.gddx.gov.cn 上的主页文件 index.htm，采用 HTTP 的默认端口号 80 进行传输。

6.1.2　互联网的应用

Internet 提供的服务主要是以下五类：WWW 服务、FTP 服务、电子邮件、远程登录和新闻组等。

（1）WWW 服务　WWW（World Wide Web，万维网）是一种基于超链接的超文本服务系统。它提供了最基本的网站服务，采用的协议是超文本传输协议（Hypertext Transfer Protocol，HTTP）。

（2）FTP 服务　FTP 服务的功能是向登录用户提供文件传输服务，采用的协议是文件传输协议（File Transfer Protocol，FTP）。登录用户可以是有合法账号的用户，也可以是匿名用户。

（3）电子邮件　电子邮件也叫作 E-mail，是指通过互联网传递的一种文本信息。传递邮件需要用到简单邮件传输协议（Simple Mail Transfer Protocol，SMTP），接收并存储邮件需要用到邮局协议第 3 版（Post Office Protocol 3，POP3）。

（4）远程登录　远程登录（Telnet）就是用户的计算机通过互联网络进入远端的计算机系统，可以实时控制和使用远端计算机对外开放的全部资源。

（5）新闻组　新闻组（Newsgroup）是一个在 Internet 上提供给网络用户彼此交换或是讨论某一共同话题的系统。用户可以根据自己的爱好从中选出感兴趣的讨论小组，并加入到讨论中。当用户预订了某个新闻组后，可以收到组内任何成员发布的消息，也可以将用户对某个主题的见解通过新闻邮件在很短的时间内传给广大的网络用户。

6.1.3　互联网的基本操作

个人计算机使用互联网前需要完成两项准备工作：一是连入互联网，二是设置 IP 地址及其相关参数。连入互联网可通过本地局域网，也可通过拨号方式（包括普通拨号和 ADSL）。

1. 连接互联网

在上网之前，用户必须建立 Internet 连接，将自己的计算机与 Internet 连接起来，否则无法获取网络上的信息。目前，我国个人用户上网接入方式主要有电话拨号、ADSL（Asymmetric Digital Subscriber Line，非对称数字用户线路）宽带上网、小区宽带上网、专线上网和无线上网等，本节主要介绍如何使用 ADSL 宽带上网。

（1）安装 ADSL Modem　用户首先要到当地电信局办理 ADSL 业务。填表、交费后会有专业人员在规定的时间内上门为用户调试好网络连接。ADSL 的硬件安装非常简单，只需将电信部门提供的电话线接入调制解调器（Modem）的输入接口中，然后使用双绞线将调制解调器的输出端口和计算机的网卡接口相连即可。图 6-1 所示为 ADSL Modem 及其附件。

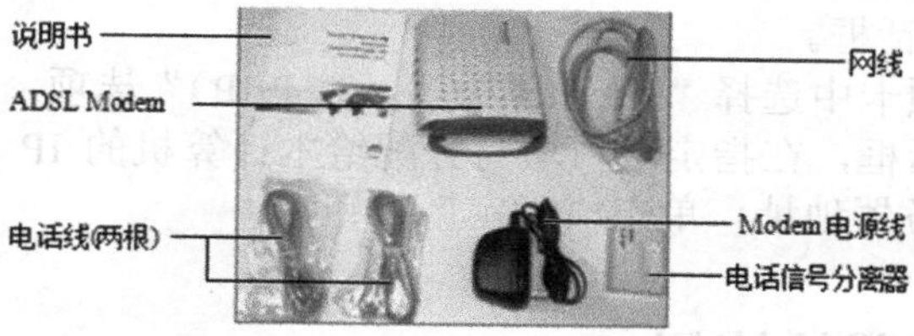

图 6-1　ADSL Modem 及其附件

（2）建立拨号连接　完成 ADSL Modem 的安装工作之后，用户可以在 Windows 系统中创建一个 ADSL 宽带连接，并使用该连接和申请的 ADSL 宽带账号接入 Internet。

具体方法：打开“网络连接”窗口，单击“创建一个新连接”按钮 创建一个新的连接，按向导提示建立连接，先选连接类型，再选接入 Internet 的方式、怎样连接，最后输入账户信息即完成一个连接的创建，如图 6-2～图 6-5 所示。

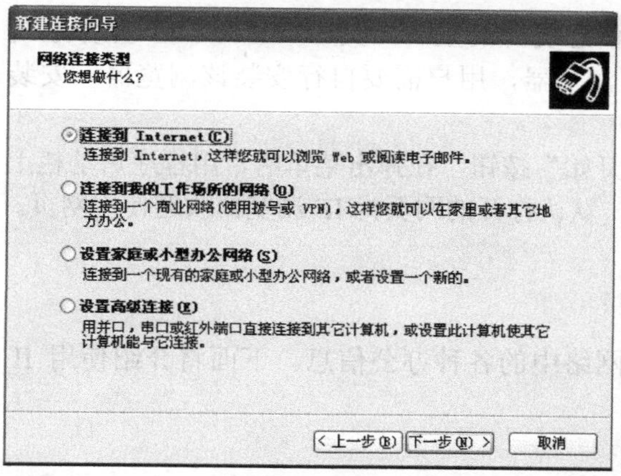

图 6-2　新建网络连接

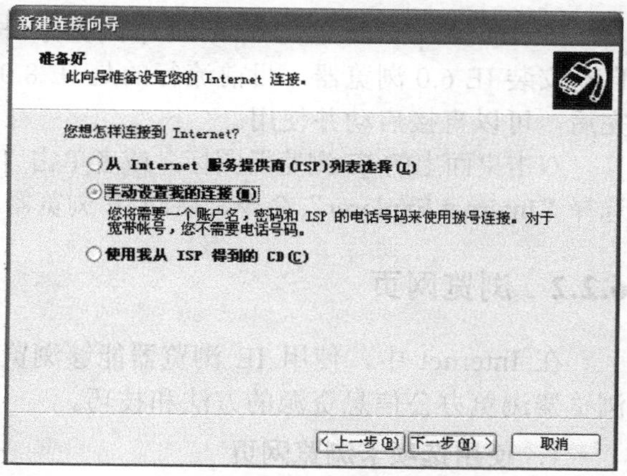

图 6-3　怎样连接 Internet

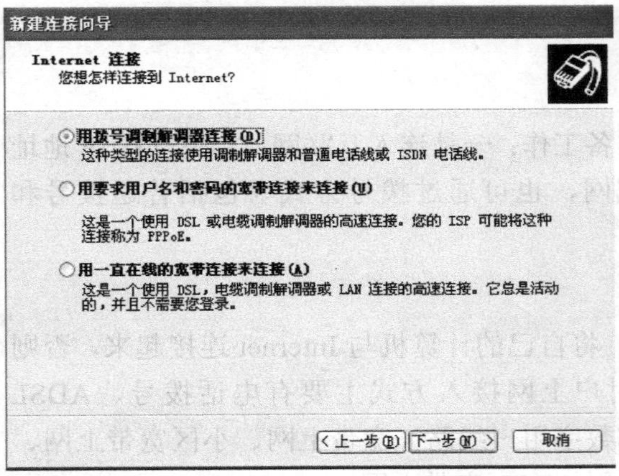

图 6-4 连入 Internet 的方式

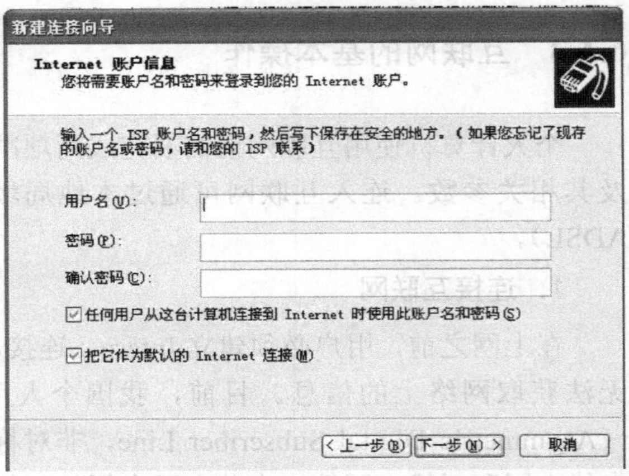

图 6-5 输入账户信息

2．设置 IP 地址的方法

1）在 Windows 桌面的“网上邻居”图标上右击，在弹出的快捷菜单中选择“属性”命令，进入“网络连接”窗口。

2）在该窗口的“本地连接”图标上右击，在弹出的快捷菜单中选择“属性”命令，打开“本地连接属性”对话框。

3）在“常规”选项卡中选择“Internet 协议（TCP/IP）”选项，单击“属性”按钮，打开“TCP/IP 属性”对话框，在指定框内填写分配给本计算机的 IP 地址、子网掩码、默认网关以及首选 DNS 服务器地址，单击“确定”按钮。

6.2 WWW 浏览器的使用

上网浏览信息必须要用到浏览器，IE 8.0 浏览器的全称是 Internet Explorer 8.0，绑定于 Windows 7 操作系统中。这款浏览器功能强大、使用简单，是目前最常用的浏览器之一。用户可以使用它在 Internet 上浏览网页，还能够利用其内置的功能在网上进行多种操作。

6.2.1 认识 IE 浏览器

Internet Explorer 是在 Internet 中浏览办公信息资源的重要工具。Windows XP 操作系统自动安装 IE 6.0 浏览器，目前流行的是 IE 8.0 浏览器，用户需要自行安装该浏览器。安装完后，可以直接启动并使用。

双击桌面上的 IE 浏览器图标，或者单击“开始”按钮，在弹出菜单的常用程序启动栏上选择“Internet Explorer”命令，启动 IE 浏览器，默认打开的网页为 IE 浏览器欢迎使用网页。

6.2.2 浏览网页

在 Internet 中，使用 IE 浏览器能够浏览网络中的各种办公信息。下面将介绍使用 IE 浏览器浏览办公信息资源的方法和技巧。

1．使用选项卡浏览网页

IE 8.0 的特点就是加入了选项卡的功能，通过选项卡可在一个浏览器中同时打开多个网页。图 6-6 所示为 IE 8.0 的选项卡，其中每个选项卡按钮对应当前 IE 窗口内的一个独立网页，单击这些按钮，即可在不同的网页之间快速切换。

图 6-6　IE 8.0 浏览器打开多个网页

2. 自定义选项卡

IE 8.0 对选项卡提供了自定义功能，用户可对选项卡进行设置，以使其更加符合自己的使用习惯。对选项卡进行自定义，可通过单击 IE 浏览器窗口中的“工具”按钮，从弹出的下拉菜单中选择“Internet 选项”命令，打开“Internet 选项”对话框，如图 6-7 所示，在“Internet 选项”对话框中将主页设为 http://www.baidu.com，如图 6-8 所示。

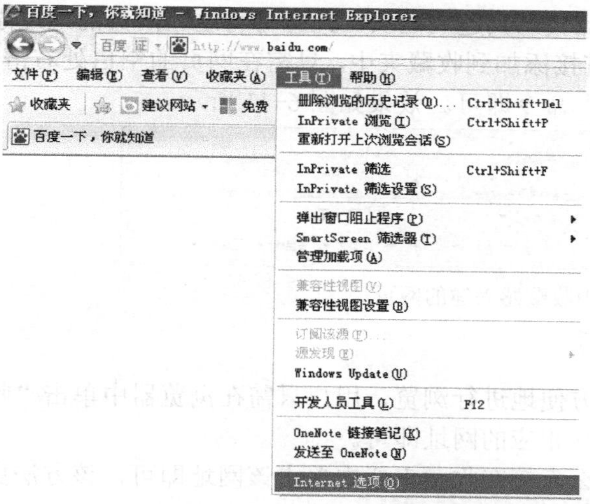

图 6-7　打开“Internet 选项”对话框

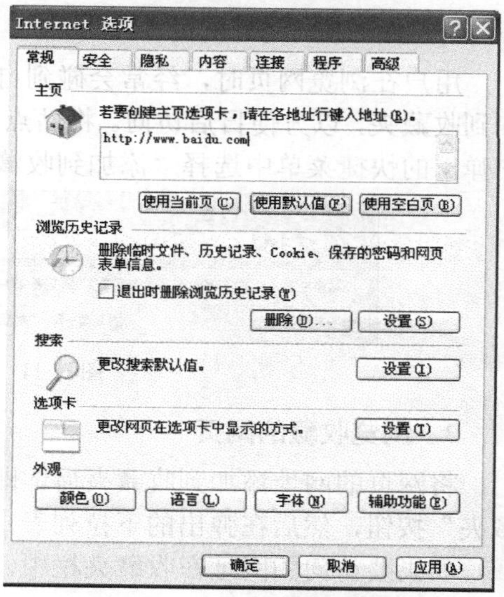

图 6-8　Internet 选项属性设置

3. 设置多个主页

对于频繁访问的站点，用户可以将其设置为主页以方便浏览。在 8.0 版本以前的 IE 浏览器中只能设置一个主页，而在 IE 8.0 中可将多个站点设置为 IE 的主页，更加方便了用户的使用，如图 6-9 所示。

图 6-9　IE 主页设置图

6.2.3　使用浏览器的收藏夹

IE 8.0 浏览器具有更加强大的收藏功能，用户可以将浏览器中浏览的页面添加至收藏夹，还可将收藏的网站链接以按钮的形式摆放在浏览器的上方，以便在需要时可以快速打开并查看这些网页的内容。

1．认识 IE 8.0 的收藏夹栏

IE 8.0 将以前 IE 版本的“链接”按钮进行了改进，更名为收藏夹栏。将网页的链接添加到收藏夹栏时，该链接会以按钮的形式显示在收藏夹栏中，如图 6-10 所示。用户只需单击该按钮，即可打开该网页。

图 6-10　IE 的收藏夹栏

2．收藏感兴趣的网页

用户在浏览网页时，经常会碰到自己比较感兴趣的网页，此时可将这些网页的地址添加到收藏夹，以方便日后访问。将站点的链接添加到收藏夹中，只需在网页的空白处右击，在弹出的快捷菜单中选择“添加到收藏夹”命令即可。效果如图 6-11 所示。

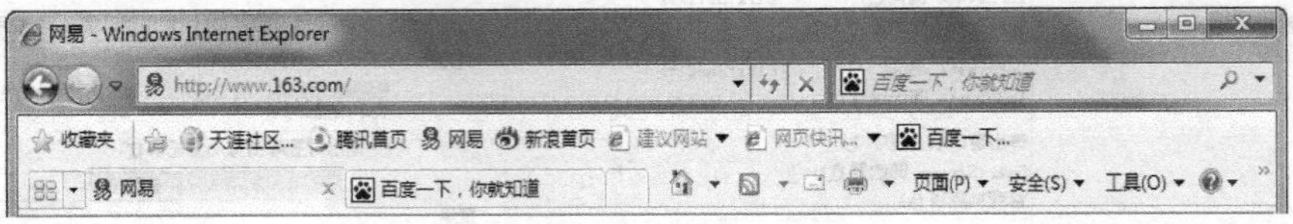

图 6-11　IE 中收藏感兴趣的网页

3．浏览收藏的网页

将网页的网址添加到收藏夹后，即可方便地进行浏览，用户只需在浏览器中单击“收藏夹”按钮，然后在弹出的下拉列表中选择相应的网址即可。

如果要访问的网址在收藏夹栏中，那么直接在收藏夹栏中单击该网址即可，该方法更加方便快捷。

4．导入和导出收藏夹

IE 浏览器提供了收藏夹的导入和导出功能。使用该功能可方便地对收藏夹进行备份和恢复。单击“收藏夹”按钮，在弹出的菜单中选择“导入和导出”选项，在打开的对话框中进行设置，效果如图 6-12 所示。

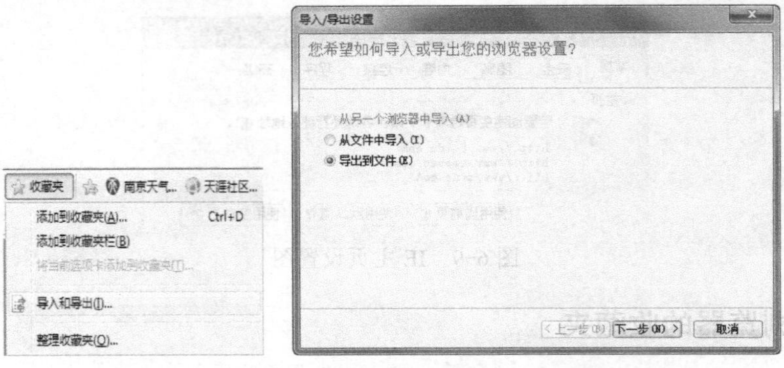

图 6-12　将 IE 收藏夹导出

6.2.4 保存网页中的信息

在浏览网页的过程中，如果看到有用的资料，可以将其保存下来，以方便日后使用。这些资料包括网页中的文本和图片等。为了方便用户保存网络中的资源，IE 浏览器提供了一些简单的资源下载功能，用户可方便地下载网页中的文本和图片等信息。

1. 保存网页中的文本

用户在浏览网页时经常会碰到自己比较喜欢的文章或者是对自己比较有用的文字信息，此时可将这些信息保存下来以供日后使用。保存网页中的文本，最简单的方法就是选定该文本，然后在该文本上右击，在弹出的快捷菜单中选择“复制”命令，然后再打开文档编辑软件（记事本和 Word 等），将其粘贴并保存即可。

2. 保存网页中的图片

网页中具有大量精美的图片，用户可将这些图片保存在自己的计算机中，将它们收藏。选中要保存的图片，在该图片上右击，在弹出的快捷菜单中选择“图片另存为”命令，打开“保存图片”对话框，如图 6-13 所示。

图 6-13 在网页中保存图片

在该对话框中设置图片的保存位置和保存名称，然后单击“保存”按钮，即可将图片保存到本地计算机中，如图 6-14 所示。

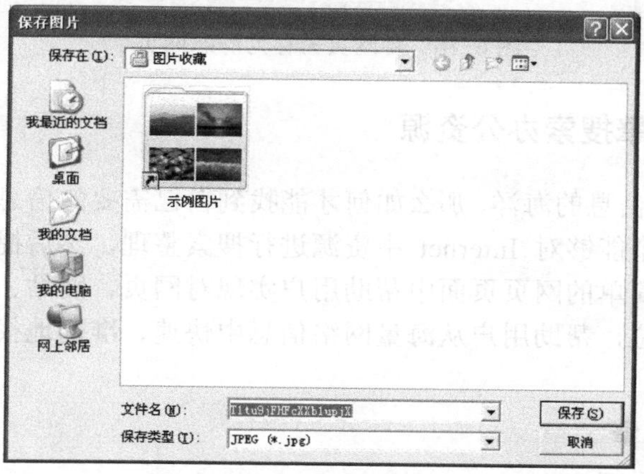

图 6-14 保存图片

3. 保存整个网页

如果用户想要在网络断开的情况下也能浏览某个网页，可将该网页整个保存下来。这样即使在没有网络的情况下，用户也可对该网页进行浏览。在“文件”菜单中选择“另存为”命令，效果如图 6-15 所示，在“保存网页”对话框中输入保存的文件名即可，具体如图 6-16 所示。

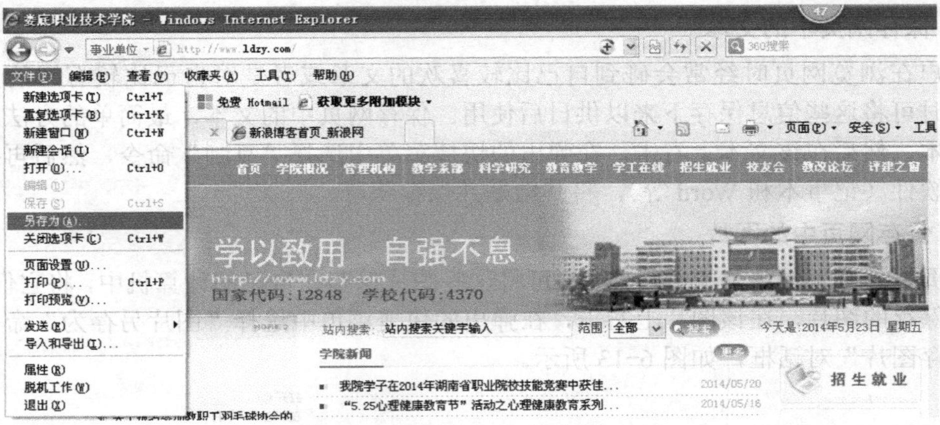

图 6-15 打开“保存网页”对话框

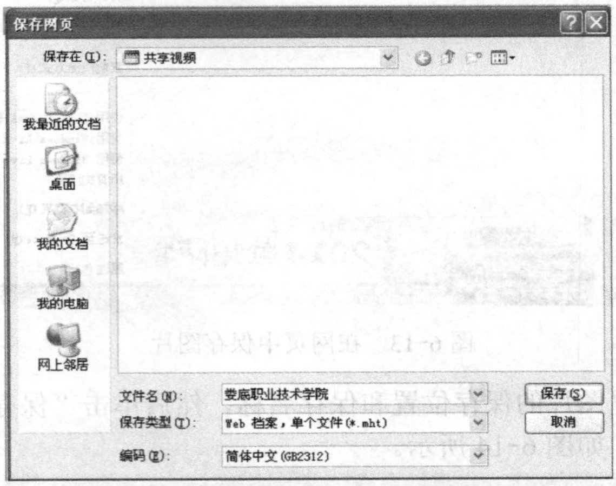

图 6-16 将网页另存为静态网页

6.2.5 使用搜索引擎搜索办公资源

Internet 是知识和信息的海洋，那么如何才能找到自己需要的信息呢？这就要使用搜索引擎。搜索引擎是一个能够对 Internet 中资源进行搜索整理，然后提供给用户查询的网站系统。它可以在一个简单的网页页面中帮助用户实现对网页、网站、图像、音乐和电影等众多资源的搜索和定位，帮助用户从海量网络信息中快速、准确地找出需要的信息，提高用户的上网效率。

1. 常见的搜索引擎

常见的搜索引擎见表 6-1。

表 6-1　常见的搜索引擎

网 站 名 称	网　　址
百度	www.baidu.com
Google	www.google.com.hk
雅虎	www.cn.yahoo.com
搜狗	www.sogou.com
爱问	www.iask.sina.com.cn

2. 使用百度搜索引擎

百度是全球最大的中文搜索引擎网站。为了满足用户上网时的更多需求，百度也推出了越来越丰富的功能，如搜网页、搜新闻、搜图片、搜歌曲、查地图、百度知道以及百度百科等。在百度网的首页单击相应的链接即可打开相应的功能。例如单击“百科”链接，即可打开“百度百科”的首页，如图 6-17 所示。

图 6-17　百度百科的首页

3. 使用 Google 搜索引擎

谷歌（www.google.cn）搜索引擎是目前全球规模最大的搜索引擎之一，它提供了简单易用的免费服务，用户可以在瞬间得到相关的搜索结果。与百度一样，Google 也提供了全方面的搜索服务，可以快速搜索到需要的网页、新闻、歌曲和图片等，使用搜索引擎搜索网页的方法非常简单，用户只需要先打开 Internet Explorer 浏览器，访问搜索引擎网站首页，在页面中的文本框内输入要搜索信息的关键词，然后按<Enter>键（或单击页面中的“搜索”按钮）即可。

除了搜索功能以外，Google 还提供了更多附加功能，如 Gmail 电子邮箱、Chrome 浏览器、Google 工具栏、Google Earth 地图、Google Talk 聊天软件等。

Google.com.hk 网站一共提供三种文字显示方式，分别是中文（简体）、中文（繁体）和英文。在首页中单击相应的链接，即可转换为该显示方式，图 6-18 所示为英文显示方式。

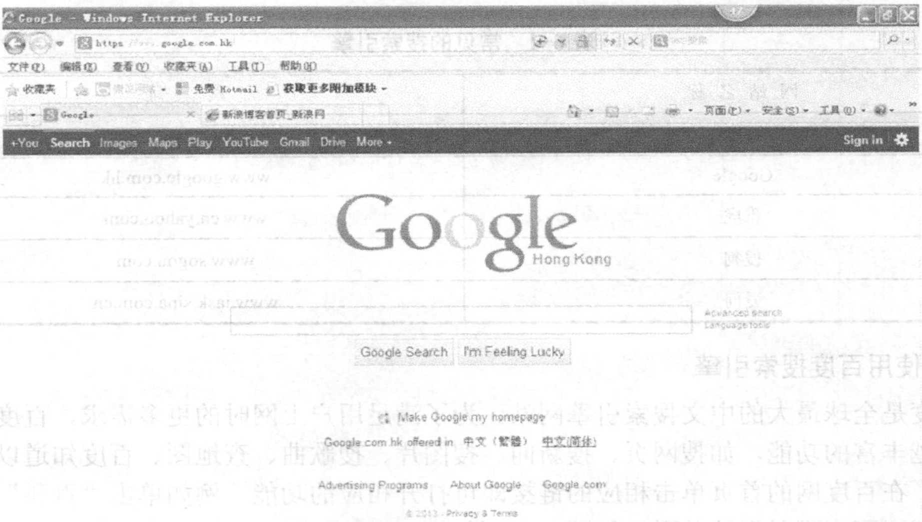

图 6-18 Google 的英文显示方式

4. 使用网站大全

网站大全是一个集合较多网址，并按照一定条件进行分类的一种网站。网站大全方便上网用户快速找到自己需要的网站，而不用记住各类网站的网址。单击网站链接就可以直接进到所需的网站。现在的网站大全一般还提供了常用的查询工具，以及邮箱登录和搜索引擎入口，有的还有热点新闻和天气预报等功能。

例如，hao123 网址之家（http://www. hao123.com/）就是目前使用最为频繁的网站大全类网站。它收录了包括音乐、视频、小说和游戏等热门分类的优秀网站，并与搜索完美结合，提供最简单便捷的网上导航服务。对于一些对网络不熟悉的用户而言，将 hao123 网址之家设为浏览器首页是一个非常不错的选择。图 6-19 所示为 hao123 网站的主页。

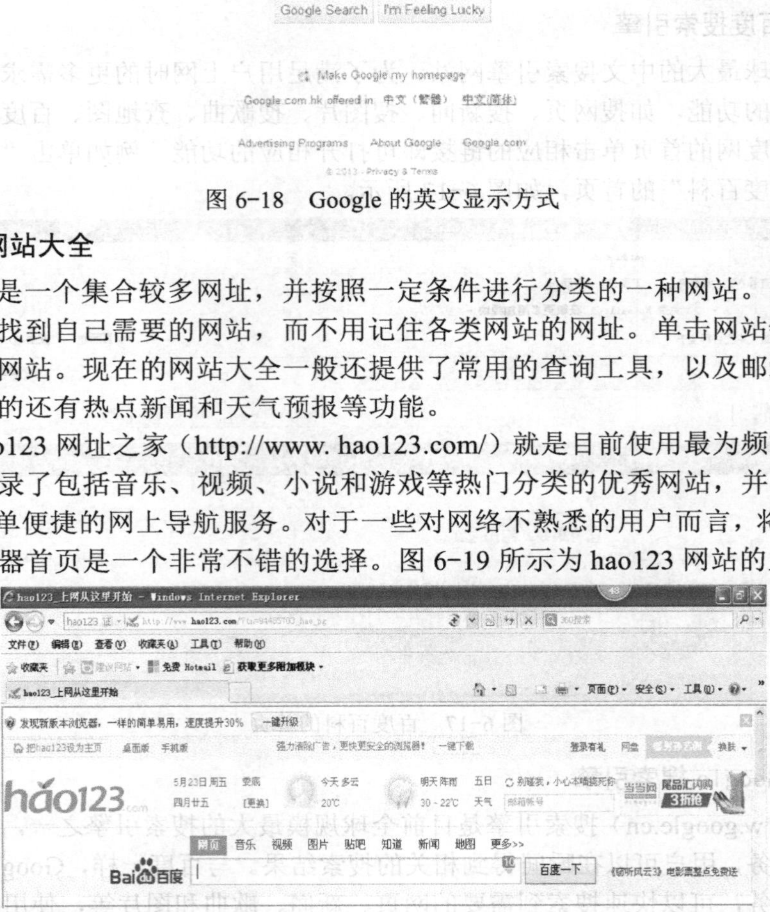

图 6-19 hao123 网站的主页

6.2.6 下载办公资源

网上具有丰富的资源，包括图像、音频、视频及软件等。用户可将自己需要的资源下载下来并存储到自己的计算机中将其“据为己有”，从而实现资源的有效利用。

随着网络时代的高速发展，越来越多的用户已经习惯使用网络来获取自己所需要的各种网络资源。目前流行的下载方式有 Web、BT（Bit Torrent，比特流）和 P2SP（Peer to Server & Peer，点对服务器和点）三种。Web 下载方式为 HTTP 与 FTP 两种类型，是计算机之间交换数据的方式。BT 下载实际上就是 P2P（Peer to Peer，点对点）下载，该下载方式与 Web 方式正好相反。该种模式不需要服务器，而是在用户机与用户机之间进行传播，每位用户机在自己下载其他用户机上文件的同时，还提供被其他用户机下载的服务，所以使用该种下载方式的用户越多，其下载速度就越快。P2SP 下载方式实际上是对 P2P 技术的进一步延伸，不但支持 P2P 技术，同时还通过多媒体检索数据库这个桥梁，把原本孤立的服务器和 P2P 资源整合到一起，这样下载速度更快，同时下载资源更丰富，下载稳定性更强。本节将介绍使用浏览器和下载软件下载网络资源。

1．使用浏览器下载文件

IE 浏览器已经提供了文件下载的功能，直接使用浏览器下载网页会非常方便和实用。用户在没有安装任何下载软件时，可以通过使用 IE 直接下载文件，只需直接单击下载链接即可，如图 6-20 所示。

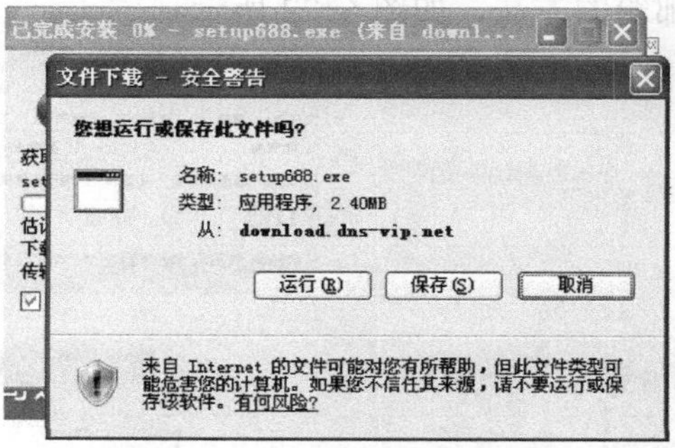

图 6-20　网上下载及保存界面

2．使用迅雷下载网络资源

Internet 上由于用户众多，往往造成网络拥挤不堪，传输速度相应也变得很慢。不少用户使用 IE 下载文件，有时会面对下载过程中意外中断造成下载任务的前功尽弃。目前，迅雷是解决这个问题的优秀下载工具之一，是针对网络线路差、宽带低及速度慢等特点而编写的。安装迅雷后，利用快捷菜单使用迅雷下载文件的方法很简单，在网页中，右击需要下载文件的超链接时，会发现快捷菜单中增加了“使用迅雷下载”和“使用迅雷下载全部链接”两个命令，用户只需要选择其中一个命令来执行下载操作，如图 6-21 所示。

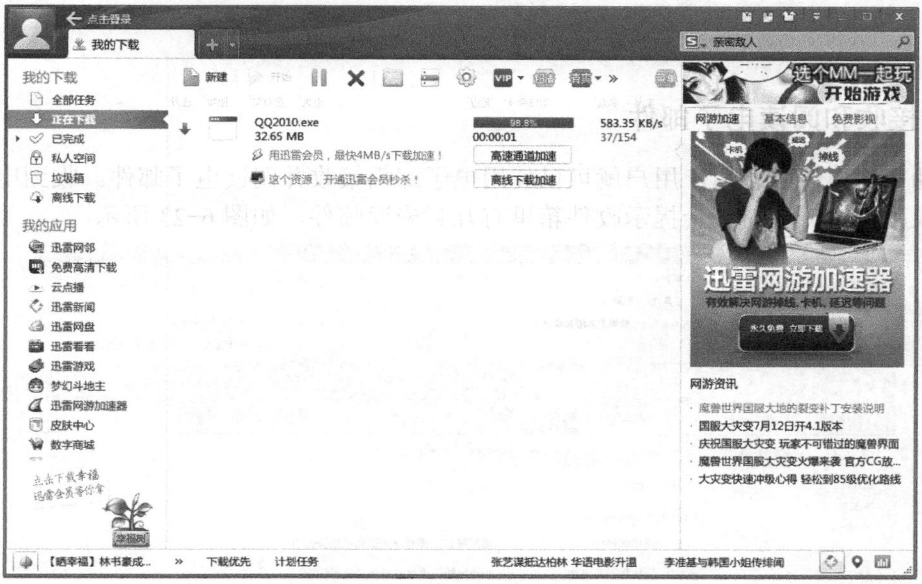

图 6-21　迅雷的下载界面

6.3　电子邮件

电子邮件（Email）是指通过网络发送的邮件，和传统邮件相比，电子邮件具有方便、快捷和廉价的优点。在各种商务往来和社交活动中，电子邮件起着举足轻重的作用。

6.3.1　申请和登录电子邮箱

发送电子邮件，首先要有电子邮箱，目前国内的很多网站都提供了各有特色的免费邮箱服务。它们的共同特点是免费的，并能够提供一定容量的存储空间。对于不同的网站来说，申请免费电子邮箱的步骤基本上是一样的。本节以126免费邮箱为例，介绍申请电子邮箱的方法，如图6-22所示。

图6-22　申请126电子邮箱的界面

6.3.2　接收和阅读电子邮件

成功申请电子邮箱后，用户就可以使用电子邮箱接收并阅读电子邮件。收到电子邮件后，登录邮箱时，系统就会提示收件箱里有几封未读邮件，如图6-23所示。

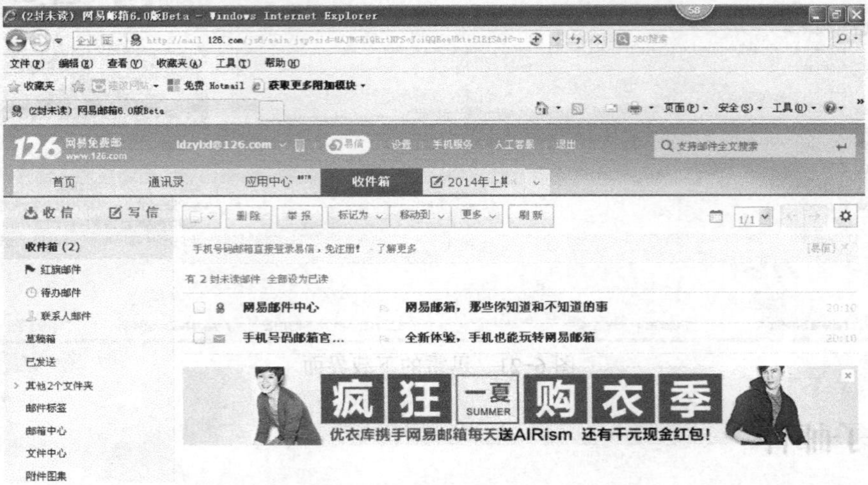

图6-23　接收和阅读电子邮件界面

6.3.3　撰写和发送电子邮件

在通常情况下，用户可以使用电子邮箱撰写并发送电子邮件，与他人进行交流和联系。电子邮件分为普通的电子邮件和带有附件的电子邮件两种。邮箱登录成功后，就可以撰写和发送电子邮件了。发送电子邮件和发送实际邮件的相似之处是，在发送邮件前必须知道接收方的地址。图 6-24 是将 126 邮件发送到指定的 499514310@qq.com，单击“发送”按钮就完成邮件的发送。

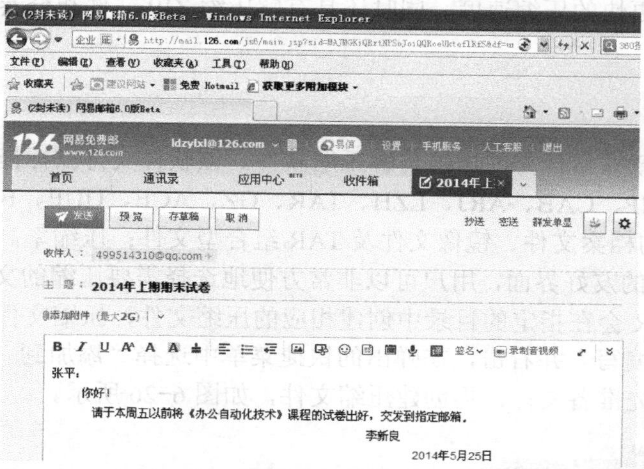

图 6-24　撰写和发送电子邮件界面

6.3.4　回复和转发电子邮件

当用户阅读了邮件以后，想要给发信人回复邮件，可以在邮件阅读页面中直接单击“回复”按钮，就可以进入写信页面。重新修改邮件内容，单击“发送”按钮，即可实现快速回复电子邮件。

另外，用户还可以将别人发给自己的邮件再转发给其他人，只需使用电子邮件的转发功能即可。转发电子邮件时，用户可先打开该邮件，然后单击邮件上方的“转发”按钮，可打开转发邮件的页面。在转发页面中，邮件的主题和正文系统已自动添加，用户可根据需要对其进行修改，修改完毕后，单击“发送”按钮即可，如图 6-25 所示。

图 6-25　回复和转发电子邮件界面

6.4 压缩和解压缩

在进行计算机办公的过程中，用户经常会需要交流或存储容量较大的文件，使用压缩软件可以将这些文件的容量进行压缩，以便加快传输速度和节省硬盘空间。WinRAR 是目前最流行的一款压缩软件，其界面友好、使用方便，能够创建自释放文件、修复损坏的压缩文件，并且支持身份验证、文件注释和加密操作。WinRAR 采用了先进的压缩算法，具有更高的压缩率、更快的压缩速度，同时还具有解压缩 ZIP 文件和分卷压缩的功能。

6.4.1 压缩文件

WinRAR 是一款非常优秀的压缩与解压缩软件。该软件支持鼠标拖放及外壳扩展；内置程序可以解压 ZIP、CAB、ARJ、LZH、TAR、GZ、ACE、UUE、BZ2、JAR、ISO、Z 和 7Z 等多种类型的档案文件、镜像文件及 TAR 组合型文件；压缩率高，使用简单方便。

使用 WinRAR 的友好界面，用户可以非常方便地选择需要压缩的文件并进行压缩。压缩完成后，WinRAR 会在指定的目录中创建相应的压缩文件，压缩文件的操作是先选中待压缩的文件“教材编写”并右击，在弹出的快捷菜单中选择“添加到‘教材编写.rar’”命令，系统会自动地先准备文件，再创建压缩文件，如图 6-26 所示。

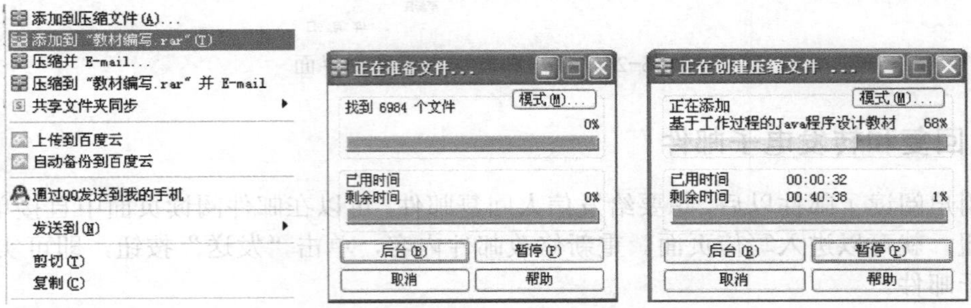

图 6-26 创建压缩文件的三个过程

6.4.2 解压文件

接收到其他用户发送过来的压缩文件时，用户可以使用 WinRAR 对这些文件进行解压缩操作，提取其中有用的文件。使用 WinRAR，用户不仅可以解压缩所有的文件，也可以只解压缩其中的部分文件，解压文件的界面如图 6-27 所示。

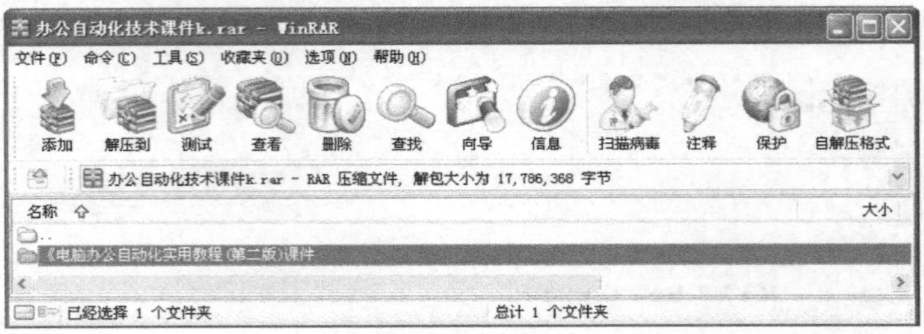

图 6-27 解压文件的过程

6.5 办公自动化软件的应用（无纸化办公软件的简介）

在日常办公中，除了 Office 办公软件之外，用户还需要经常使用其他的一些软件，除压缩软件外，还有看图软件、截图软件、翻译软件和恢复软件，这些软件有不同的用途，用户可以通过使用它们来有效地提高办公效率。本节将简要介绍一些常用软件的使用方法。

6.5.1 使用看图软件—— ACDSee

在日常办公的过程中，用户经常需要浏览大量的图片，虽然 Windows XP 操作系统提供了内置的看图工具，但是这些工具的功能往往非常有限。使用看图软件 ACDSee，用户不仅可以方便地浏览图片，还可以进行管理图片。

1．浏览图片

利用 ACDSee，用户可以方便快捷地浏览图片，既可以用缩略图的方式同时浏览多张图片，也可以用全屏方式查看某张图片的细节，如图 6-28 所示。

图 6-28 全屏方式查看图片细节

2．管理图片

在使用计算机日常办公的过程中，用户保存的图片会越来越多，在大量的图片中查找具体的某张图片就会变得非常困难。利用 ACDSee 的管理图片功能，不仅可以整理图片位置，还可以对图片外观进行编辑。

6.5.2 使用翻译软件——金山词霸

在日常办公的过程，用户经常会遇到各种英文文档，如进口机械的说明书、与外国公司的协议等，如果用户对英文不是非常熟悉，就需要使用各种翻译软件。金山词霸是目前最流行的翻译软件之一。它集强大的网络功能于一体，使传统软件和网络紧密结合。

1. 屏幕取词

屏幕取词是金山词霸的特色功能，开启屏幕取词功能后，用户在浏览英文文档时，只要将鼠标指针移动到英文单词上面，就可以快速浏览该英文单词的简要解释。如图 6-29 所示，输入单词，单击“翻译”按钮，翻译结果如图 6-30 所示。

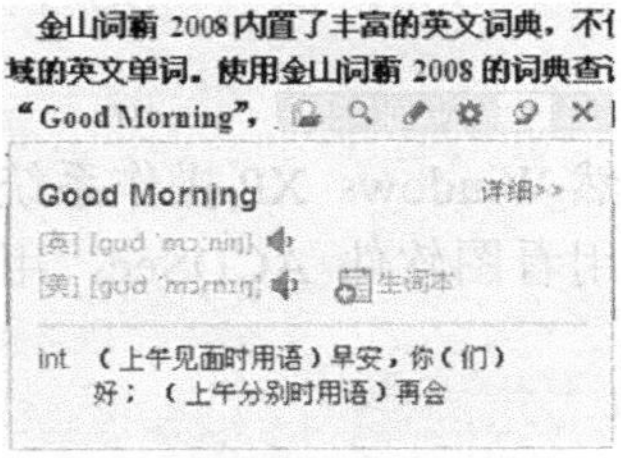

图 6-29 金山词霸屏幕取词图

图 6-30 金山词霸翻译界面

2. 词典查询

金山词霸内置了丰富的英文词典，不仅可以查询常用英文单词，也可以查询许多专业领域的英文单词。使用金山词霸的词典查询功能可以非常方便地查询所输入的英文单词“good morning”，单击“词典”，在文本框中输入要查找的单词，它就会将解释显示出来，具体如图 6-31 所示。

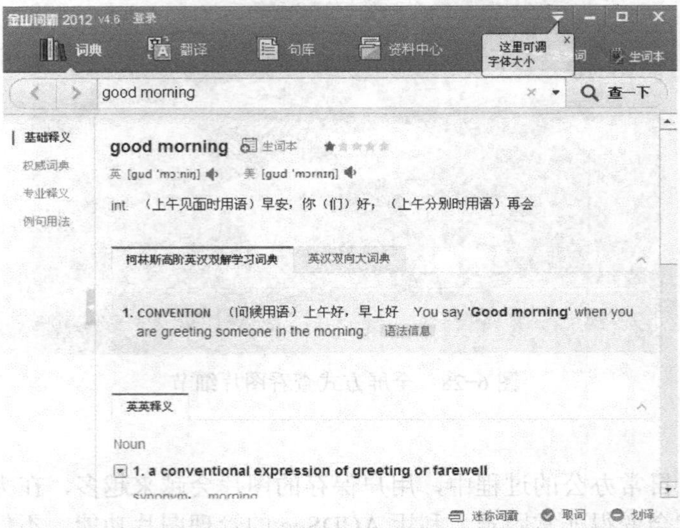

图 6-31 金山词霸词典查询界面

6.5.3 使用恢复软件—— EasyRecovery

EasyRecovery 是世界著名数据恢复公司 Ontrack 的产品，也是一款功能非常强大的文件恢复工具，包括了硬盘诊断、数据恢复、文件修复和 E-mail 修复四大类 19 个项目的各种数据文件修复和硬盘诊断方案。它还能够帮用户恢复丢失的文件以及重建文件系统，并且可以从被病毒破坏或是已经格式化的硬盘中恢复文件。

6.5.4　PDF 阅读软件

便携文件格式（Portable Document Format，PDF）是目前电子文档发行的流行格式，国际上很多重要文档都以该格式发布，Adobe Acrobat Reader 是一个查看、阅读和打印 PDF 文件的最佳工具。

6.5.5　网络聊天

网络不仅具有共享资源的作用，还可以使天南地北的人们随时地进行沟通，这就是网络的即时通信功能。

1. 常见的聊天工具

QQ 是腾讯公司开发的一款基于 Internet 的即时通信软件。腾讯 QQ 支持在线聊天、视频电话、点对点断点续传文件、共享文件、网络硬盘、自定义面板和 QQ 邮箱等多种功能，并可与移动通信终端等多种通信方式相连。1999 年 2 月，腾讯正式推出第一个即时通信软件——腾讯 QQ。目前 QQ 在线人数最高已达 2 亿多人。腾讯 QQ 于 2014 年 7 月 3 日中午 12 点 52 分同时在线人数达到峰值 210 212 085，成功创造吉尼斯世界纪录“单一即时通信平台上最多人同时在线”的称号，成为首个获得吉尼斯世界纪录称号的中文即时通信工具。

MSN 是微软公司推出的即时消息软件，用户可以与亲人、朋友及工作伙伴进行文字聊天、语音对话和视频会议等即时交流，还可以通过此软件来查看联系人是否联机。MSN Messenger 在国内通信工具市场上的用户数量仅次于腾讯 QQ。目前比较常用的是 MSN 的升级版本 Windows Live Messenger。

2. 使用 Windows Live Messenger 聊天

Windows Live Messenger 是 MSN 聊天软件的升级版本，使用该软件可以在网上与其他用户进行文字聊天、语音对话和视频会议等即时交流，让办公人员可以在不同地点快捷、便利地交流。

1）创建一个新账户。

2）在安装 Windows Live Messenger 之后，系统直接打开 Windows Live Messenger 的登录窗口，如图 6-32 所示。如果用户已经有 MSN 的登录账户，则可以在该窗口中直接输入电子邮件地址和密码进行登录。如果用户还没有可用的 MSN 账户，则可以通过向导申请一个新账户。

3）登录并添加联系人。使用 Windows Live Messenger 进行网上聊天之前，用户应该进行登录并添加相应的联系人。

4）发送即时消息。成功添加了联系人之后，当该联系人在线时，用户可以在 Windows Live Messenger 界面中看到其头像为高亮显示，这时即可向其发送即时消息。

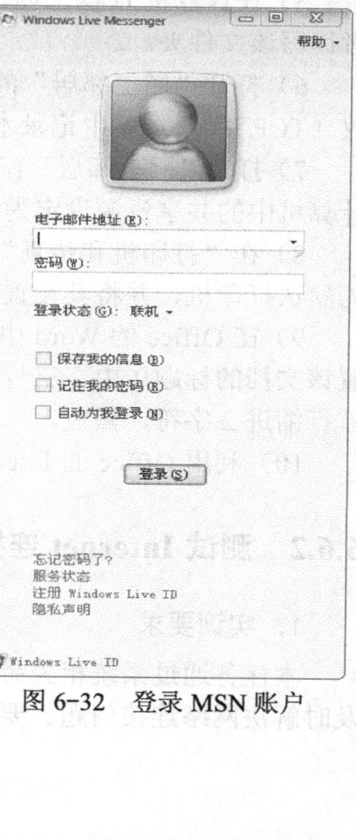

图 6-32　登录 MSN 账户

5）视频会议。使用音频和视频进行会议前，用户必须安装好摄像头、麦克风或者音响等。首次使用视频通话功能，Windows Live Messenger 将自动进行音频和视频设备的调试。

6.6 项目实践

本项目由 4 个实训任务组成，分别是计算机常用软件的操作、测试 Internet 连接、网络搜索与下载资料、QQ 与博客的使用。

6.6.1 计算机常用软件的操作

1．任务要求

本任务通过对计算机常用软件的操作，了解并掌握 Windows 操作系统和 Office 办公软件的使用。

2．任务实施

1）在 Windows XP 操作系统中新建一个名为 user1 的新账户，使其具有计算机管理员的权限，并设置登录密码。创建成功后，切换到该新账户，观察桌面的变化，并为该账户设置等待时间为 5min 的屏幕保护。

2）设置“文件夹”选项，使用“我的电脑”窗口显示所有的文件及文件夹。

3）在 Windows XP 桌面上创建 Office 办公套件中 Word、Excel 和 PowerPoint 的快捷方式。

4）通过“我的电脑”窗口设置计算机的完整名称、详细描述及所属的工作组。

5）在计算机 D 盘上创建文件夹“mp3”，将其设置为网络上的共享文件夹，允许访问者读写该文件夹。

6）打开“网上邻居”的“属性”对话框，记录网卡的名称，从该网卡的“Internet 协议（TCP/IP）”选项中记录本机的 IP 地址、网关地址及 DNS 地址。

7）打开“网上邻居”窗口，查看对等网络上有多少台计算机连接在网上，然后将某个计算机中的共享资源设定为网络盘，并选择“登录时重新连接”选项。

8）在“打印机和传真”中添加一台 HP Color LaserJet 4500 打印机，将该打印机设置为默认打印机，并将其设置为共享打印机。

9）在 Office 的 Word 中新建一个文档。在文档中插入一副剪贴画，版式为四周型；设置该文档的标题居中，三号字，黑体加粗，红色；正文内容四号字，楷体，行距 1.25 倍，首行缩进 2 字符，黑色。

10）利用 Office 的 Excel 图表功能创建一个饼图，将该图插入到前面的 Word 文档中。

6.6.2 测试 Internet 连接

1．实训要求

本任务通过系统相关命令对 Internet 的连接状态进行测试，查清网络不通的原因，并及时解决网络连接问题。要求熟练掌握 Ipconfig 命令、Ping 命令和 Tracert 命令的使用。

2．项目实施

1）选择“开始”→“程序”→“附件”→“命令提示符”命令，进入Windows系统的命令行窗口（亦称DOS界面），或者选择“开始”→“运行”命令，在“运行”对话框中输入“cmd”进入命令行窗口。

2）在命令行窗口中输入“ipconfig/all”，查看所用计算机的主机名、物理地址、IP地址、子网掩码、网关和DNS。

3）在命令行窗口中输入“ipconfig/all >>d:\myip.txt”，将TCP/IP的所有信息保存到D盘的myip.txt文件中。

4）在命令行窗口中输入“ping 本机IP地址”，此命令被送到计算机所配置的IP地址。

5）在命令行窗口中输入“ping www.qq.com”，用于检测DNS服务器。

6）在命令行窗口中输入“tracert www.qq.com”，查看本地计算机到目标计算机“www.qq.com”的路由。

7）在命令行窗口中输入“tracert www.qq.com >> d:\myrt.txt”，将屏幕显示的内容保存到D盘的myrt.txt文件中。

6.6.3 网络搜索与下载资料

1．项目要求

本任务的目的是在网络上搜索自己需要的资料，下载到本地硬盘并保存，以备日后使用。

2．项目实施

1）进入百度、谷歌或即刻搜索引擎网站。

2）搜索并下载“QQ正式版”，保存到D盘的文件夹中。

3）搜索与自己专业相关的论文并保存到D盘的文件夹中。

4）搜索自己喜欢的图片并保存到D盘的文件夹中。

5）搜索自己喜欢的歌曲并保存到D盘的文件夹中。

6）搜索自己感兴趣的视频并保存到D盘的文件夹中。

6.6.4 QQ与博客的使用

1．项目要求

本任务的目的是让读者熟练掌握即时通讯软件QQ的安装、设置与使用方法，掌握文件传送、QQ群及屏幕捕捉技巧，熟悉博客的注册和使用方法。

2．项目实施

1）申请QQ号码，在腾讯QQ网站上完成，网址为http://zc.qq.com。

2）安装QQ正式版。

3）登录QQ，添加好友。

4）与好友进行文字聊天。

5）完成屏幕捕捉并保存图像文件。

6）创建一个好友群，并邀请好友加入。

7）注册并开通博客，在新浪网站上完成，网址为 http://blog.sina.com.cn。

8）发一篇博客。

6.6.5 使用 ACDSee 制作屏保

使用 ACDSee 用户可以轻松制作屏保，让自己的计算机更加个性化，效果如图 6-33 所示。

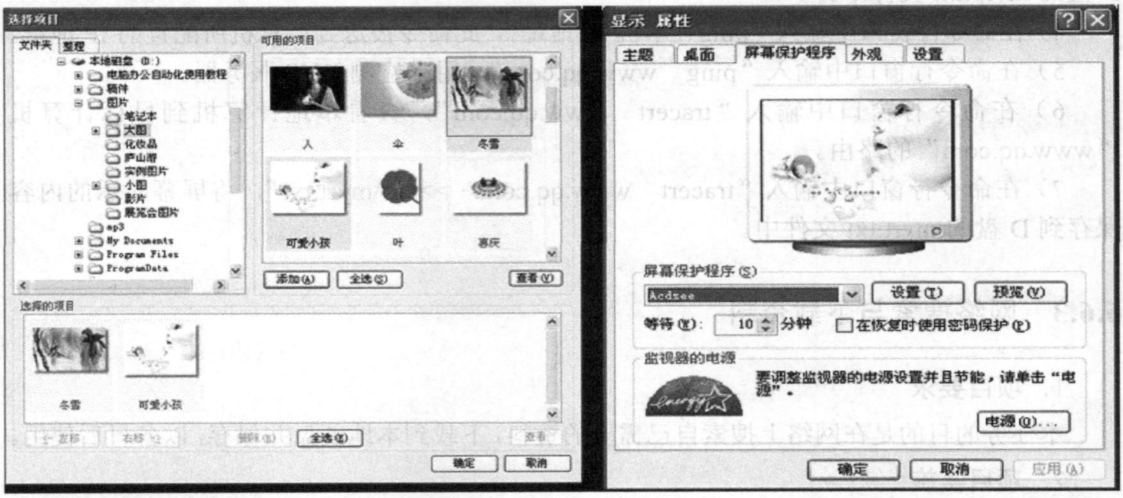

图 6-33 制作屏保

习题与思考题

一、填空题

1．ACDSee 软件有______和______两种工作模式。

2．常见的压缩格式 ZIP 格式、______、______和 ACE 格式。

3．获取整个屏幕的图像可用键盘上的________键；获取桌面上某个活动窗口可用________快捷键。

4．根据工具软件使用的领域不同，但是一般都包含有标题栏、菜单栏、______、状态栏和工作区。

5．______为文件传输协议的简称，是 Internet 传统的服务之一，主要用来在远程计算机之间进行文件传输，是 Internet 传递文件最主要的方法。

二、操作题

（一）操作题 1

如何从网上下载迅雷软件，再将下载的软件解压，然后安装迅雷？

问题：

① 下载软件后，默认的下载存储目录在哪里？如何更换？

② 如何设置下载线程数为 10 个？如何设置上传速度为 50KB/s，下载速度为 200KB/s？

操作提示：

① 执行“常用设置”→“存储目录”命令，打开“修改存储目录”对话框，根据需要进行设置，单击“确定”按钮即可。

② 选择“工具”→“配置”命令，打开“配置”对话框，在“任务默认属性”配置界面中进行设置。

③ 选择“工具”→“配置”目录，在“连接”配置界面中进行设置。

（二）**操作题 2**

1．使用百度搜索引擎（http://www.baidu.com）查找“中文核心期刊目录”，找到自动化技术、计算机技术类核心期刊表，将该页面另存为 hxqk.htm。

2．使用中国期刊网 CNKI 数字图书馆（http://www.cnki.net）查找资料，写一篇关于“电子商务网站建设”的小论文（400～800 字）。

3．在 Outlook Express 中添加邮件账号，内容如下：

（1）邮箱地址：myfriends@mail.net

（2）账户名：myfriends

（3）密码：654321

（4）发件人显示名：friend

（5）接收邮件服务器：pop3.mail.net

（6）发送邮件服务器：smtp.mail.net

4．在通讯簿中新建一个联系人组，名称为“好朋友”，并在其中添加两个联系人：一个姓 Zhao，名 jianguo，电子邮件地址为 zhaojg@mail.net；另一个姓 Qian，名 youcai，电子邮件地址为 qianyc@mail.net。

5．给 Zhaojianguo 发送邮件，同时抄送 qianyoucai，主题为“hello”，内容为“自动化与计算机技术类核心期刊目录”，附件是第 1 题得到的文件 hxqk.htm。

第 7 章　多媒体处理工具——Photoshop 的应用

随着计算机多媒体技术的发展，图形图像处理软件的应用日益广泛。Photoshop 是目前应用最为广泛的图像处理软件之一。该软件应用于平面设计、广告设计和网页设计等领域，用途十分广泛。

7.1　图像的调整与变换

7.1.1　基础知识和操作要点

1．基本概念

（1）像素和分辨率　像素是指构成图像的最小单位，图像是由许多点构成的，这些点就称为像素。如果一副图像的尺寸标为 400×300 像素，则表明该图像的长度由 400 个像素构成，宽度由 300 个像素构成。

分辨率是指单位面积内的像素数。如果分辨率高则图像包含的像素数越多，图像就能更好地表现细节，但文件的体积也会增大；如果图像分辨率低则图像包含的像素数较少，图像则会比较粗糙，文件的体积则会减少。为图像设置合适的分辨率才能使图像既能保证图像的输出质量，又具有合适的文件存储大小。

（2）常用的文件格式　Photoshop 支持的图像格式有多种，下面介绍几种常用的文件格式。

1）JPEG 格式：这是应用最为广泛的图像格式。它采用有损压缩的方式将图像中多余的色彩数据去除，并且不会破坏图像的质量，即这种图像格式可以用较小的文件得到较好质量的图像。

2）BMP 格式：此格式是微软公司画图软件模式的图像格式，该格式文件是 Windows 操作系统中图像的标准格式，所有在 Windows 环境下运行的图像软件都支持该种格式。

3）PSD 格式：此格式是 Photoshop 软件默认的图像格式，该格式文件中包含了图像的图层信息及通道信息，这样利用 Photoshop 再次打开此格式的文件时则能对原图像进行修改。但此格式的缺点是文件所需的存储空间较大。

4）TIFF 格式：TIFF 格式可以存储图像的通道信息，最多可以支持 24 个通道。

5）GIF 格式：这种格式的图像最多支持 256 色，能存储透明背景的图像。此格式的图像在网络上显示的速度比其他格式要快，并且此格式还可以制作简单的动画效果。因此这种格式常用于网络传输。

2. Photoshop CS5 的启动和退出

（1）Photoshop CS5 的启动　如果计算机中已经安装了 Photoshop CS5，则单击任务栏中的“开始”按钮，选择“所有程序”→“Photoshop CS5”命令，即可打开 Photoshop CS5。用户也可以通过双击桌面的快捷方式或打开已有的“*.psd”格式的文件。

（2）Photoshop CS5 的退出　单击软件右上角的“关闭”按钮，或执行“文件”→“关闭”命令，或按<Ctrl+W>快捷键。如果关闭软件则会关闭所有的打开的 Photoshop 文件，若图像没有保存则会弹出提示是否需要保存的对话框。

3. Photoshop CS5 的工作界面

启动 Photoshop CS5 软件后，Photoshop 软件的工作界面如图 7-1 所示。

图 7-1　Photoshop 软件的工作界面

（1）快捷工具栏　快捷工具栏中的工具主要用于调整页面布局以及显示方式，常用的有“查看额外内容工具”、“排列文档工具”及“屏幕模式工具”。

（2）菜单栏　菜单栏包括“文件”“编辑”“图像”“图层”“选择”“滤镜”“视图”“窗口”及“帮助”共 9 个菜单。单击则会出现相应的下拉菜单，其中包含了多个命令，单击执行即可。

（3）属性栏　属性栏中可以显示当前所选工具的参数，选择的工具不同则参数不同。

（4）工具箱　工具箱中包含了所有的绘图及处理工具，用户可以通过单击的方式选择相应的工具，也可以通过快捷键实现工具的选择，如按<V>键可以快速切换到“移动”工具。

（5）控制面板　控制面板中主要放置对图像进行调整的常用命令，为了操作方便，用户可以对操作面板进行展开或折叠操作。

4. 文件的基本操作

（1）文件的新建　执行“文件”→“新建”命令，或者按<Ctrl+N>快捷键，可以打开“新建”对话框，如图 7-2 所示。对文件大小、分辨率及颜色模式进行设置后，单击“确定”按钮即可完成文件的新建。

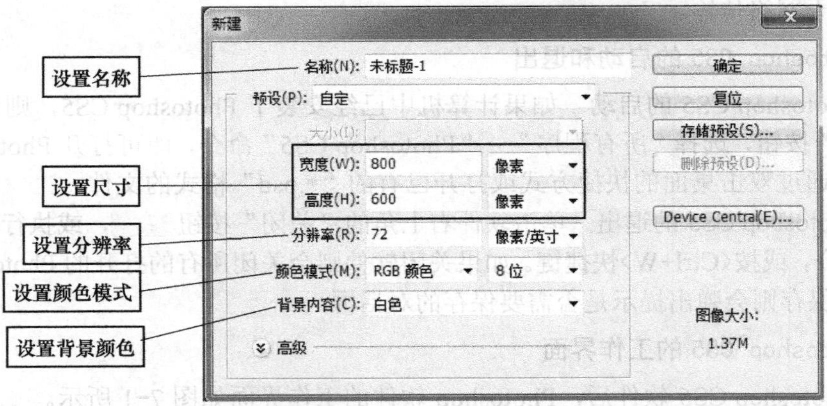

图 7-2 “新建”对话框

文件的尺寸大小可以根据不同的用途来选择单位，如果图像用于计算机显示则可以选择像素作为单位，如果用于打印输出则选用厘米或毫米等单位。

文件的分辨率设置根据不同的用途进行调整，用于计算机显示的图像分辨率可以设置为72像素/英寸或96像素/英寸，如果用于彩色印刷一般设置为300像素/英寸，如果用于大型的户外喷绘广告则设置不低于30像素/英寸。分辨率的设置可以根据实际情况进行调整。

颜色模式的设置，如果用于计算机显示的图像可设置为RGB模式，如果用于印刷输出则设置为CMYK模式。

（2）文件的打开 执行“文件”→“打开”命令，或者按<Ctrl+O>快捷键，可以打开“新建”对话框，如图7-3所示。Photoshop可以打开常用的文件格式。文件的打开也可以选择文件所在的文件夹，将图片拖动到Photoshop软件的工作区。

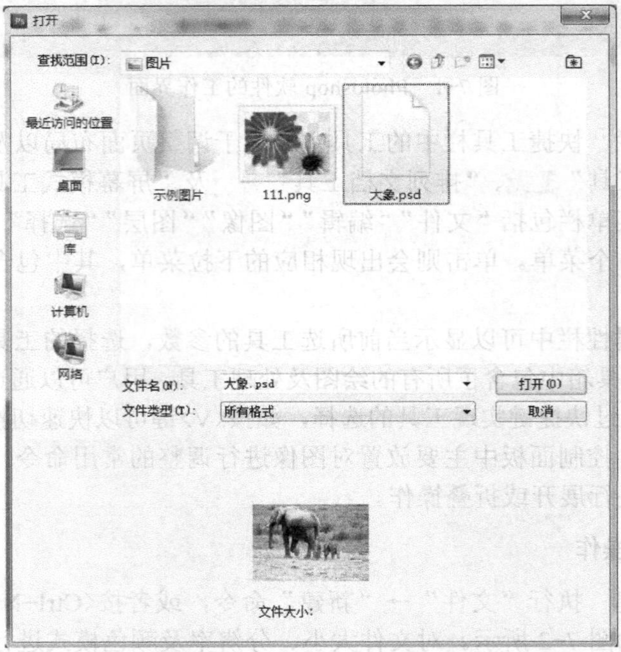

图 7-3 “打开”对话框

（3）文件的保存　执行“文件”→“存储”命令（如果不想覆盖原来的图像可以执行“文件”→“存储为”命令），在图像格式栏中选择图像的存储类型为“PSD”格式或“JPEG”格式，若为了方便以后进行修改，则需要存储为“PSD”格式。

（4）视图的控制　图像的放大和缩小可以通过“缩放”工具进行（按住<Alt>键可以实现图像的缩小），也可以执行“编辑”→“首选项”→“常规”命令（或按<Ctrl+K>快捷键），在弹出的“首选项”对话框中勾选“用鼠标滚轮缩放”复选框，如图 7-4 所示。这样就可以实现用鼠标的滚轮进行图像的缩放。

图像的平移可以通过“抓手”工具（或按下<Space>键）来实现。执行“视图”→“实际像素”命令（或按<Ctrl+1>快捷键）可以使画布以 100%尺寸显示。执行“视图”→“按屏幕大小缩放”命令（或按<Ctrl+0>快捷键）可以使图像根据能显示的屏幕大小进行缩放显示。

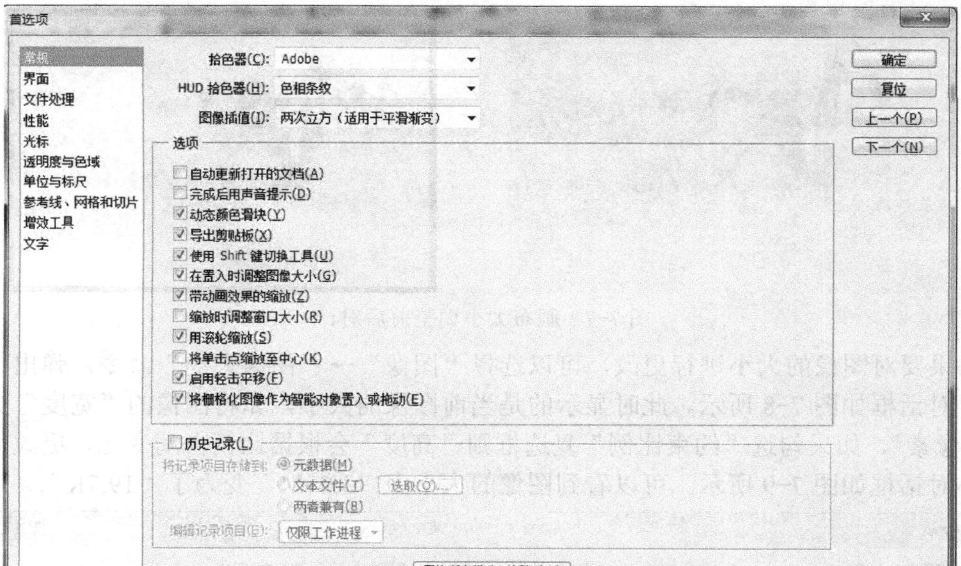

图 7-4　“首选项”对话框

5．图像与画布的调整

执行“图像”→“画布大小”命令，在弹出的“画布大小”对话框中可以显示当前画布的尺寸信息，如图 7-5 所示。用户可以通过修改“宽度”和“高度”的参数来实现画布大小的更改。

勾选“相对”复选框可以实现画布大小的相对更改。“宽度”和“高度”如果设置为正值，画布大小则会增加；如果设置为负值，画布大小则会减少。图 7-6 所示将画布大小进行设置后图像的变化如图 7-7 所示。由于将背景色设置为黑色，所以画布增加的部分为黑色。

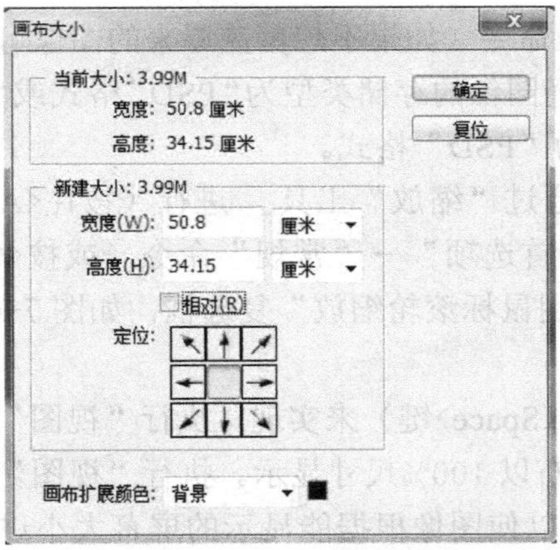

图 7-5 “画布大小”对话框

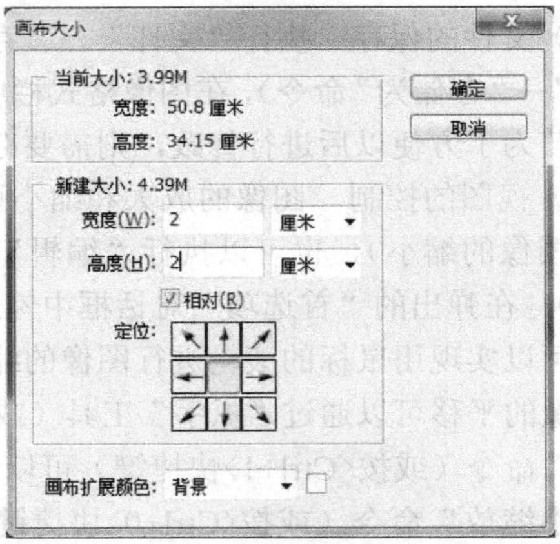

图 7-6 修改“画布大小”对话框

图 7-7 画布大小调整前后对比

如果要对图像的大小进行更改，可以选择“图像”→“图像大小”命令，弹出“图像大小”对话框如图 7-8 所示。此时显示的是当前图像的大小，如将图像的“宽度”更改为“100 像素”，如果勾选“约束比例”复选框则“高度”会根据比例自动变化，更改后的图像大小对话框如图 7-9 所示。可以看到图像的大小由“3.99M”变为了“19.7K”。

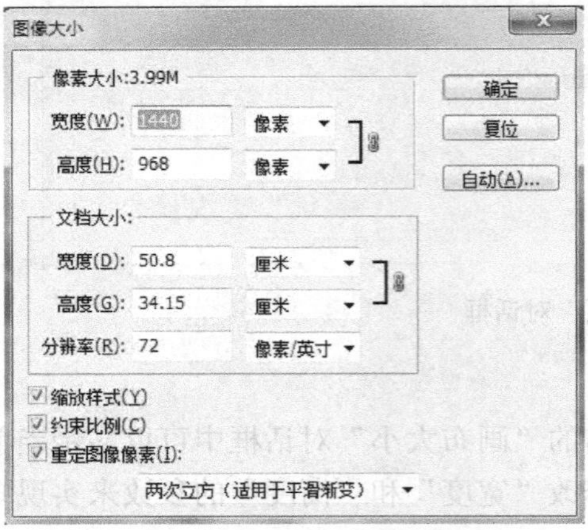

图 7-8 “图像大小”对话框

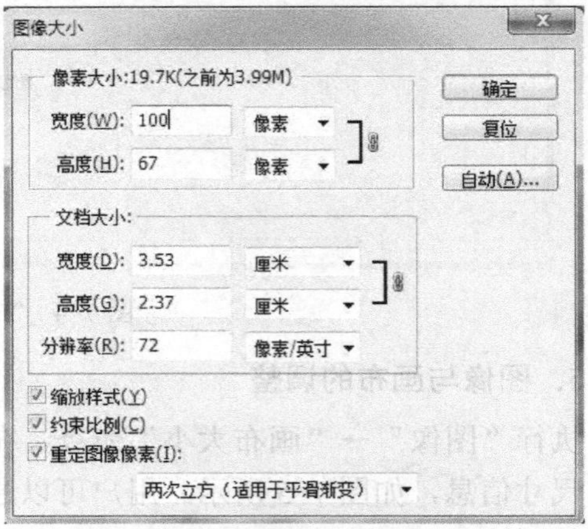

图 7-9 更改“图像大小”对话框

6. 选区工具

（1）选框工具组 该工具组包括“矩形选框工具”“椭圆选框工具”“单行选框工具”和“单列选框工具”，如图 7-10 所示。

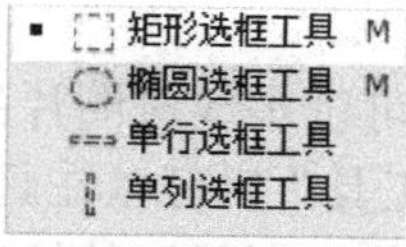

图 7-10　选框工具组

选择“矩形选框工具”后，属性栏会出现它的属性，如图 7-11 所示。

图 7-11　选框工具属性栏

创建一个新选区后，单击“添加到选区”按钮（或按住<Shift>键）可以实现选区的增加；单击“从选区减去”按钮（或按住<Alt>键）可以实现从当前选区减去。

（2）套索工具组　该工具组包括“套索工具”“多边形套索工具”和“磁性套索工具”，如图 7-12 所示。

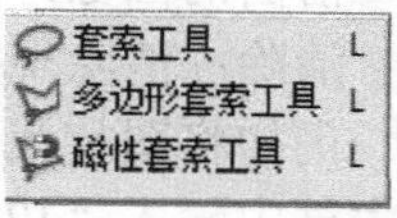

图 7-12　套索工具组

使用“套索工具”在图像的任意位置单击，按住鼠标左键并拖动，释放鼠标即可创建不规则的选区；使用“多边形套索工具”在不同的位置单击；使用“磁性套索工具”可以自动吸附图像的边缘。在绘制过程中如果要取消上一节点可以按<Backspace>键，若要结束拖动并创建封闭的选区可以双击鼠标左键。

（3）魔棒工具组　该工具组包括“快速选择工具”和“魔棒工具”，如图 7-13 所示。

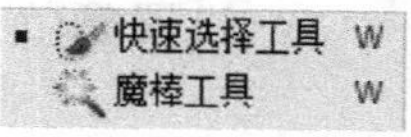

图 7-13　魔棒工具组

使用“快速选择工具”将需要选择的位置单击之后移动鼠标，就可以将鼠标经过的颜色相近的地方选中。通过设置“魔棒工具”属性栏中的容差 容差: 32，可以改变选取颜色的差值，容差越大，选取的颜色范围越大；如果勾选“连续”复选框 连续 则表示可以选中与鼠标单击处相近并且相连接的颜色，如果取消勾选则可以选择整个图像中与鼠标单击处颜色相近的颜色。

通过以上三个创建选区的工具组可以根据需要创建所需的选区，执行“选择”→“修改”菜单下面的“边界”“平滑”“扩展”“收缩”及“羽化”命令可以对选区进行调整；执行“选择”→“取消选区”命令（或按<Ctrl+D>快捷键）可以实现选区的取消，执行“选择”→“反向”命令（或按<Ctrl+Shift+I>快捷键）可以实现选区的反向选择。

7. 移动工具

“移动工具”是 Photoshop 中使用最频繁的工具之一。它可以实现对图像、图层及选区的移动控制。使用“魔棒工具”得到花朵部分的选区如图 7-14 所示，选择“移动工具”的同时按住<Alt>键移动，可以实现选区内图像的复制，效果如图 7-15 所示。

图 7-14　“魔棒工具”选择后的效果

图 7-15　按<Alt>键移动复制后的效果

8. 裁切工具的使用

Photoshop 中的“裁切工具”可以实现对图片的裁剪操作。这样可以纠正图像在构图和倾斜等方面的不足。选择“裁切工具”后可以在画面中进行拖动以确定裁切框的大小，如果大小和位置不满意可以通过拖动裁切框四周的控制点对裁切框进行调整。“裁切工具”的属性栏如图 7-16 所示。

图 7-16 “裁切工具”的属性栏

宽度、高度：输入固定的数值，根据输入的数值大小完成图像的裁切，在输入时注意输入单位。

分辨率：确定裁切后图像的分辨率。

前面的图像：单击可以调出前面输入的裁切尺寸。

清除：清除现有的裁切尺寸，以便重新输入。

例如将图片裁切为 5 寸相纸的大小，需要在“宽度”文本框中输入“2.5cm”，“高度”文本框中输入“12.7cm”，“分辨率”文本框中输入“300”。

9. 设置颜色与填充颜色

（1）设置颜色　工具箱中的前景色与背景色色块如图 7-17 所示。

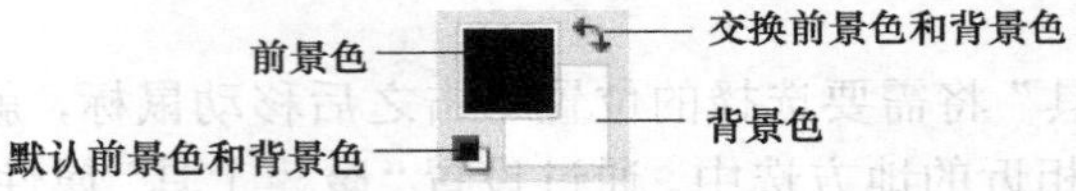

图 7-17　前景色与背景色色块

单击前景色可以弹出“拾色器”对话框，如图 7-18 所示。用鼠标在颜色域中选择颜色，通过颜色滑块可以设置颜色域中显示颜色的范围。

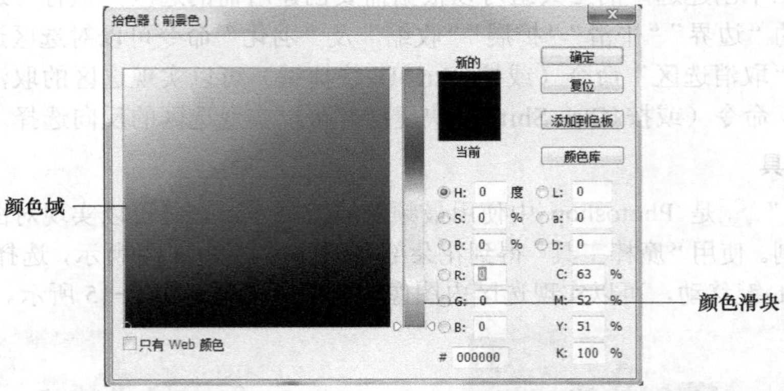

图 7-18 “拾色器”对话框

通过设置 RGB 和 CMYK 的颜色值也可以设置颜色。

- RGB：用于在计算机上显示的作品颜色可以设置为 RGB 模式。R 为红色，G 为绿色，B 为黑色，三个颜色的取值范围均为 0～255。黑色的 RGB 值为（0，0，0），白色的 RGB 值为（255，255，255）。

- CMYK：用于彩色印刷的作品颜色可以设置为 CMYK 模式。C 为蓝色，M 为洋红色，Y 为黄色，K 为黑色，前三个颜色的取值范围均为 0～100。通过设置四个颜色的值可以调整出印刷标准的颜色，如红色的 CMYK 值为（0，100，100，0），绿色的 CMYK 值为（100，0，100，0），蓝色的 CMYK 值为（100，100，0，0），更多的颜色设置可以通过查看印刷色板进行设置。

（2）填充颜色

1）使用“油漆桶工具”填充。使用“油漆桶工具”（快捷键为〈G〉）可以实现在图像中填充颜色或图案。“油漆桶工具”的属性栏如图 7-19 所示。

图 7-19　“油漆桶工具”的属性栏

在属性栏中可以选择向画面或选区中填充的内容为“前景”和“图案”两种方式。设置好前景色或在属性栏中设置好图案后，再设置“不透明度”“容差”等参数，再在需要填充的图像或选区内单击即可。

2）使用“渐变工具”填充。使用“渐变工具”（快捷键为〈Shift+G〉）可以创建多种颜色间的逐渐混合。“渐变工具”的属性栏如图 7-20 所示。

图 7-20　“渐变工具”的属性栏

单击“渐变”下拉列表可以弹出“渐变编辑器”对话框，如图 7-21 所示。

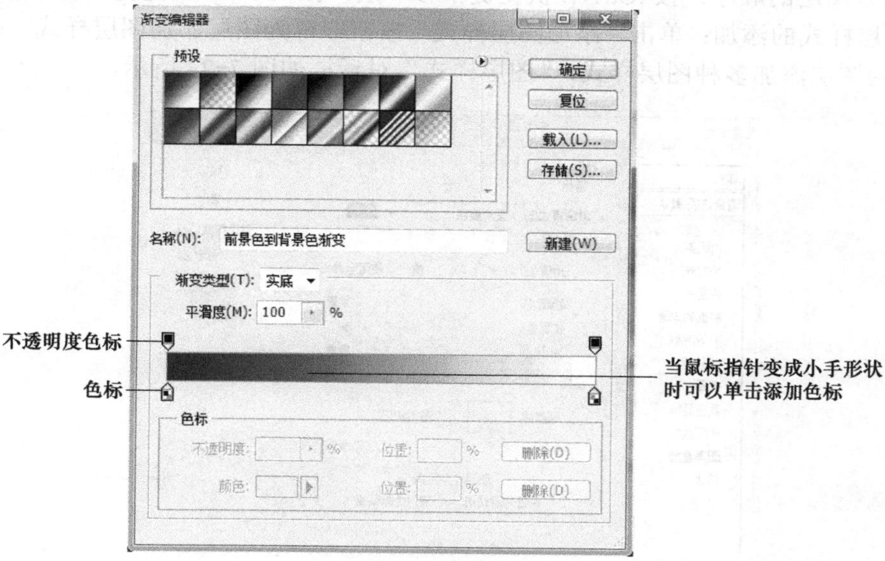

图 7-21　“渐变编辑器”对话框

3）使用快捷键填充。使用前景色填充的快捷键为〈Alt+Delete〉，使用背景色填充的快捷键为〈Ctrl+Delete〉。

10．图层

图层就像一张张按顺序叠放在一起的胶片以实现最终的效果。“图层”面板如图 7-22

所示。

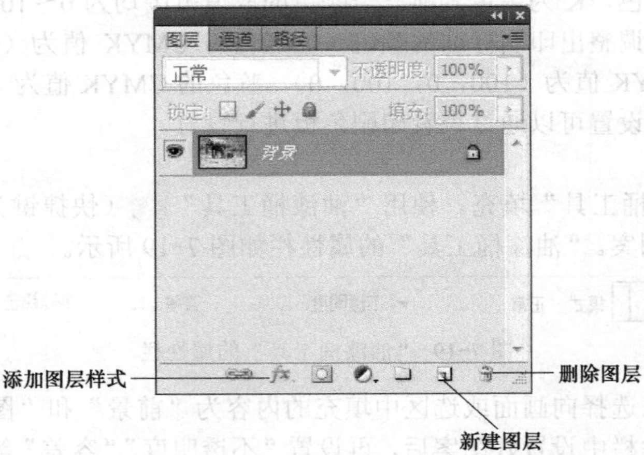

图 7-22 “图层”面板

图层的常用操作如下。

1）将“背景”图层转化为“普通”图层：双击“背景”图层的图层缩览图。

2）合并选中图层：按<Ctrl+E>快捷键。

3）载入图层选区：按住<Ctrl>键再单击图层缩览图。

4）通过复制的图层：按<Ctrl+J>快捷键。

5）调整图层的顺序：按<Ctrl+[>快捷键下移一层，按<Ctrl+]>快捷键上移一层。

6）图层样式的添加：单击“添加图层样式”按钮即可为图层添加图层样式。通过设置参数可以为图层添加多种图层样式，“图层样式”对话框如图 7-23 所示。

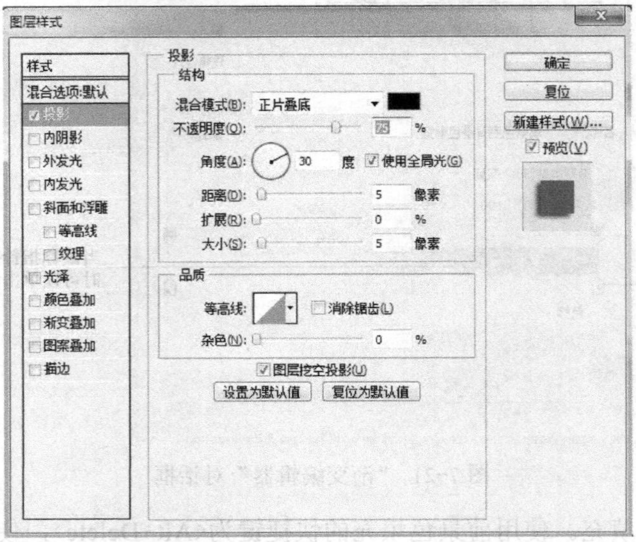

图 7-23 “图层样式”对话框

11．文字工具组

文字工具组中常用的有“横排文字工具”和“直排文字工具”，如图 7-24 所示。

图 7-24　文字工具组

输入单行文字的方法：

1）选择“横排文字工具”或“竖排文字工具”。

2）鼠标指针变为“I”图标，在需要输入文字的位置单击。

3）此时自动生成一个新的文字图层，输入文字即可。

输入段落文字的方法：

1）选择“横排文字工具”或“竖排文字工具”。

2）在需要输入段落文字处拖出一个文本框，输入文字即可。

“文字工具”的属性栏如图 7-25 所示。

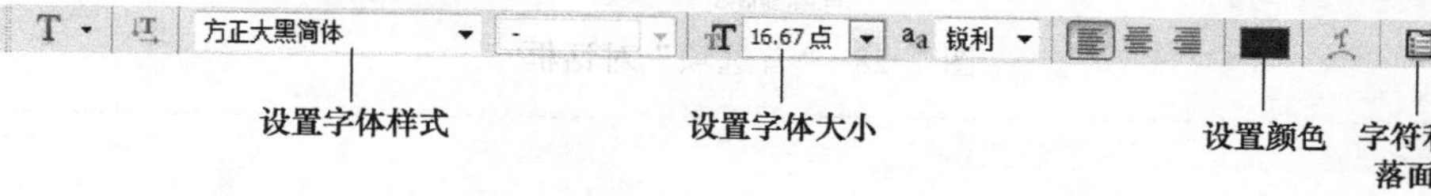

图 7-25　“文字工具”的属性栏

“字符”面板如图 7-26 所示，“段落”面板如图 7-27 所示。

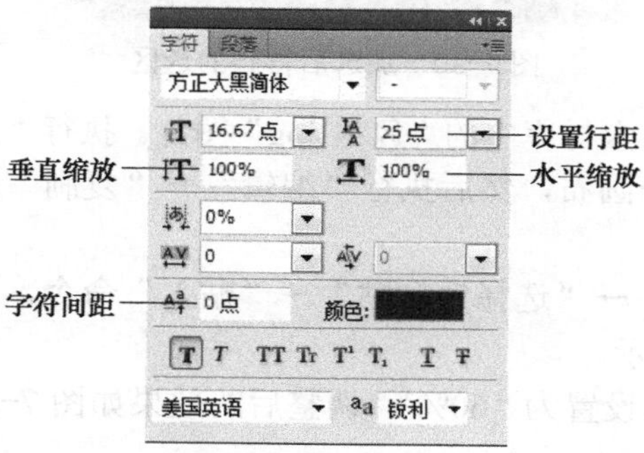

图 7-26　“字符”面板

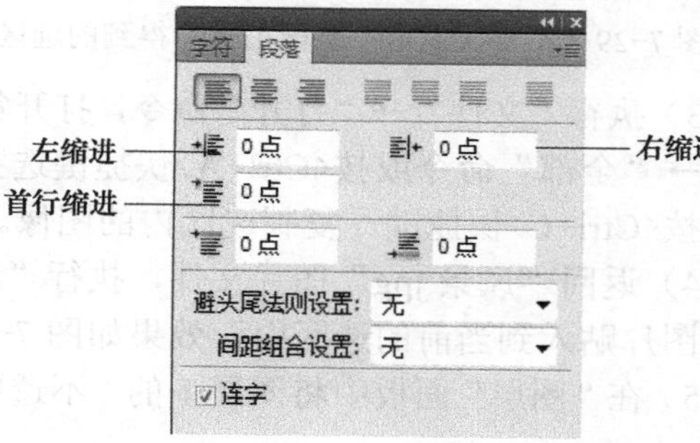

图 7-27　“段落”面板

7.1.2　为照片添加蓝天白云

1．任务描述

有的时候，所拍摄照片的背景很杂或者不太满意，用户可以通过 Photoshop 轻松地实现更换背景。例如将灰色的天空换成蓝天白云。

2．任务要求

1）收集蓝天图片。

2）为风景照片添加蓝天白云背景。

3．任务实施

1）执行“编辑”→“首选项”→“常规”命令，打开“首选项”对话框，如图 7-28 所示。在“常规”选项中勾选“用滚轮缩放”复选框，这样就可以用鼠标滚轮实现画布的缩放。

2）执行“文件”→“打开”命令，打开第 7 章素材库中的“风景.jpg”图片。选择工具箱中的“魔棒工具”，在风景照片中的天空部分单击，得到天空部分的选区，如图 7-29 所示。

按住<Shift>键，在边缘部分没有选中的区域单击，得到天空选区如图 7-30 所示。在选择过程中通过鼠标滚轮将画布缩放到合适的大小进行选择。

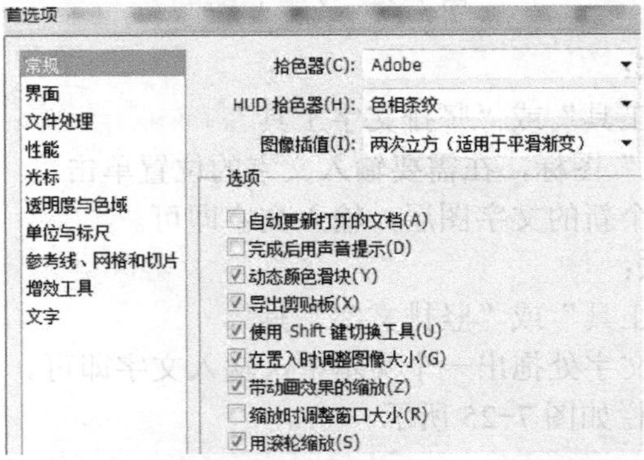

图 7-28 “首选项”对话框

图 7-29 第一次使用“魔棒工具”得到的选区

图 7-30 加选后得到的选区

3）执行“文件”→“打开”命令，打开第 7 章素材库中的“风景.jpg”图片。执行“选择”→“全部”命令或按<Ctrl+A>快捷键选择整个画布，然后执行“编辑”→“复制”命令或按<Ctrl+C>快捷键，复制选区内的图像。

4）返回“风景.jpg”图片文件，执行“编辑”→“选择性粘贴”→“贴入”命令，将天空图片贴入到当前的选区中，效果如图 7-31 所示。

5）在“图层”面板中将图层 1 的“不透明度”设置为“60%”，调整后的效果如图 7-32 所示。

图 7-31 贴入天空后的效果

图 7-32 调整图层的“不透明度”

6）执行“文件”→“保存”命令，将文件保存为 PSD 格式的文件。最终效果如图 7-33 所示。

图 7-33 最终效果

7.1.3　证件照的制作

1．任务描述

如果有证件照片的电子版以及彩色打印机，那么用户完全可以自己对照片进行排版，然后进行打印。

2．任务要求

1）根据现有的照片素材，排版一张 7 寸相纸大的证件照。

2）要求照片为小二寸。

3．任务实施

1）根据所需相纸的大小新建画布，如果采用 7 寸相纸打印照片，则执行“文件”→“新建”命令，设置文件的“宽度”和“高度”分别为“127 毫米”和“177.8 毫米”，“分辨率”为“300 像素/英寸”，“颜色模式”为“RGB 颜色”，如图 7-34 所示。

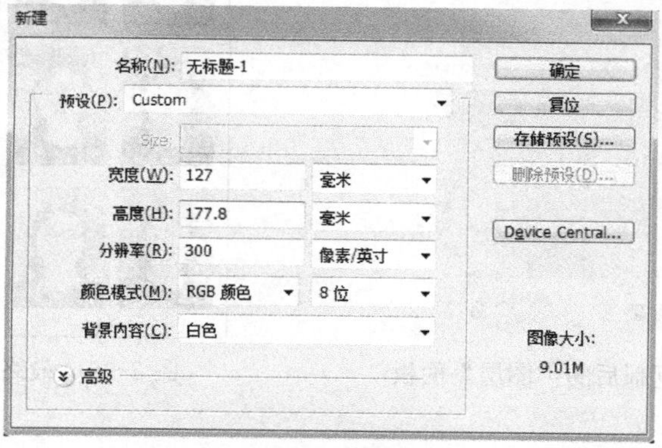

图 7-34　文件的新建

2）打开电子照片的文件，选择工具箱中的“裁切工具”，将“裁切工具”的属性栏设置为 3.5 厘米×4.8 厘米，“分辨率”设置为“300 像素/英寸”，如图 7-35 所示。设置好属性后，使用“裁切工具”在图像上进行裁切。

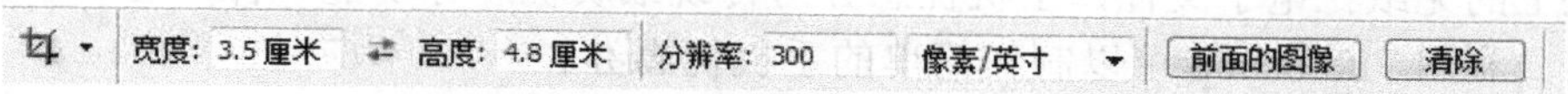

图 7-35　“裁切工具”的属性栏

3）选择“移动工具”，将小二寸照片移动到第一步新建的画布中，将照片调整到合适的位置，如图 7-36 所示。

4）接下来要实现的是复制照片，选择“移动工具”的同时按住<Alt>键，可以实现图层的复制，复制好两个图层后的效果如图 7-37 所示。

5）在“图层”面板中按住<Shift>键选中三张照片所在的三个图层，如图 7-38 所示。在“属性”面板中单击“顶端对齐”按钮及“水平居中分布”按钮，使三个图层的顶端对齐以及水平间距相同。在选中三个图层的状态下，按<Alt>键并向下拖动鼠标完成剩余部分图层的复制，并通过图层的“属性”面板调整图层的对齐。

6）按<Ctrl+S>快捷键，将此文件命名为“证件照.psd”并保存。最终效果如图 7-39 所示。

图 7-36 照片移动后效果

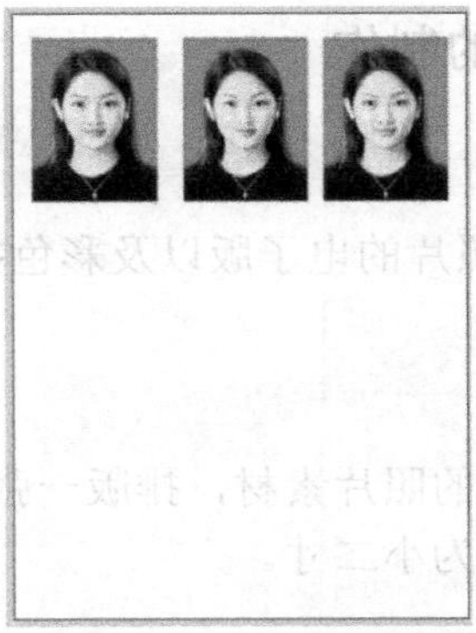

图 7-37 移动复制后效果

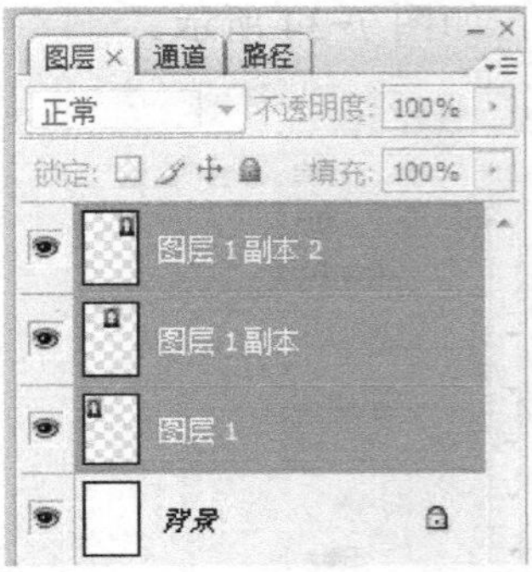

图 7-38 复制后的“图层”面板

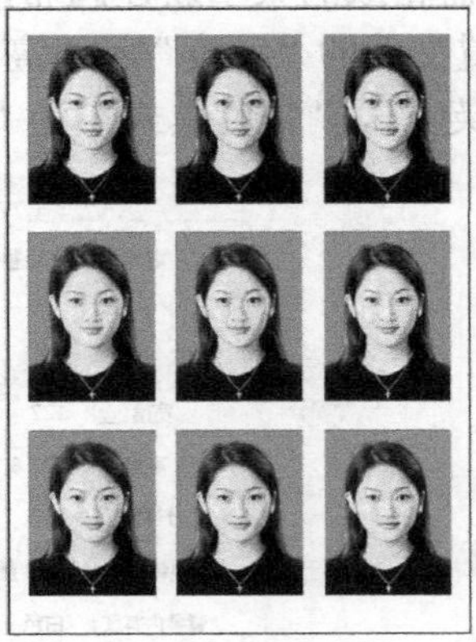

图 7-39 最终效果

7.1.4 制作电子优惠券

1. 任务描述

手机优惠券是一种以手机短信或彩信免费发送，以优惠券照片及图片等多媒体形式存储在手机上的无纸化电子文件，手机优惠券与传统纸质优惠券功能一样，可以享受商家的促销优惠。利用 Photoshop 可以制作简单的手机优惠券。

2. 任务要求

1）制作大小为 634 像素×304 像素的店铺优惠券。

2）要求带有店铺的名称及图片。

3. 任务实施

1）新建一个“宽度”为“634 像素”，“高度”为“304 像素”的文件，设置“分辨率”为“72 像素/英寸”颜色模式为“RGB 模式”，背景颜色为 RGB（15，3，3）的文件。

2）分别打开素材文件夹“图库/第 7 章”中目录名为“店铺环境 1.jpg”“店铺环境 2.jpg”及“店铺环境 3.jpg”的图片，使用“移动工具”将图片移动到新建的文件中，执行“编辑”→“自由变换”命令，或按<Ctrl+T>快捷键，为店面环境图片添加自由变换框，然后将鼠标指针放到左上角的控制点上，当鼠标指针显示为双向箭头时按下鼠标左键并向右下方进行拖动，拖动的同时要按住〈Shift〉键，可以实现等比例的缩小，调整三个图层后的状态及位置如图 7-40 所示。调整三个图层的“不透明度”均为“60%”。

图 7-40　移动图片后效果

3）打开素材文件夹“图库/第 7 章”中目录名为“店铺名称.jpg”的图片，使用“魔棒工具”，按住〈Shift〉键选择，得到店面名称的选区，如图 7-41 所示。

图 7-41　店面名称选区

4）按〈Ctrl+T〉快捷键，为店面名称添加自由变换框，调整后单击“图层”面板中的“fx 命名”按钮，选择“描边”命令，如图 7-42 所示，为图层添加描边效果，然后设置描边命令的参数，设置描边的“大小”为“2”像素，“颜色”为“白色”，如图 7-43 所示。

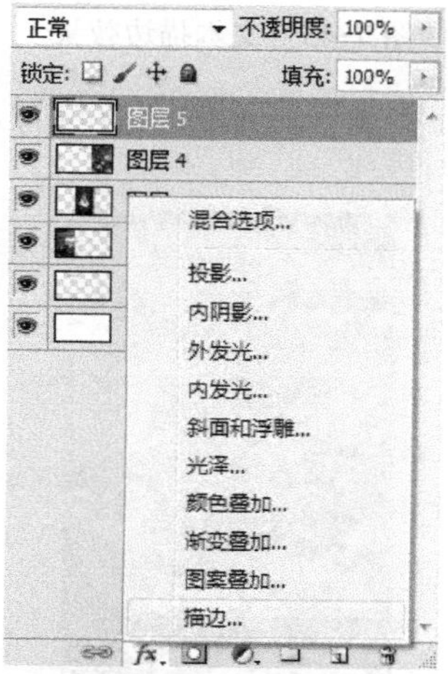

图 7-42　图层样式的添加

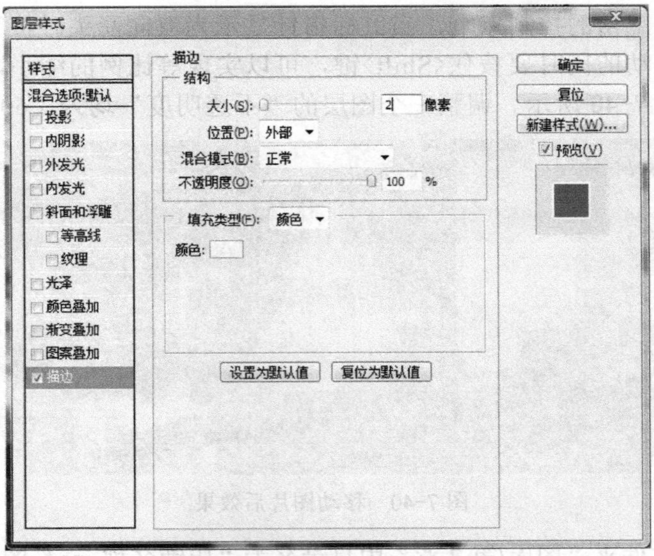

图 7-43　设置描边的图层样式

5）将素材文件夹“图库/第 7 章”中名为“方正大黑简体.TTF”的文件右击进行复制，打开“控制面板”→“字体”，在空白处右击进行粘贴，这样就实现了字体的安装。

6）在文字工具组中选择“横排文本工具”，在文件中单击并输入文字“电影主题餐厅优惠券”。输入文字后，选择所有文字，在属性栏中设置字体为“方正大黑简体”，字号为“25 点”，如图 7-44 所示。单击属性栏中的按钮，确认文字的输入及调整。

图 7-44　文字属性设置

7）为文字图层添加描边效果，描边的“大小”为“2 像素”，“颜色”为“白色”。效果如图 7-45 所示。

图 7-45　文本描边效果

8）选择工具，将鼠标指针移动到画面的上方位置，按住鼠标左键并拖动，绘制出如图 7-46 所示的文本定界框。

图 7-46　文本定界框

9）打开将素材文件夹“图库/第 7 章”中名为“下午茶套餐.doc”的文件，选择其中的文字复制到文本定界框中。在属性栏中将文本的属性设置为“方正大黑简体”，字号设置为“18 点”，调整定界框的大小，使文字显示完整。

10）单击属性栏中的按钮，打开“字符”面板，将“行距” 25点 设置为“25 点”。单击属性栏中的✔按钮，确认文字的输入及调整。调整后的效果如图 7-47 所示。

图 7-47　文本调整后效果

11）选择“段落文本”图层，按<Ctrl+T>快捷键，对“文字”图层进行自由变换，调整后如图 7-48 所示。

图 7-48　自由变换后效果

12）完成剩余文字的制作，按<Ctrl+S>快捷键，将此文件命名为“手机优惠券.psd”并保存。最终效果如图 7-49 所示。

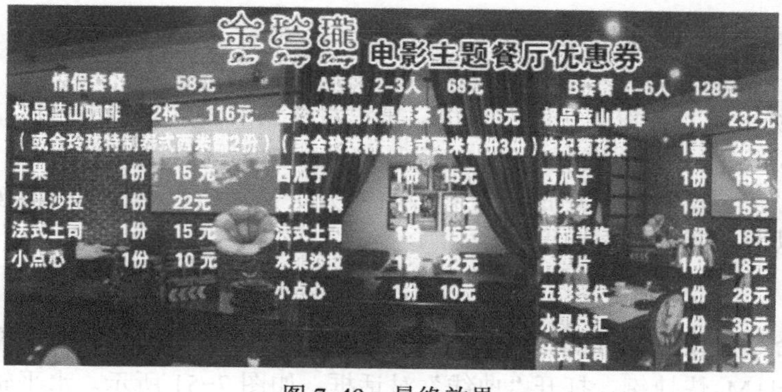

图 7-49　最终效果

7.2 图像的色彩调整

7.2.1 基础知识和操作要点

1. 图像修复工具

（1）仿制图章工具 “仿制图章工具”的主要功能是复制和修复图像，是通过在图像中设定采样点来覆盖原有的图像。选择“仿制图章工具”后，按住<Alt>键在采样点单击获取图像，然后松开鼠标右键，在需要覆盖图像的地方进行涂抹。

（2）修补工具 “修补工具”可以用图像中相似的区域或图像来修复具有缺陷的图像，可以将选择样本的纹理与被修复的图像部分进行较好的融合。选择“修补工具”后用鼠标左键将需要修改的图像部分圈住，然后放开鼠标左键，将鼠标指针放到选区上移动到需要采样的图像区域处，然后松开鼠标左键即可完成修补操作。

2. 色阶

色阶命令是用来调节图像的明暗度与对比度的命令。通过“图像”→“调整”→“色阶”命令或者按<Ctrl+L>快捷键，打开“色阶”对话框，如图 7-50 所示。各项参数的含义如下。

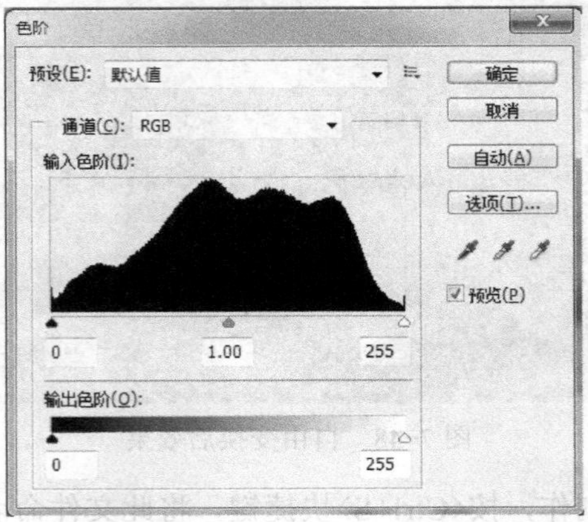

图 7-50 “色阶”对话框

1）通道：选择调整的通道范围。

2）直方图：显示图像中明暗像素的数量。

3）输入色阶：调节图像的明暗对比度。黑色滑块向右移动，暗部区更暗；白色滑块向左移动，亮部区更亮；中间调滑块可以控制暗部区和亮部区的比例平衡。

4）自动色阶：自动将图像中的最亮和最暗部分定义为白色和黑色，再按照比例重新分配像素值，可以增加图像的对比度。

3. 曲线

利用曲线命令可以更加准确地调整图像的明暗。通过“图像”→“调整”→“曲线”命令或者按<Ctrl+M>快捷键，打开“曲线”对话框，如图 7-51 所示。水平轴代表图像原来的颜色值，垂直轴代表调整后图像的颜色值。将曲线调整为上凸的形态可以增加图像的亮度，将曲线调整为下凹的状态可以降低图像的亮度。

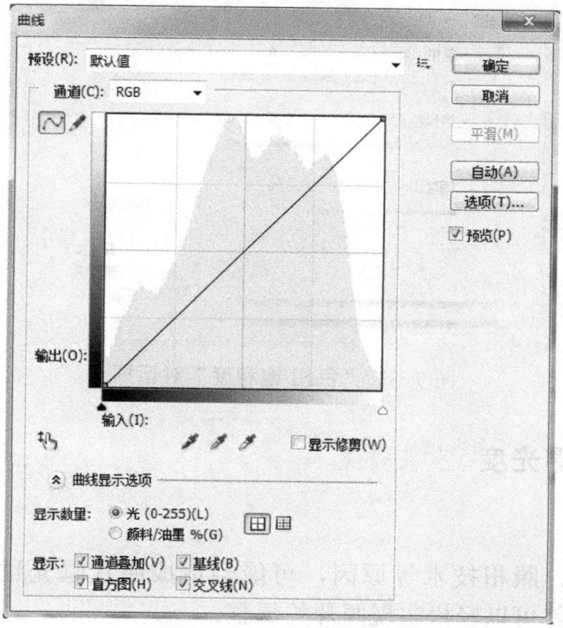

图 7-51　“曲线”对话框

4. 色彩平衡

利用“色彩平衡”命令可以校正图像色偏、饱和度过高或饱和度不够的情况。通过“图像”→“调整”→“色彩平衡”命令或者按<Ctrl+B>快捷键，打开“色彩平衡”对话框，如图 7-52 所示，可以选择对阴影、中间调、高光及保持明度部分进行调整。

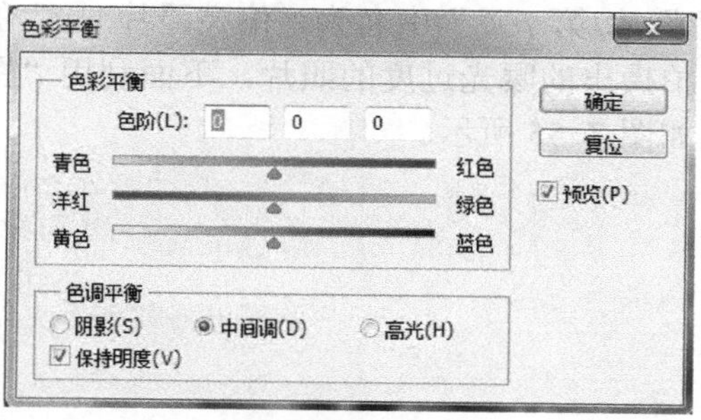

图 7-52　“色彩平衡”对话框

5. 色相饱和度

利用“色相饱和度”命令可以调整图像的色相、饱和度和明度。通过“图像”→“调整”→“色相饱和度”命令或者按<Ctrl+U>快捷键，打开“色相/饱和度”对话框，如图 7-53 所示。色相指区别各种不同颜色的标准；饱和度指色彩的浓度，越鲜艳的图像饱和度越高；明度指色彩的明暗程度。如果勾选“着色”复选框则表示可以去除图像原有的色彩为图像重新上色，可以制作单色调的效果。

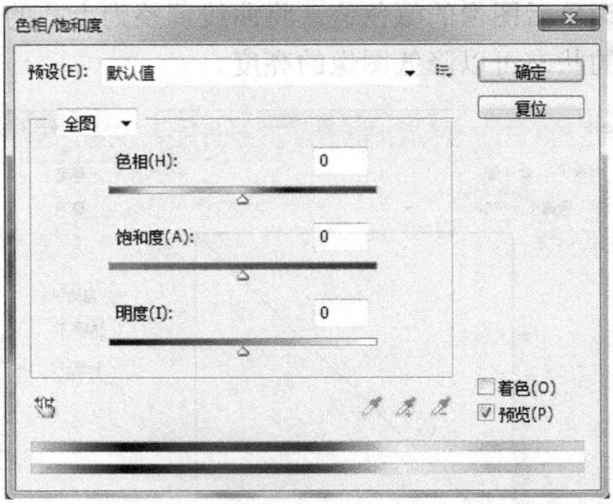

图 7-53　“色相/饱和度”对话框

7.2.2　调整图像的曝光度

1. 任务描述

由于光线的影响、照相技术等原因，可能会造成照片曝光过度或曝光不足，利用 Photoshop 只需要几步就可以轻松实现照片的调整。

2. 任务要求

1）对于曝光过度的照片，降低照片的明度。

2）对于曝光不足的照片，增加照片的明度。

3. 任务实施

（1）调整曝光过度的照片

1）打开素材文件夹“图库/第 7 章”中名为“偏亮照片.jpg”的文件，如图 7-54 所示。这是一张由于光线太亮而拍摄出的曝光过度的照片，下面利用“图像”→“调整”命令来进行修复。调整后的效果如图 7-55 所示。

图 7-54　原图

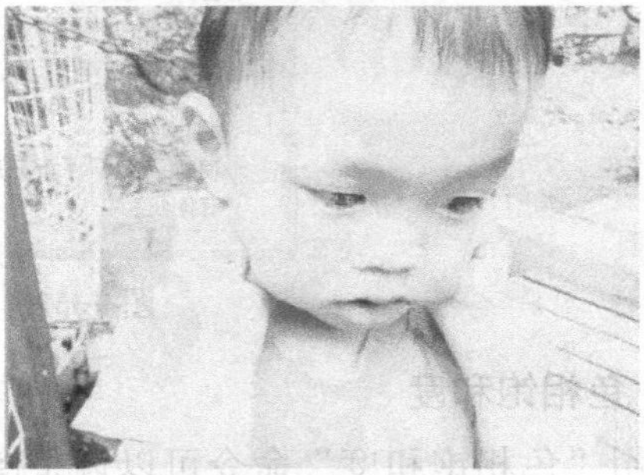

图 7-55　调整后效果

2）单击“图层”面板的“创建新的填充或调整图层”按钮，在弹出的快捷菜单中选择“可选颜色”命令，自动新建了“选取颜色 1”图层。在出现的“调整”面板中分别对红、黄、中性色及黑色进行调整，设置颜色参数如图 7-56 所示。

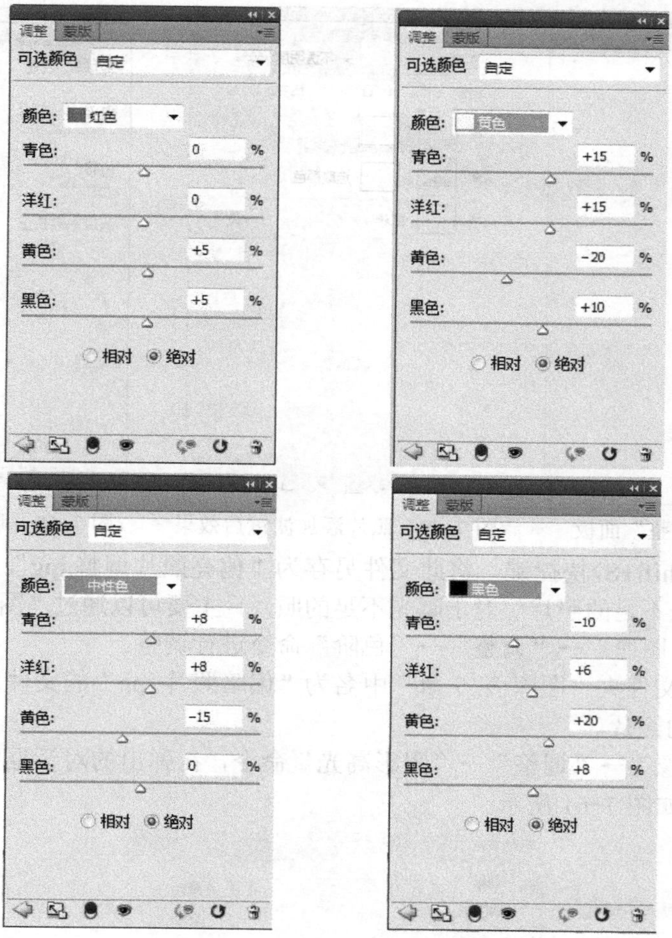

图 7-56　设置颜色参数

3）调整颜色后效果如图 7-57 所示。此时偏黄的颜色得到了纠正。

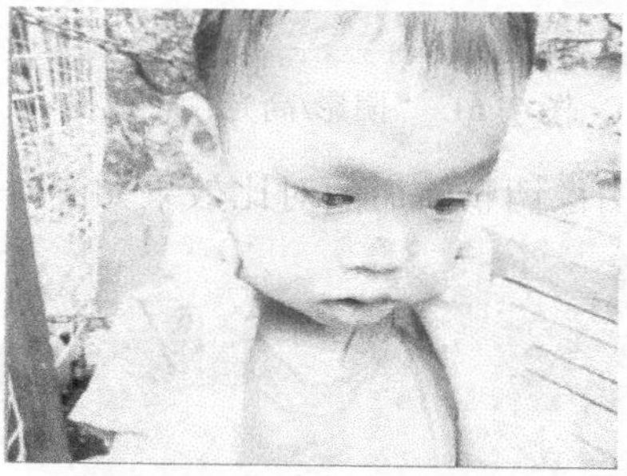

图 7-57　调整后效果

4）单击图层面板的“创建新的填充或调整图层”按钮，在弹出的快捷菜单中选择“照片滤镜”命令，自动新建了“照片滤镜 1”图层。此时“图层”面板中选择“滤镜”类型为“深蓝”，如图 7-58 所示，并将“照片滤镜 1”图层的“不透明度”设置为“60%”，如图 7-59 所示。

5）再用同样的方法添加曝光度来调整图层，参数设置如图 7-60 所示。

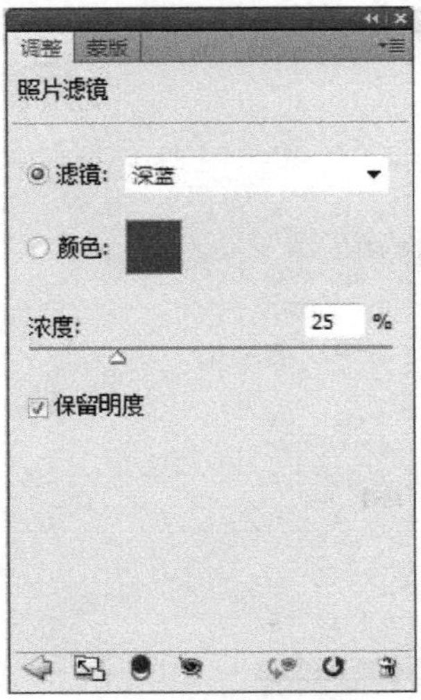

图 7-58　“调整”面板

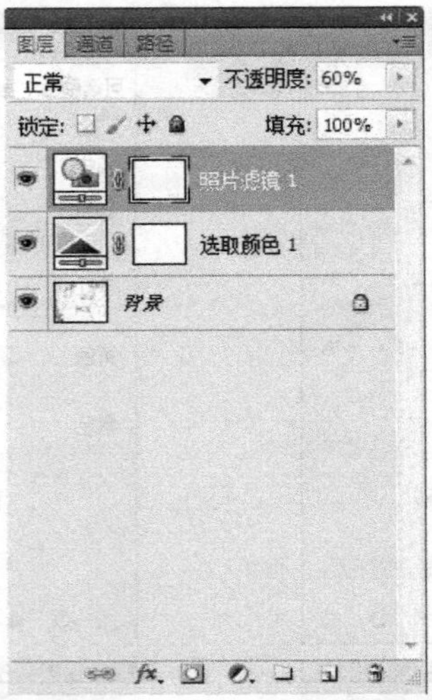

图 7-59　照片添加滤镜后效果

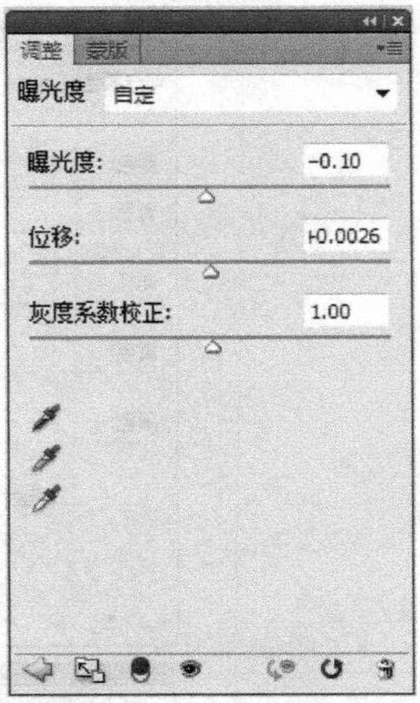

图 7-60　曝光度参数设置

6）按<Ctrl+Shift+S>快捷键，将此文件另存为“偏亮照片调整.jpg”。

（2）调整曝光不足的照片　对于曝光不足的照片，主要可以通过“图像”→“调整”→“阴影高光”和“图像”→“调整”→“色阶”命令进行调整。

1）打开素材文件夹“图库/第 7 章”中名为“偏暗照片.jpg”的文件。这是一张在室内拍摄的曝光不足的照片。

2）执行“图像”→“调整”→“阴影高光”命令，在弹出的对话框中设置阴影的“数量”为“50%”，如图 7-61 所示。

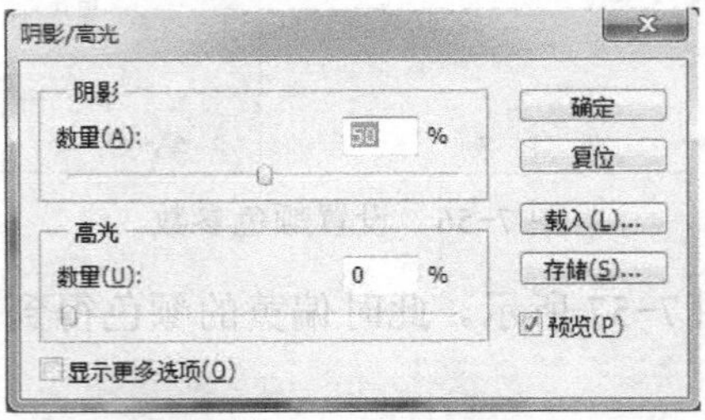

图 7-61　“阴影/高光”对话框

3）单击“确定”按钮，图像调整前后的对比效果如图 7-62 所示。

图 7-62　图像调整前后对比效果

4）按<Ctrl+Shift+S>快捷键，将调整后文件另存为“偏暗照片调整 1.jpg”。

对于曝光不足的照片还可以通过“图像”→“调整”→“色阶”命令进行调整，下面讲解采用此方法如何调整。

1）打开素材文件夹“图库/第7章”中名为“偏暗照片.jpg”的文件，执行“图像”→“调整”→“色阶”命令，在弹出的“色阶”对话框中，单击其中的“设置白场”按钮，如图7-63所示。

2）此时在图像中鼠标指针将变成吸管形状，在图像的最亮处单击“设置白场”。再单击“设置黑场”按钮，如图 7-64 所示，在图像的最暗处单击“设置黑场”。

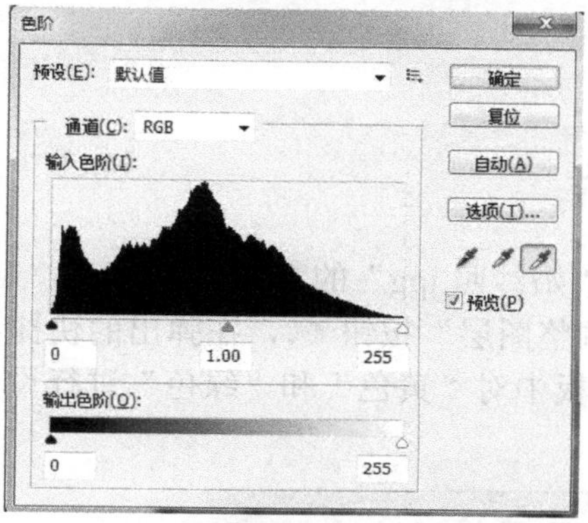

图 7-63　“色阶”对话框

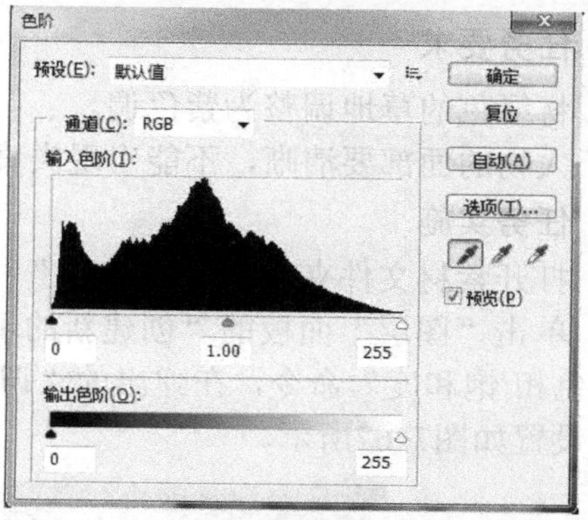

图 7-64　“色阶”对话框

3）在“色阶”对话框中对“输入色阶”的参数进行设置，如图 7-65 所示。

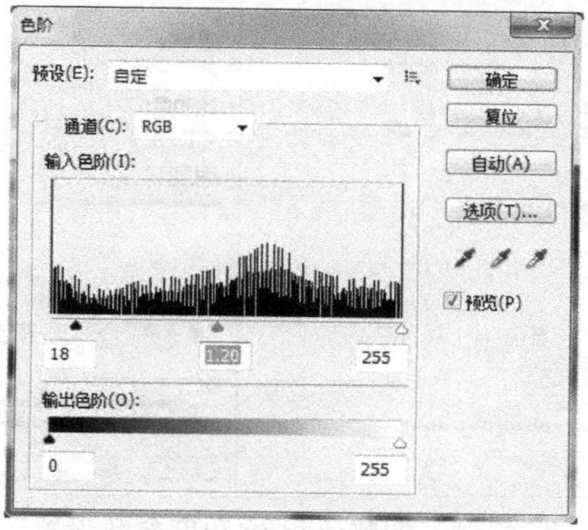

图 7-65　“输入色阶”的设置

4）单击“确定”按钮可以对照片进行调整。调整前后的对比效果如图 7-66 所示。

图 7-66　色阶调整前后对比效果

5）按<Ctrl+Shift+S>快捷键，将调整后文件另存为“偏暗照片调整 2.jpg”。

7.2.3　浪漫紫色调效果的制作

1．任务描述

外景拍摄好的婚纱照片，客户希望将图片调整为紫色调效果，利用 Photoshop 可以轻松实现。

2．任务要求

1）将绿色的草地调整为紫色调。

2）人物的面部要清晰，不能出现失真的现象。

3．任务实施

1）打开素材文件夹“图库/第 7 章”中名为“婚纱照.jpg”的文件。

2）单击“图层”面板的“创建新的填充或调整图层”按钮，在弹出的快捷菜单中选择“色相/饱和度”命令，在弹出的“调整”面板中对“黄色”和“绿色”进行设置，具体参数设置如图7-67所示。

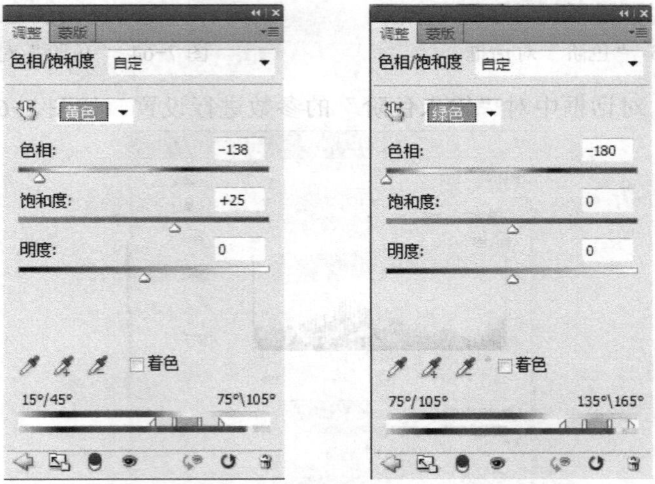

图 7-67　调整色相/饱和度参数设置

3）调整后的效果如图 7-68 所示。图中可以清楚地看到人物面部等部分出现了明显的失真现象。

4）在“色相/饱和度 1”调整图层的图层蒙版部分单击，选择“画笔工具”将笔头大小参数进行设置，并将前景色设置为黑色后，在颜色出现失真的人物皮肤涂抹上黑色，此时“图层”面板如图 7-69 所示。

5）单击“图层”面板的“创建新的填充或调整图层”按钮，在弹出的快捷菜单中选择“曲线”命令，设置曲线的参数如图 7-70 所示，使整体图像偏亮。

6）选择“背景”图层、“色相/饱和度 1”图层及“曲线 1”图层，将三个图层拖动到“新建图层”按钮，实现对图层的复制。选中复制后的三个图层按<Ctrl+E>快捷键对图层进行合并，并将合并后图层的名称修改为“图层 1”。此时“图层”面板的状态如图 7-71 所示。

图 7-68　调整后的效果

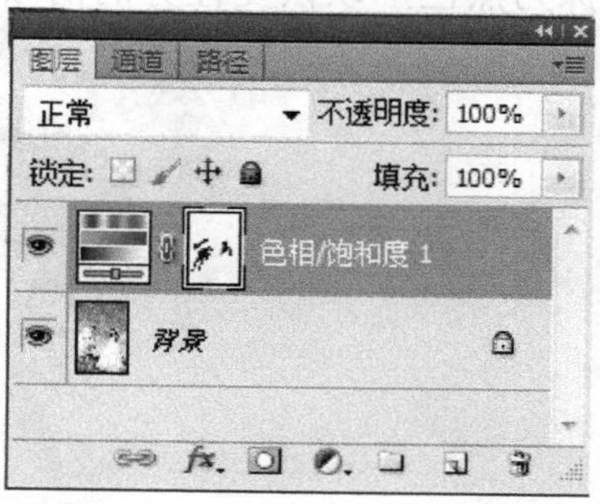

图 7-69　涂抹后“图层”面板的效果

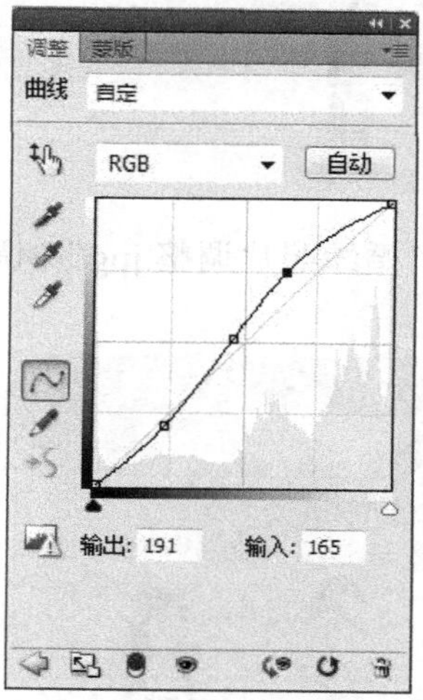

图 7-70　曲线参数设置

图 7-71　复制后“图层”面板状态

7）选中“图层 1”，执行“滤镜”→“模糊”→“高斯模糊”命令，在“高斯模糊”对话框中设置“半径”为“5 像素”，如图 7-72 所示。

8）单击“确定”按钮，添加模糊滤镜后效果如图 7-73 所示。

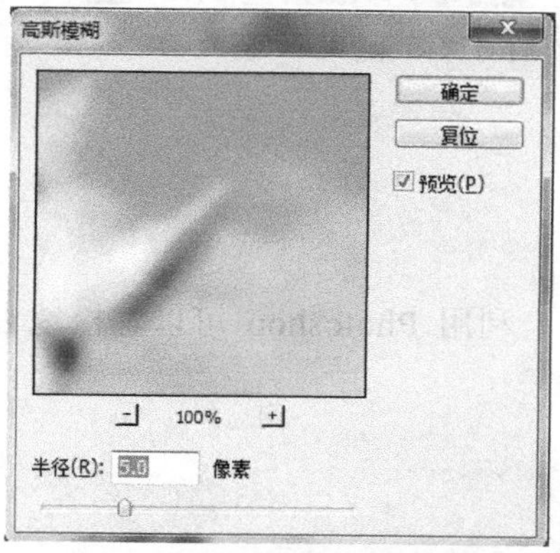

图 7-72　“高斯模糊”对话框

图 7-73　模糊滤镜后效果

9）选中“图层 1”，单击“图层”面板的“添加图层蒙版”按钮，为“图层 1”添加图层蒙版。选择“画笔工具”将笔头大小参数进行设置，并将前景色设置为黑色后，在人物图像上涂抹为黑色，以恢复任务的清晰度，效果如图 7-74 所示。

图 7-74　添加图层蒙版后效果

10）按<Ctrl+Shift+S>快捷键，将此文件另存为“婚纱照片调整.jpg”。调整前后的对比效果如图 7-75 所示。

图 7-75　调整前后对比效果

7.2.4　去除照片中多余的人物

1．任务描述

在旅游时拍摄的照片一般都会有很多路人，利用 Photoshop 可以轻松地去除照片中多余人物。

2．任务要求

1）将多余人物去除。

2）去除人物后的图像要清晰自然。

3．任务实施

1）打开素材文件夹“图库/第 7 章”中名为“人物.jpg”的文件，如图 7-76 所示。

2）用“套索工具”将多余人物之一选中，得到选区如图 7-77 所示。按<Shift+F6>快捷键，在弹出的“羽化选区”对话框中设置“羽化半径”为“5 像素”。

图 7-76　原图

图 7-77　人物选区

3）选择“仿制图章工具”，按住<Alt>键，在选区外的部分选取图像，在选区内单击以替换图像。依次吸取图像，并在选区内进行覆盖，完成去除多余人物的操作。在调整的过程中可以结合“修补工具”进行调整。最终效果如图 7-78 所示。

4）使用“套索工具”选择多余人物得到人物选区，如图 7-79 所示。按<Shift+F6>快捷键，在弹出的“羽化选区”对话框中设置“羽化半径”为“3 像素”。

图 7-78　修改后效果

图 7-79　人物选区

5）执行“编辑”→“填充”命令，在弹出的“填充”对话框中，选择填充的“使用”类型为“内容识别”，如图 7-80 所示。

6）单击“确定”按钮，调整后的效果如图 7-81 所示。

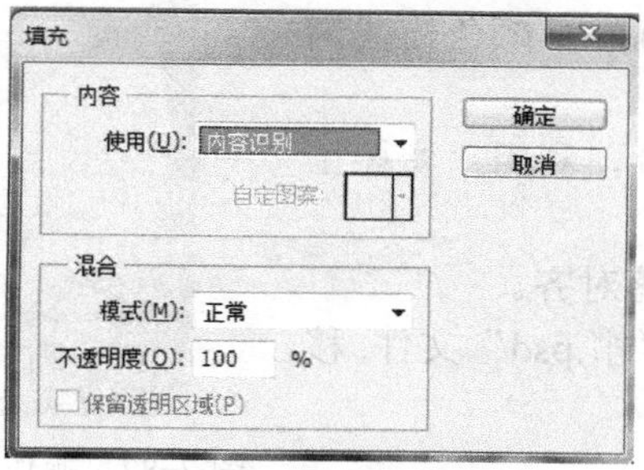

图 7-80 “填充”对话框

图 7-81　调整后效果

7）按<Ctrl+Shift+S>快捷键，将调整后文件另存为“人物调整.jpg”。

习题与思考题

一、填空题

1．打开“首选项”对话框的快捷键是______。

2．取消选区的快捷键是______，选区的反向选择的快捷键是______。

3．______是组成位图图像的最小单位。

4．CMYK 模式中 C、M、Y、K 分别指______、______、______和______四种颜色。

5．______格式的文件支持动画。

6．选框工具组中包括 4 个工具：______、______、______和______。

7．使用______命令可以对图像进行变形，快捷键是______。

8．填充前景色的快捷键是______，填充背景色的快捷键是______。

9．在“背景”图层中，按〈Delete〉键，选区中的图像被删除，选区由______填充。

10．按键盘上的方向键可以每次以______像素为单位移动选区；按住〈Shift〉键再按键盘上的方向键，则每次以______像素为单位移动选择框。

11．在 Photoshop 中一个文件最终需要印刷，其分辨率应设置在______像素/英寸，图像色彩方式为______；一个文件最终需要在网络上观看，其分辨率应设置在______像素/英寸，图像色彩方式为______。

12．使用“仿制图章工具”时，按______键可以在采样点单击获取图像。

13．利用______命令可以校正图像色偏、饱和度过高或饱和度不够的情况。

14．应用“选框工具”建立正方形或正圆形选区要加按______。

15．HSB 中的 H 是指______。

16．在 Photoshop 中历史记录调板默认的记录步骤是______。

17．当“图层”面板左侧的______图标显示时，表示这个图层是可见的。

18．图像分辨率的单位是______。

19．渐变工具提供了五种渐变类型，分别是______、______、______、______和______。

20．当画图、编辑操作过程中，出现误操作时，可以通过______恢复上一步操作，通过______恢复多步操作。

二、操作题

（一）操作题 1

1．新建一个大小 60×160cm、分辨率为 150dpi，颜色模式为 CMYK 的文件。

2．打开第 7 章素材库中的“商标.jpg”图片，利用“魔棒工具”抠取商标图案，移动到文件中。

3．利用“文本工具”输入文本，并设置段落对齐。

4．打开第 7 章素材库中的“礼包.psd”和“帘.psd”文件，移动到文件中并调整大小及位置。

5．实现如图 7-82 所示结果。

图 7-82　操作题 1 的结果

（二）操作题 2

1．新建一个 600 像素×800 像素的文件，然后新建一个图层，前景颜色设置为红色，背景设置为深红色，执行“滤镜”→“渲染”→“纤维”命令，设置差异值为 12，强度为 5。

2．新建一个图层，做一个比画布稍小的选区，选择金属渐变色，然后再缩小选区删除中间部分。

3．返回“木纹”图层，用“矩形选框工具”选出如图 7-83 所示的选区。调整曲线适当调暗一点，然后把选区向下移动一个像素，再调整曲线稍微调亮一点，如图 7-83 所示。

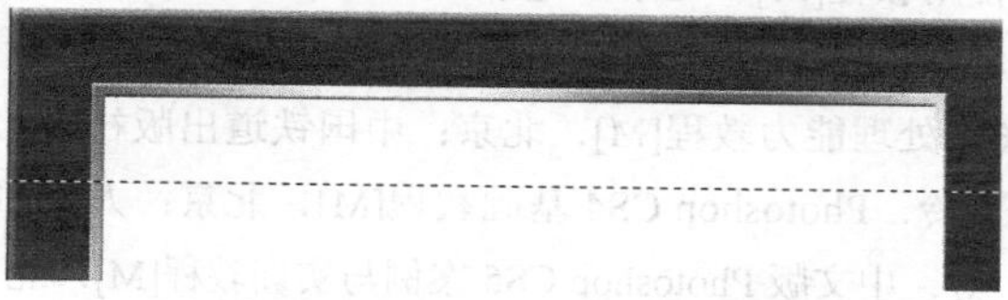

图 7-83　选区的选择

4．用同样的方法做出其他接缝，再加上利用“椭圆选区工具”绘制圆形选区，填充径向渐变，制作钉子进行装饰，最终效果如图 7-84 所示。

图 7-84　操作题 2 的结果

参考文献

[1] 李强华．办公自动化教程[M]．重庆：重庆大学出版社，2010．
[2] 畅年生．办公自动化使用教程[M]．北京：电子工业出版社，2010．
[3] 李宁．办公自动化技术[M]．2 版．北京：中国铁道出版社，2003．
[4] 孙振池．Photoshop 图像处理能力教程[M]．北京：中国铁道出版社，2006．
[5] 郭万军，梅林峰，马玉玲．Photoshop CS4 基础教程[M]．北京：人民邮电出版社，2010．
[6] 李敏，刘建超，李霞，等．中文版 Photoshop CS5 案例与实训教程[M]．北京：机械工业出版社，2013．
[7] 陶书中，赵军．Photoshop 图像处理项目化教程[M]．北京：机械工业出版社，2013．
[8] 刘本军，石亚军．Photoshop CS4 图像处理案例教程[M]．北京：机械工业出版社，2013．
[9] 黄冠利，赖利君．办公自动化技术[M]．北京：人民邮电出版社，2013．
[10] 梁士伦，刘新飞．办公自动化[M]．2 版．北京：机械工业出版社，2012．
[11] 王海萍．办公自动化技术[M]．北京：机械工业出版社，2004．
[12] 章五一，徐辉．计算机基础及办公自动化[M]．北京：机械工业出版社，2009．
[13] 周贺来．办公自动化实例教程[M]．北京：机械工业出版社，2011．